中国沿海海平面变化影响评估

相文玺　王　慧　主编

海洋出版社

2022年·北京

图书在版编目 (CIP) 数据

中国沿海海平面变化影响评估 / 相文玺, 王慧主编. —北京 : 海洋出版社, 2019.12

ISBN 978-7-5210-0544-8

Ⅰ. ①中… Ⅱ. ①相… ②王… Ⅲ. ①海平面变化－影响－研究－中国 Ⅳ. ①P542.1

中国版本图书馆CIP数据核字(2020)第005342号

审图号：GS（2022）861号

责任编辑：张　荣　林峰竹
责任印制：安　淼

海洋出版社 出版发行
http://www.oceanpress.com.cn
北京市海淀区大慧寺路 8 号　邮编：100081
鸿博昊天科技有限公司印刷　新华书店北京发行所经销
2019年12月第1版　2022年2月第1次印刷
开本：787 mm×1092 mm　1 / 16　印张：17.25
字数：367千字　定价：120.00元
发行部：010-62100090　邮购部：010-62100072　总编室：010-62100034
海洋版图书印、装错误可随时退换

前　言

在气候变暖背景下，海平面上升已成为全球性重大环境问题，全球及区域海平面变化研究是当前国内外海洋科学研究的热点。IPCC第五次评估报告第二工作组报告《气候变化2014：影响、适应和脆弱性》指出，海平面上升、洪涝、风暴潮对沿海低洼区域和小岛屿的潜在影响是未来气候变化的8类关键风险之一。

20世纪以来，全球海平面呈现加速上升趋势。观测结果表明，1901—2010年全球平均海平面上升速率为1.7 mm/a，1971—2010年为2.0 mm/a（IPCC，2013），1993—2016年为3.4 mm/a（WMO，2017），增速明显。我国沿海海平面上升速率高于全球同期平均水平，1980—2017年为3.3 mm/a，1993—2017年为4.1 mm/a。21世纪，全球平均海平面将继续上升，相对于1986—2005年，2081—2100年的全球平均海平面将上升0.26～0.82 m（IPCC，2013）。由于极地冰盖融化的不确定性，21世纪末海平面上升幅度可能会更高。

海平面上升是低海拔沿海地区和小岛屿国家面临的主要气候变化威胁。全球低海拔沿海地区目前仅占陆地面积的2%，却居住了全球13%的城市人口，是海平面上升和气候变化的脆弱区域。随着海平面的不断上升，海岸系统和低洼地区将越来越多地遭受淹没、洪灾、海水入侵、海岸侵蚀和生态退化等不利影响。

中国沿海海拔低于10 m的区域面积约为12.6×10^4 km^2，是全球低海拔地区人口最多的国家。海平面加速上升导致沿海生态系统变迁、防护能力降低，海岸带灾害加剧，对生态环境和社会经济构成直接威胁。随着"一带一路"倡议的加快推进，我国沿海的海洋产业、港口建设和临港经济发展迅猛，沿海人口还将持续增长，如不采取有效措施，海平面持续上升给中国沿海地区带来的风险将会进一步增加。

为提高我国应对气候变化能力，科学应对气候变化及海平面上升影响，《中国应对气候变化国家方案》中明确提出要提高海平面的监测监视能力，强化应对海平面升高的适应性对策，开展我国沿海地区海平面变化影响调查评估工作。2009年，国家海洋局启动了沿海地区海平面变化影响调查业务化工作，国家海洋信息中心负责组织实施、技术培训，以及影响状况分析和评估，沿海各省（自治区、直辖市）自然资源主管部门负责开展本行政区域内的海平面变化影响信息采集和实地调查。该项工作为海平面上升影响评估及应对决策提供了宝贵的基础信息。

《中国沿海海平面变化影响评估》基于近50年的海平面变化观（监）测数据、近10年的海平面变化影响调查信息以及高精度基础地理信息数据等，采用科学合理的技术方法，综合研判中国沿海地区的海平面变化及其影响状况事实，深入开展了海平面变化和极端气候事件的成因机制及预测研究，在此基础上重点针对不同海平面上升情景下淹没风险、海岸带脆弱性、海岸侵蚀、风暴潮和工程设计等进行了中国沿海及典型示范区的专题影响评估，并提出了科学应对海平面上升的策略，希望能为国家和地区社会经济可持续性发展提供决策参考。

本书各章执笔人：第一章，王慧、刘秋林、金波文、李文善、范文静；第二章，李欢、刘秋林、张建立、王慧；第三章，张建立、王慧；第四章，冯建龙、刘首华、李文善；第五章，李文善、李程、左常圣、徐浩；第六章，董军兴；第七章，潘嵩；第八章，董军兴；第九章，李响；第十章，李文善；第十一章，高佳、董军兴；第十二章，张建立；第十三章，潘嵩。此外，参加本书工作的还有袁文亚、付世杰、王国松等人。全书初稿完成后，由相文玺、王慧统一修改并定稿。

《中国沿海海平面变化影响评估》编制过程中得到了自然资源部海洋预警监测司、沿海各省（自治区、直辖市）自然资源主管部门的大力支持，以及多位资深专家的评阅和指导，在此一并表示衷心的感谢和敬意。本书不足之处，诚请广大同行和读者给予批评指正。

编　者
2018年4月于天津

目　录

本专著中统计、分析和评估所涉及数据均未包含香港特别行政区、澳门特别行政区和台湾省。

第二篇 中国沿海海平面变化影响状况

第四篇　海平面上升应对策略

第一篇
海平面变化事实、归因及预测

综　述

　　海平面变化是气候变化的重要指标。在全球气候变暖的背景下，海水受热膨胀、陆源冰川冰盖融化入海等因素造成了海水体积增大、质量增加，从而引起全球性海平面上升；另外，由地壳运动、沉积物的转移和堆积、地下水枯竭等非气候因素而引致的地面沉降也会造成区域性的相对海平面上升。

　　20世纪以来，全球平均海平面上升速率呈现加速趋势。1901—2010年，全球平均海平面上升速率为1.7 mm/a。1993—2017年，全球平均海平面上升约8.0 cm。中国沿海海平面上升速率高于全球同期平均水平。1980—2017年和1993—2017年上升速率分别为3.3 mm/a和4.1 mm/a。2012—2017年是1980年至2017年中国沿海平均海平面最高的6年。中国沿海海平面呈现显著的年代际、年际和季节变化，受海温、气温、风和降水等水文气象因素的影响，个别月份海平面呈现异常变化。在RCP8.5情景下，预估中国近海海平面在2050年、2080年和2100年将分别上升0.26 m（0.19～0.38 m）、0.53 m（0.36～0.74 m）和0.77 m（0.52～1.09 m）。

　　1980—2017年，中国沿海平均潮差、平均高潮位和平均低潮位的长期变化趋势明显，且区域差异较大。中国沿海平均潮差上升速率为2.8 mm/a，其中杭州湾沿海升速最大，达13.2 mm/a；莱州湾沿海减小速率最大，为5.9 mm/a。中国沿海平均高潮位上升速率为5.0 mm/a，其中杭州湾沿海上升速率最大，达12.0 mm/a；渤海南部、广东西部和广西沿海上升较缓，为2.0～3.0 mm/a。中国沿海平均低潮位上升速率为2.1 mm/a，其中山东龙口沿海上升速率最大，达8.0 mm/a；杭州湾沿海下降明显，降速为1.4 mm/a。

　　1980—2017年，中国沿海极值水位变化均呈明显上升趋势，且区域特征明显。其中，山东半岛以南至杭州湾以北沿海极值水位呈现显著增长趋势，增速超过5.0 mm/a。秦皇岛和北海沿海极值水位上升趋势不明显，低于2.0 mm/a。中国沿海增减水变化季节特征明显，长期变化趋势不明显，年际变化与"厄尔尼诺"现象存在较显著的负相关关系。

　　2005—2017年，中国沿海灾害性海浪没有明显的趋势性变化，2013年最多，发生43次，2009年最少，发生32次。1950—2017年，登陆中国的台风（中心风力≥10级）呈增多趋势，台风的平均强度呈增强趋势，近30年增势尤为明显。

第1章

海平面变化事实分析

1.1 海平面变化观测

　　海平面是指消除海洋中各种波动后相对稳定的海面，是通过海面高度的观测数据统计得到的。目前对海面高度的观测手段主要为验潮站和卫星高度计两大类。海平面变化是气候变化的重要指标。在全球气候变暖的背景下，海水受热膨胀、陆地冰川融化入海等因素造成了海水质量增加、体积增大，从而引起全球绝对海平面的上升；另外，由地壳运动、沉积物的转移和堆积、地下水枯竭等非气候因素而引致的地面沉降或上升也会造成区域性的相对海平面变化。

　　卫星测高技术出现前，验潮站数据是计算海平面变化的主要数据来源。确定平均海面的原始数据通常来自验潮站的潮位观测记录，即对实际海面高度的观测数据。验潮站通常建在地层相对稳定、不受江河泥沙淤积影响、能灵敏地反映海水涨落升降的地点，其计算高度的水准点固定在陆面，可记录并处理陆地升降的变化。验潮站提供的海平面资料具有精确度高、时间长等优点，但也存在很多不足，如站位分布不均、难以消除地壳运动及区域性冰期后反弹效应等。海面观测对于研究海平面变化极为重要，各国政府间海洋学委员会（IOC）于1987年3月通过了全球海面观测系统（GLOSS）实施计划，下设国际海平面常设局（PSMSL），管理全球近2 000个验潮站（图1.1），其海平面数据的观测可上溯至18世纪初。

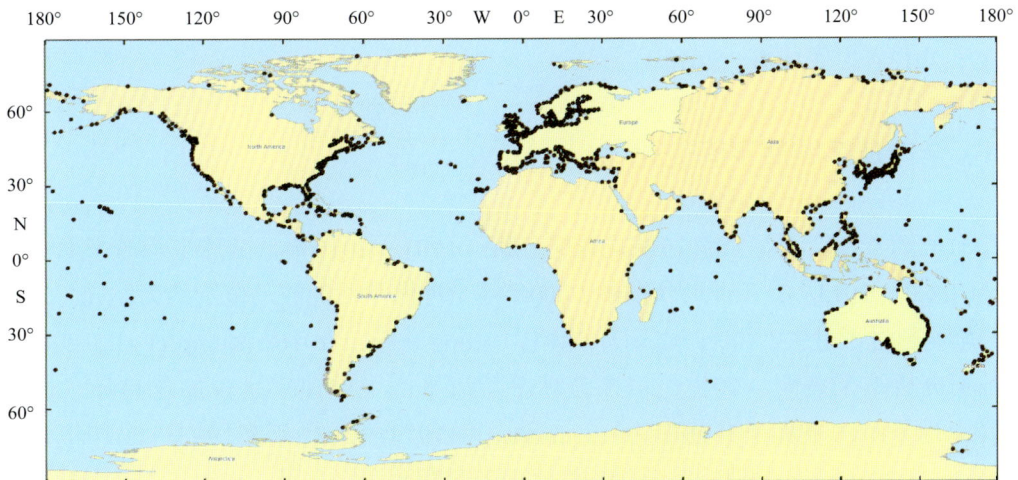

图1.1　全球验潮站网（GLOSS，PSMSL）

中国的潮位观测历史可追溯至1860年，系统的验潮站工作始于1964年，中国海洋观测站网拥有120多个海平面观测站，其中有近80个为2000年之后的新建站，站位布局合理，代表性好。全国海洋站基准潮位核定和水准连测专项工作的开展保障了海平面观测资料序列的连续、稳定、科学，除海岛站外各海洋站的验潮基准已基本连测至1985国家高程基准。

自1993年以来，高精度卫星高度计成为观测全球海平面变化的重要手段。卫星高度计是利用卫星搭载高度计开展海平面高度测量的新型观测手段，可以获取到全球范围高分辨率海平面观测数据，用于开展海平面变化研究。最常用的海洋观测的卫星包括TOPEX/Poseidon、Jason-1、GRACE、Jason-2和Jason-3等。卫星高度计的优势非常明显，其数据的覆盖空间面积大、空间分辨率高，弥补了验潮站数据长短不一、空间分辨率低的不足，使得海平面数据序列更为完善、连续和规范，为全球的海平面变化研究提供了高质量的实测数据，因而在大尺度海平面变化的研究中得到了广泛应用。本报告中使用的中国近海区域卫星测高资料来源于法国空间研究中心（AVISO）制作的多卫星（Jason-1/2/3、T/P、Envisat、GFO、ERS-1/2、GEOSAT等）融合数据，该数据为月均海平面异常（MSLA）数据。

1.2　海平面变化事实

验潮站、卫星高度计及重构资料显示，全球范围内海平面上升趋势显著，且在20世纪表现出加速上升的趋势。同时，全球海平面变化呈现出明显的区域性特征，不同海域的变化规律不同。受全球变暖及海平面上升的影响，中国近海海平面也呈现波动上升趋势。全球海平面变化主要是由全球气候变暖导致的海水增温膨胀、极地冰盖和陆源冰川冰帽融化等造成的（Nerem et al.，2006；IPCC，2013）；区域性海平面变化除了受全球海平面变化影响外，还受到区域海洋大气动力过程、海底运动、海水质量再分布、沿海地区地面沉降或上升、风场、淡水通量和海洋热含量等的长期变化等因素的影响（IPCC，2013；左军成等，2013）。

1.2.1　全球及区域海平面变化

结合验潮资料、卫星资料和模式数据分析，1901—2010年，全球平均海平面上升了19 cm（IPCC，2013），工业时代前的2 000年间全球海平面的波动范围约为8 cm。20世纪的上升幅度超过了过去2 800年间的任一世纪（Kopp et al.，2016；Kemp et al.，2011）。器测数据分析结果表明，20世纪以来全球平均海平面上升速率呈现加速趋势，1901—2010年全球平均海平面上升速率为1.7 mm/a，而1971—2010年和1993—2010年分别为2.0 mm/a和3.2 mm/a。同时，高质量的海平面卫星观测资料显示，1993年以来全球平均海平面上升速率逐渐增大，1993—2003年为3.1 mm/a，1993—2010年约为3.2 mm/a（IPCC，

2013），1993—2015年为3.03～3.4 mm/a（Dieng et al.，2017；USGCRP，2017），1993—2017年全球平均海平面升高约8.0 cm（WMO，2018），如图1.2所示。

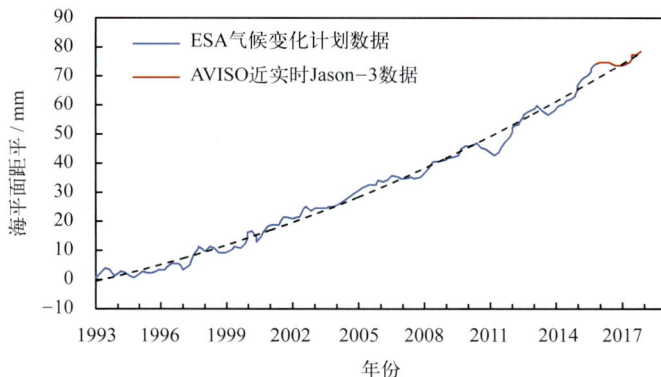

图1.2 1993—2017年全球平均海平面距平
（引自世界气象组织《2017年全球气候状况声明》）

20世纪以来，全球海平面变化存在明显的区域特征，图1.3为1993—2017年全球海平面上升趋势空间分布，可以看出全球海平面变化趋势空间分布不均匀，南半球海平面上升速率总体高于北半球。北半球中纬度（20°—50°N）海域海平面上升较快，高纬度（>50°N）海域相对较慢；南半球中高纬度海域（20°—60°S）海平面上升速率都很快。西北太平洋、东南亚群岛附近海域海平面上升速率较高，部分海域超过10 mm/a。西太平洋海域不同纬度海平面上升速率差别较大，其中赤道附近海域上升速率一致且较大，黑潮延伸体附近海域存在海平面上升速率极值，同时部分海域呈现下降趋势。

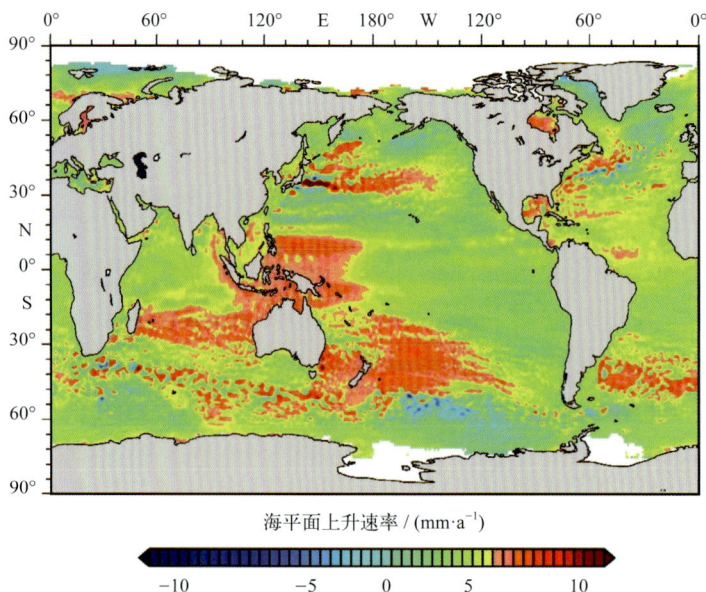

图1.3 1993—2017年全球海平面上升趋势空间分布
（数据来源：法国国家空间研究中心）

中国近海属于海平面上升速率相对较大的区域，1993—2017年，平均上升速率为3.5 mm/a，其中西沙群岛周边海域海平面上升速率较高，为6～7 mm/a，广西北部湾、台湾海峡海平面上升速率相对较低，为2～3 mm/a（图1.3）。

1.2.2 中国沿海海平面变化

监测结果表明，中国沿海海平面总体呈波动上升趋势，上升速率高于全球同期平均水平，自20世纪90年代以来，海平面上升趋势显著。同时，中国沿海海平面年代际、年际和季节变化显著，区域特征明显。

1）趋势性变化

1980—2017年，中国沿海海平面上升速率为3.3 mm/a（图1.4），1993—2017年上升速率为4.1 mm/a，2000—2017年上升速率达4.5 mm/a。中国沿海2012—2017年的海平面均处于30多年来的高位，海平面从高到低排名前6位的年份依次为2016年、2012年、2014年、2017年、2013年和2015年。

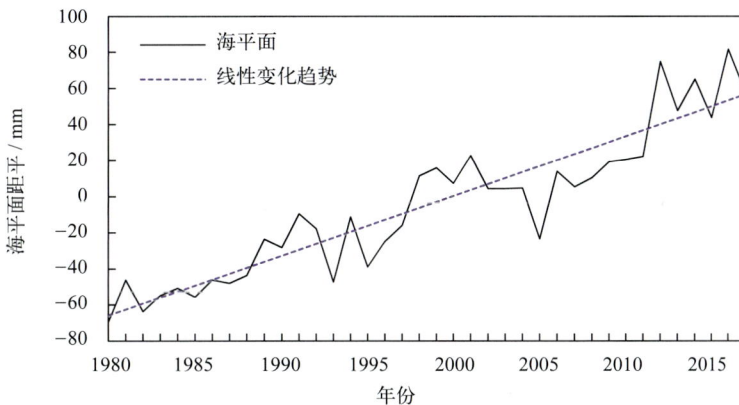

图1.4　1980—2017年中国沿海海平面变化趋势

中国沿海海平面上升速率区域特征明显。1980—2017年，渤海与黄海沿海海平面上升趋势较强，平均上升速率为3.4 mm/a；同期，东海与南海沿海海平面上升相对较慢，升速均为3.3 mm/a（图1.5）。

中国沿海各省（自治区、直辖市）平均海平面变化呈现明显的区域性差异（图1.6）。其中，上升最为明显的岸段是天津、海南、上海、山东和江苏沿海，浙江、辽宁、广东和河北沿海次之，广西和福建沿海上升最为缓慢。

1980年以来，中国沿海海平面总体呈加速上升趋势，其中辽东湾西部、浙江和福建沿海1993—2017年海平面上升速率远大于1980—2017年海平面上升速率，北黄海沿海、广东东部沿海和广西沿海海平面加速上升趋势不明显，连云港和海口沿海1993—2017年海平面上升速率远小于1980—2017年海平面上升速率（表1.1）。

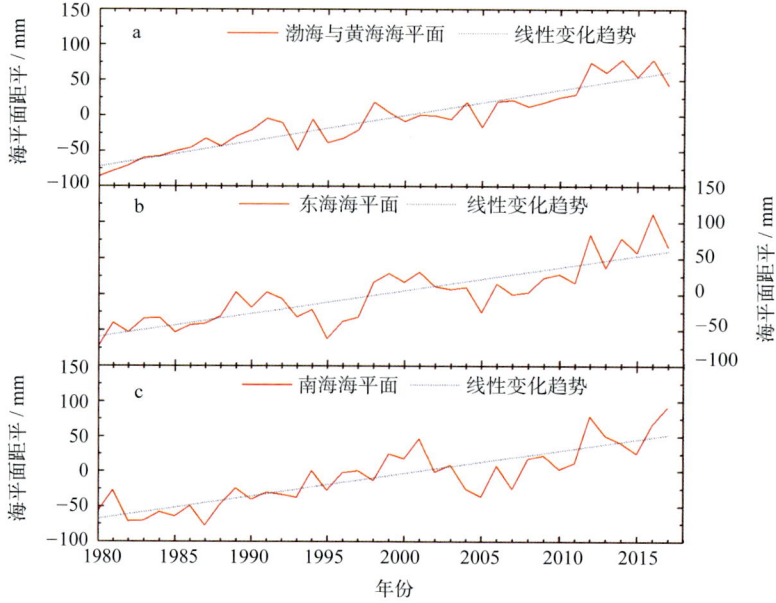

图1.5　渤海与黄海（a）、东海（b）、南海（c）沿海海平面长期变化

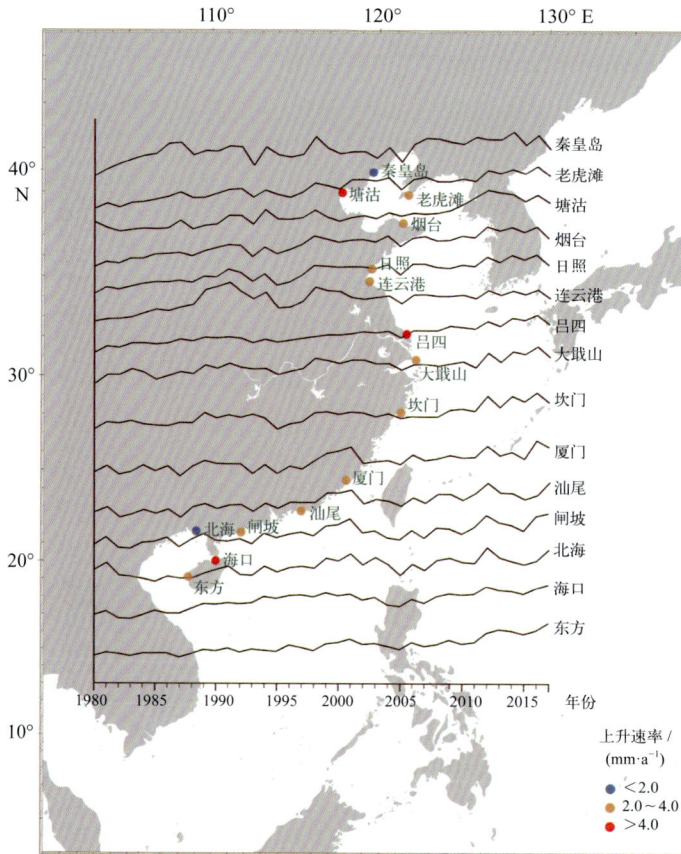

图1.6　中国沿海主要监测站长期海平面变化

表1.1　中国沿海主要监测站海平面上升速率　　　　　　（单位：mm/a）

站名	海平面上升速率		站名	海平面上升速率		站名	海平面上升速率	
	1980—2017年	1993—2017年		1980—2017年	1993—2017年		1980—2017年	1993—2017年
鲅鱼圈	3.7	4.8	连云港	2.5	1.1	云 澳	—	3.3
葫芦岛	2.7	4.5	吕 四	4.7	6.1	汕 尾	3.0	2.9
秦皇岛	1.4	2.4	大戢山	3.1	3.3	赤 湾	—	4.7
塘 沽	4.9	6.0	滩浒	4.6	5.1	大万山	—	5.4
龙 口	5.2	6.5	岱 山	4.3	6.7	闸 坡	3.2	3.3
小长山	2.8	3.0	镇 海	3.0	5.5	硇 洲	3.9	4.9
老虎滩	3.8	4.0	大 陈	3.1	3.7	北 海	2.0	1.9
烟 台	3.5	3.4	坎 门	3.2	4.9	涠 洲	2.7	3.3
成山头	2.7	3.7	三 沙	2.7	4.4	海 口	4.6	2.7
千里岩	—	3.5	平 潭	3.4	5.6	清 澜	4.6	5.1
小麦岛	—	3.0	厦 门	2.5	3.2	东 方	4.0	5.2
日 照	3.5	3.6	东 山	2.8	3.0			

2）年际和年代际变化

中国沿海海平面变化包含了不同时间尺度的周期性振荡。渤黄海沿海海平面变化的显著周期主要有2～3年、7年和准11年；东海沿海海平面变化的显著周期主要有准2年、7年和11年；南海沿海海平面变化的显著周期主要有准2年、准4年、准7年和准12～14年。从小波变换分析结果可以看出，这三个海区均存在4～7年的显著振荡周期。其中，南海7年周期的振荡幅度最大，约为1.5 cm；东海7年周期的振荡幅度次之，约为1.3 cm；渤黄海6年周期的振荡幅度最小，小于1 cm（图1.7至图1.9）。由于资料长度不足，30～40年长度的周期为虚拟周期。

2～3年的振荡周期在中国近岸水文、气象要素较为常见；其次是4～7年的周期，目前研究认为，该周期与ENSO现象有关；准11年的周期反映了中国沿海海平面的变化受太阳黑子的影响。此外，中国沿海海平面季节变化还具有9年和19年周期性振荡，对应于潮汐天文潮周期，反映了月球赤纬的变化，又叫交点潮（王慧等，2014）。

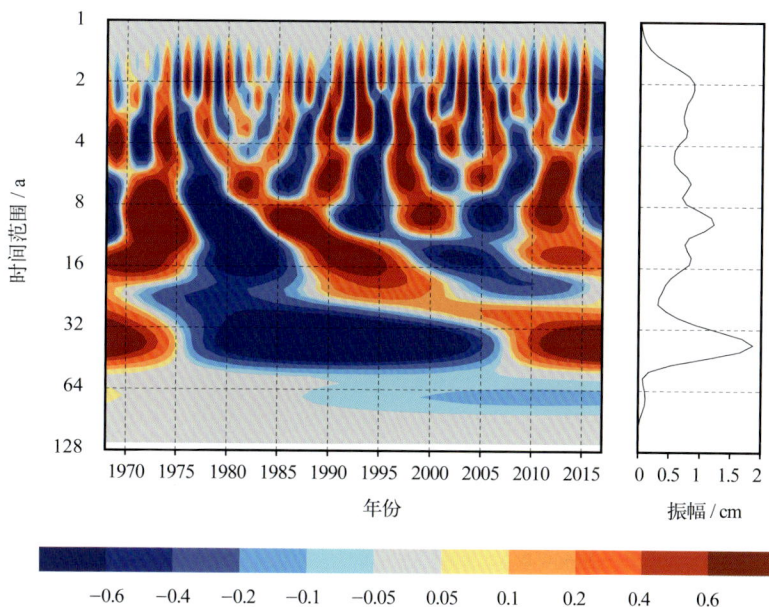

图1.7　渤黄海沿海海平面小波变换分析结果
（左图为小波谱的实部，右图为小波谱的振幅）

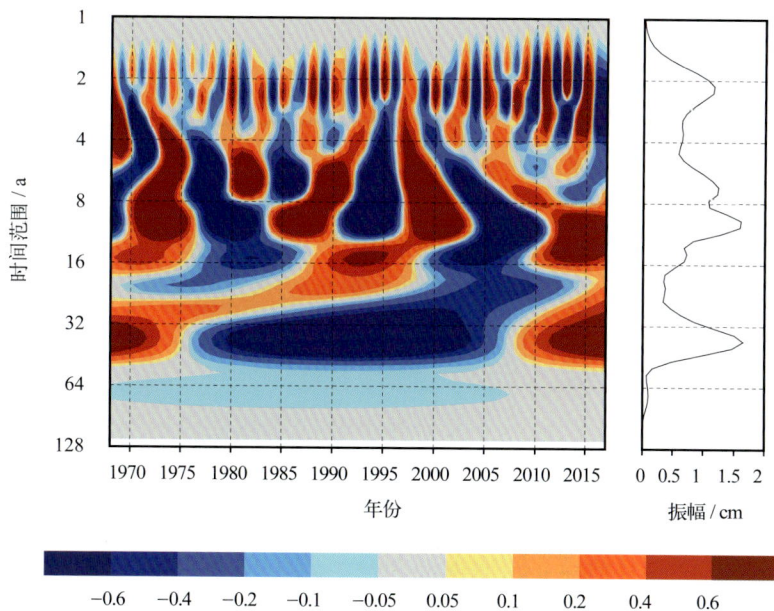

图1.8　东海沿海海平面小波变换分析结果
（左图为小波谱的实部，右图为小波谱的振幅）

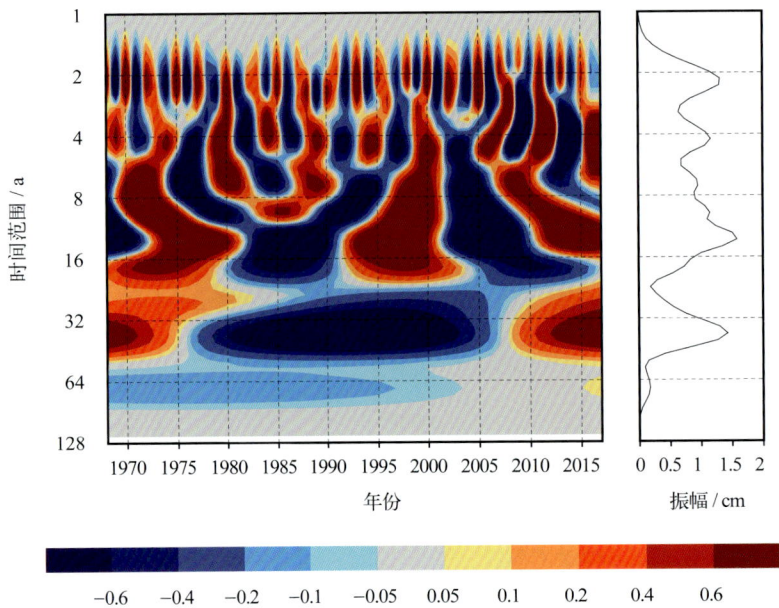

图1.9　南海沿海海平面小波变换分析结果

（左图为小波谱的实部，右图为小波谱的振幅）

3）季节变化

海平面季节变化是指主要因气候季节变化引起的海平面的升降变化，这种变化规律每年大致是相同的。但由于受到大尺度海洋和气候环境变化的影响，这种规律有时也会发生变化。在中国沿海，地理位置越向北，海平面季节变化越显著。

中国沿海海平面季节变化与气候密切相关，区域特征明显。海平面年变化幅度自北向南逐渐减小，渤海与黄海最大，东海次之，南海较小。季节性高、低海平面出现日期自北向南逐渐推迟。表1.2给出了中国四个海区典型验潮站的海平面季节变化特征参数，包括年振幅、半年振幅、最高和最低海平面发生月份。

受季风、气压、降水等影响，中国沿海季节性高海平面发生时间由北向南逐渐推迟。渤海和黄海北部季节性高海平面一般发生在气温最高、气压最低、降水量最大和季风影响较小的7—8月；黄海南部和东海中部季节性高海平面一般出现在南向季风盛行和南向表层沿岸流较强的9月前后；东海南部和台湾海峡9月下旬至10月上旬季节性海平面最高；10—11月，受东北季风影响，大量海水经巴士海峡、巴林塘海峡和台湾海峡进入南海，南海东北部海平面达到最高。渤海与黄海各站海平面季节变化趋势基本一致，近似于余弦曲线。渤海一般1月最低，7—8月最高，相差约60 cm；黄海1—2月最低，8月最高，相差约45 cm（图1.10）。

表1.2 中国沿海海平面季节（年与半年）变化

海区	台站	年振幅 / cm	半年振幅 / cm	最高海平面月份	最低海平面月份
渤海	葫芦岛	29.68	1.95	7	1
	鲅鱼圈	26.49	2.77	7	1
	秦皇岛	28.08	2.04	8	1
	塘沽	28.93	4.34	8	1
	龙口	23.50	2.05	8	1
黄海	小长山	24.20	2.32	8	1
	老虎滩	24.13	2.17	8	1
	芝罘岛	22.65	2.05	8	2
	成山头	20.78	2.09	8	1
	日照	21.21	2.94	8	1
	连云港	21.59	3.06	8	1
	吕四	17.93	2.92	9	2
东海	大戢山	18.09	3.63	9	2
	滩浒	17.84	4.67	9	2
	岱山	16.18	3.03	9	2
	镇海	16.93	3.69	9	2
	坎门	12.60	4.42	9	3
	大陈	12.56	3.92	9	2
	三沙	11.67	4.64	10	3
	平潭	12.19	4.82	10	4
	厦门	12.72	4.90	10	4
	东山	13.58	5.07	10	4
南海	汕尾	10.42	5.03	10	4
	闸坡	11.09	6.73	10	4
	北海	8.81	3.85	10	2
	涠州	8.48	4.23	10	2
	海口	8.66	5.08	10	2
	东方	8.66	5.53	10	7
	清澜	11.73	6.33	10	7

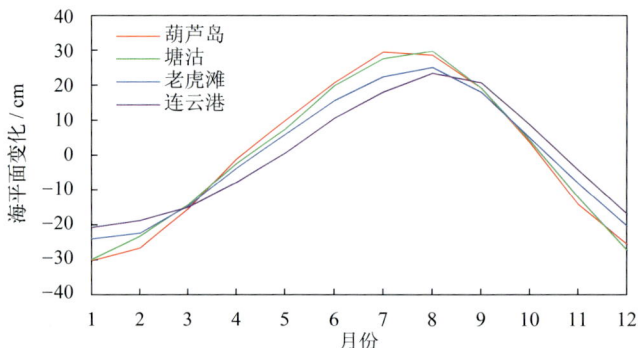

图1.10　黄海、渤海沿海部分台站海平面季节变化

7—9月为渤海和黄海的高海平面期，这期间发生的台风或温带气旋如遇天文高潮易引发潮灾；12月和翌年1—2月为低海平面期，这期间发生的寒潮如遇天文低潮，海平面急剧下降，将造成通航受阻、船只搁浅。2012年8月，台风"达维"和"布拉万"先后影响山东沿海，恰逢季节高海平面和天文大潮，造成青岛、日照、滨州、东营和潍坊等地受灾，直接经济损失超过31亿元。2016年2月14日前后，渤海湾沿海出现显著减水过程，减水持续时间近50个小时，其中100 cm以上减水持续超过18小时，塘沽与黄骅最大减水分别为171 cm、159 cm，最低潮位分别低于海图深度基准面38 cm、9 cm，影响港口作业与船舶通航。

9—10月为东海与南海沿海季节性高海平面期。东海沿海海平面季节变化区域变化特征明显：年变幅北大南小，高、低值出现时间由北向南推迟（图1.11）。长江口和杭州湾沿海，最高海平面一般出现在9月，最低海平面出现在1—2月。受径流影响，长江口内的吴淞海平面年变幅可达60 cm，长江口外与杭州湾北岸年变幅为35～40 cm。杭州湾以南的浙江沿海，最高海平面一般出现在9—10月，最低海平面出现在2—4月，其年变幅约为30 cm。福建沿海，海平面4—7月较低，7月以后海平面上升明显，10月达到最高，年变幅约为30 cm。

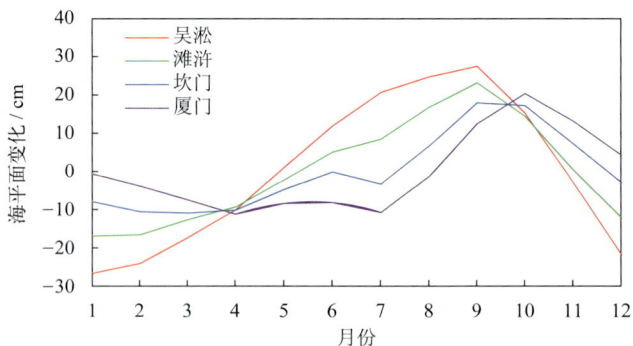

图1.11　东海沿海部分台站海平面季节变化

广东和海南东部沿海海平面季节变化较为一致，1—8月海平面较低，且变化平缓；8月以后上升较快，10月达到最大，高出平均值约20 cm；最低值在1—7月均可能出现，但以

7月居多，低于平均值约10 cm。珠江口海平面的季节变化呈双峰型，峰值分别出现在6月和10月，6月的高海平面系珠江径流影响所致，10月的海平面则反映一年中的季节高海平面；最低值一般出现在1月和2月，年变幅为20～30 cm。广西与南海西部海域，最低海平面发生在2月，最高海平面出现在10月，年变幅较小，一般为15～20 cm（图1.12）。

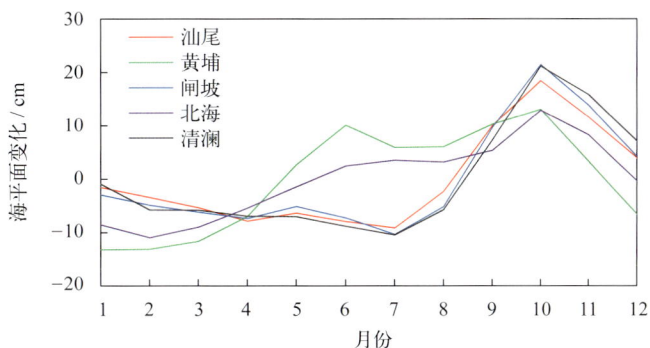

图1.12　南海沿海部分台站海平面季节变化

1.3　海平面变化归因

1.3.1　全球海平面变化归因

全球海平面上升是由气候变暖导致的海洋热膨胀、冰川冰盖融化、陆地水储量变化等因素造成的，不同时段的海平面上升速率不同，各因子的贡献也有变化（图1.13）。由于海洋热膨胀造成的海平面变化贡献率总体呈现降低的趋势，由1971—2010年的40%下降至1993—2015年的37%，其中大部分贡献来自于700 m以上的上层海洋。据卫星观测资料显示，格陵兰和南极冰川冰盖及陆源冰川融化对海平面上升的贡献呈现逐渐增加的趋势：1993—2004年全球平均海平面上升速率2.7 mm/a，其中冰川、冰盖融化的贡献率约占47%；2004—2015全球平均海平面上升速率3.5 mm/a，而冰川、冰盖融化的贡献率增加至55%（WMO，2017）。

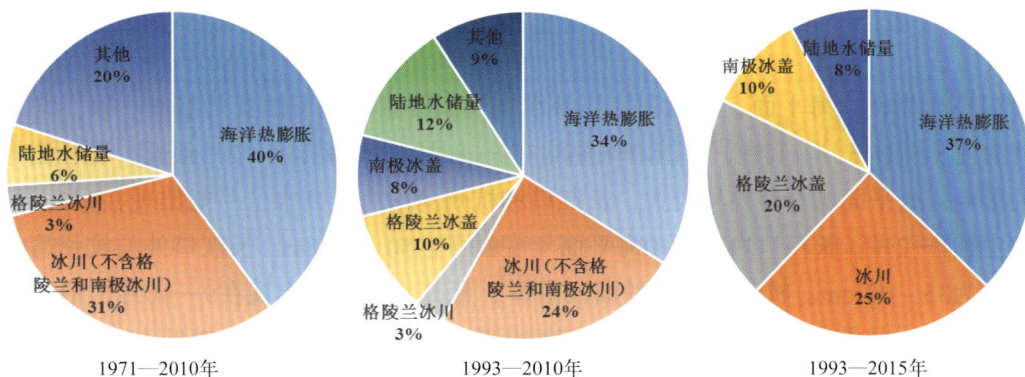

图1.13　各主要因子对不同阶段全球海平面上升速率的贡献

　　中国沿海海平面年振幅对厄尔尼诺事件的响应与其强弱和发生类型有关，强事件中，响应区域和幅度较大，弱事件中，响应区域和幅度偏小。1968—2016年间共发生12次较强的厄尔尼诺事件，其中1968/1969年、1972/1973年、1991/1992年、1994/1995年和2006/2007年厄尔尼诺事件期间，中国沿海S_a振幅均出现明显减小（图1.17）。由表1.3可知，S_a振幅的极小值均出现在厄尔尼诺期间，并且不同的区域对厄尔尼诺事件的响应程度不同。

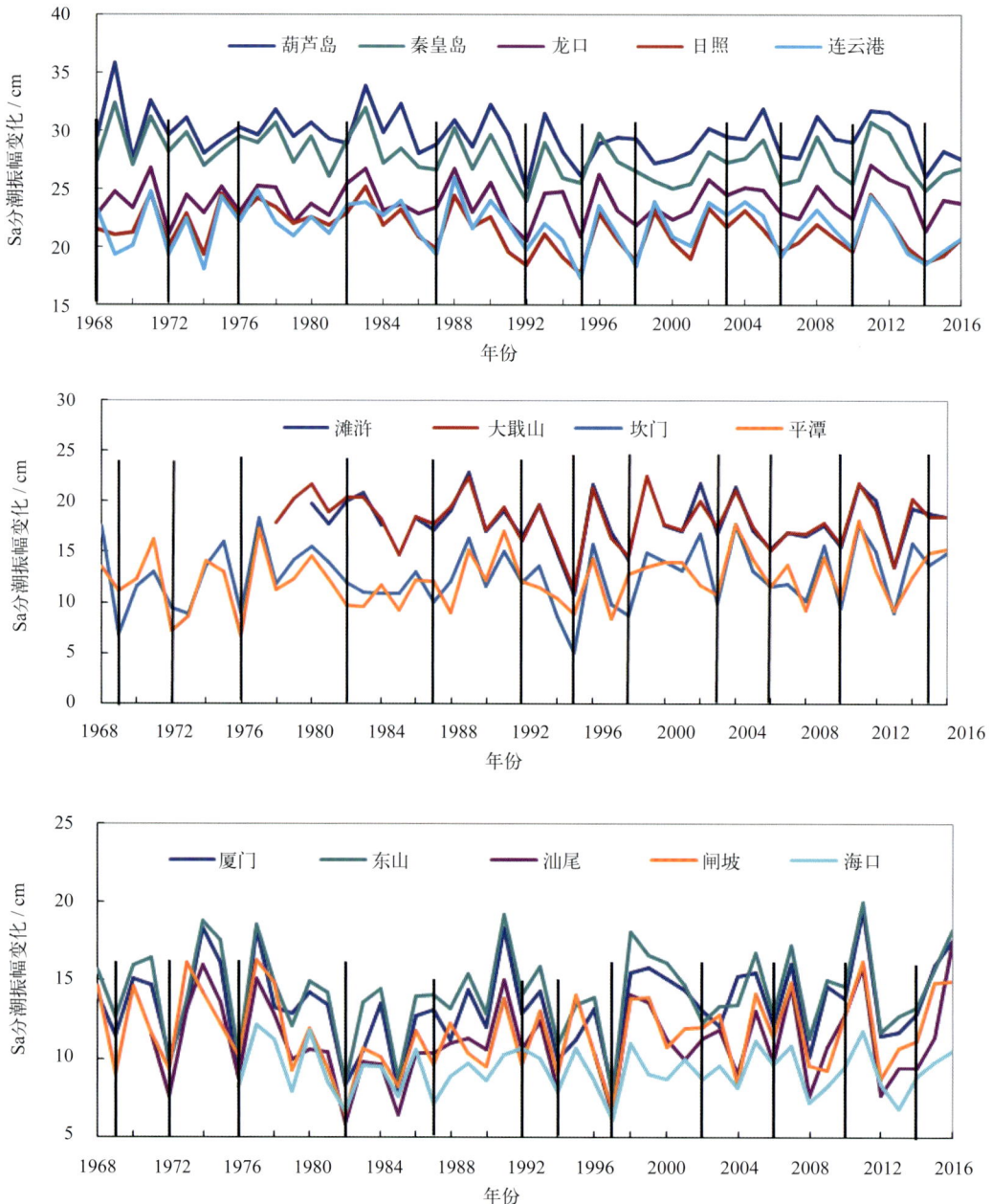

图1.17　中国沿海各代表站S_a分潮振幅变化（垂直黑线代表厄尔尼诺年）

7月居多，低于平均值约10 cm。珠江口海平面的季节变化呈双峰型，峰值分别出现在6月和10月，6月的高海平面系珠江径流影响所致，10月的海平面则反映一年中的季节高海平面；最低值一般出现在1月和2月，年变幅为20～30 cm。广西与南海西部海域，最低海平面发生在2月，最高海平面出现在10月，年变幅较小，一般为15～20 cm（图1.12）。

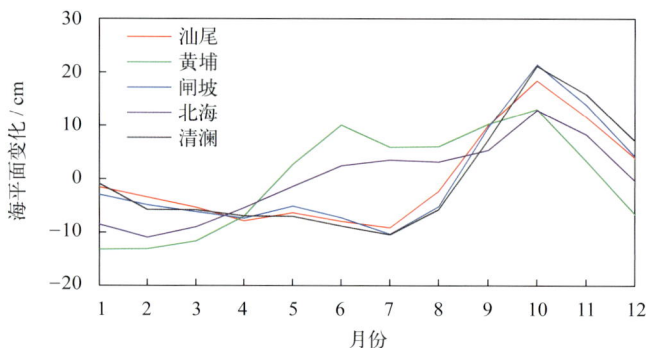

图1.12 南海沿海部分台站海平面季节变化

1.3 海平面变化归因

1.3.1 全球海平面变化归因

全球海平面上升是由气候变暖导致的海洋热膨胀、冰川冰盖融化、陆地水储量变化等因素造成的，不同时段的海平面上升速率不同，各因子的贡献也有变化（图1.13）。由于海洋热膨胀造成的海平面变化贡献率总体呈现降低的趋势，由1971—2010年的40%下降至1993—2015年的37%，其中大部分贡献来自于700 m以上的上层海洋。据卫星观测资料显示，格陵兰和南极冰川冰盖及陆源冰川融化对海平面上升的贡献呈现逐渐增加的趋势：1993—2004年全球平均海平面上升速率2.7 mm/a，其中冰川、冰盖融化的贡献率约占47%；2004—2015全球平均海平面上升速率3.5 mm/a，而冰川、冰盖融化的贡献率增加至55%（WMO，2017）。

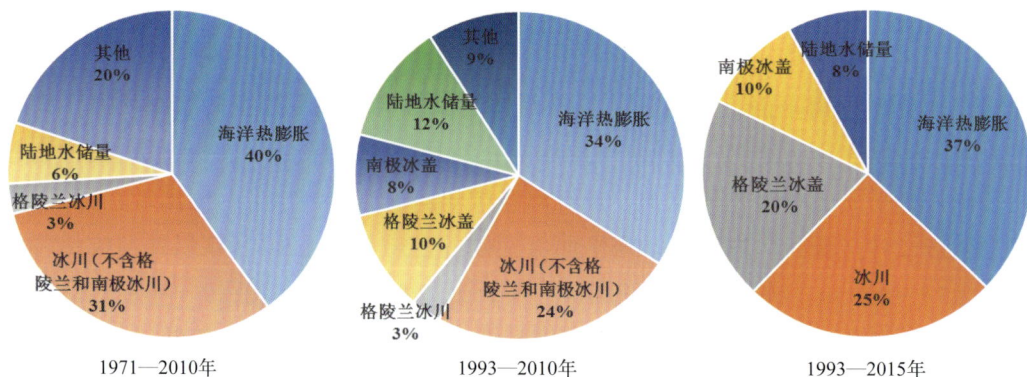

图1.13 各主要因子对不同阶段全球海平面上升速率的贡献

1.3.2 中国海平面变化归因

中国沿海海平面变化主要是由全球性海平面上升、中国沿海水文气象要素变化以及地面沉降等多种原因造成的。同时，ENSO对中国近海海平面影响明显，风场异常变化导致海水长时间向岸堆积，也是造成局地海平面升高的原因之一。

1）水文气象要素

中国沿海海平面变化受局地海温、海流、风、气温、气压和降水等水文气象要素的影响。1980—2017年，中国沿海气温与海温均呈上升趋势，速率分别为0.039℃/a和0.023℃/a，气压呈下降趋势，速率为0.017 hPa/a；同期海平面呈上升趋势，速率为3.3 mm/a（图1.14）。

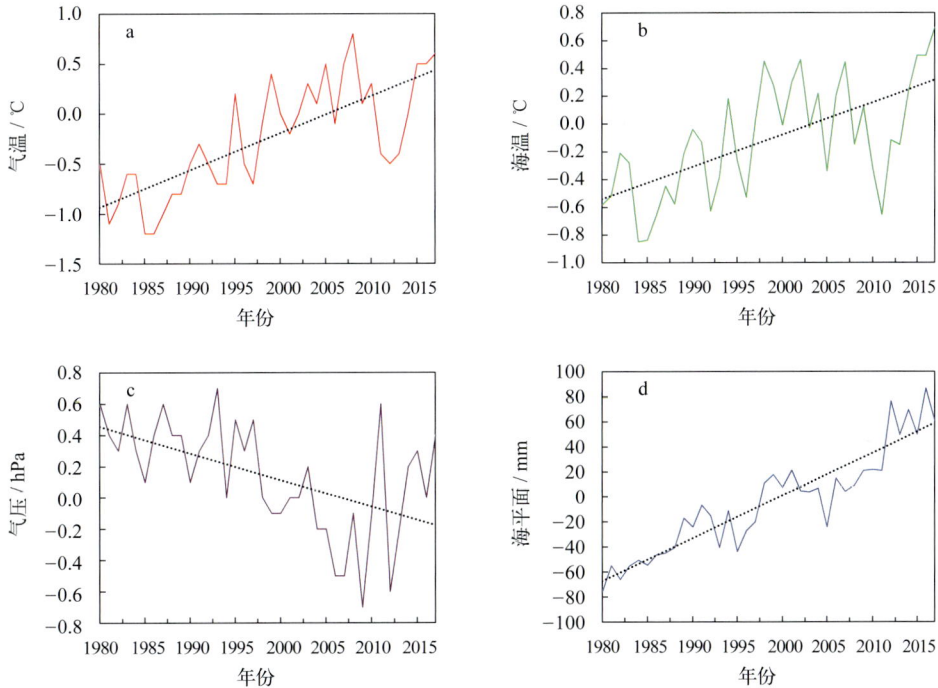

图1.14 中国沿海气温（a）、海温（b）、气压（c）与海平面（d）变化

以东海为例，海平面、海温和气温等水文气象要素的季节性变化基本一致，均以年周期为主（图1.15）。其中，海温和气温均在7—8月达到最高，1—2月最低。受径流等因素的影响，海平面的季节差异较大，长江口和杭州湾沿海最高水位一般出现在9月，最低值发生在1—2月；长江口内的吴淞海平面年变幅可达50～60 cm，长江口外与杭州湾北岸年变幅为35～40 cm。杭州湾以南的浙江沿岸，最高水位一般出现在9—10月，最低值发生在2—4月，其年变幅约为30 cm。台湾海峡西岸，海平面4月和7月较低，7月以后海平面迅速上升，10月达到最高，年变幅约为30 cm。

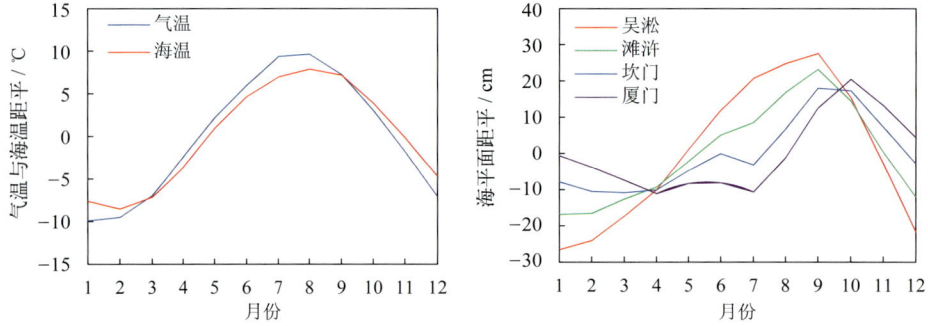

图1.15 东海气温、海温与海平面变化

2）厄尔尼诺–南方涛动（ENSO）

赤道东太平洋海表温度与我国近海海平面存在显著的遥相关关系。相关系数自北至南呈梯度递增，其中南海海域海平面异常与赤道东太平洋区域的海表温度异常相关性最强，大部分区域的相关系数超过了0.6，渤黄海大部分海域的遥相关系数超过0.3，通过显著性检验（图1.16）。2010年7月，西沙群岛周边海域海平面较常年（1993—2011年）同期偏高近20 cm，8月海平面持续升高，较常年同期升高34 cm，6—8月升幅达43 cm，超过该区域年振幅变化的2倍。之后，海平面开始持续下降，12月海平面逐渐接近正常水平。分析发现，该时段正处于2010/2011年拉尼娜时期。厄尔尼诺发生期，该海域海平面偏低；拉尼娜发生期，该海域海平面明显偏高（王慧等，2018）。

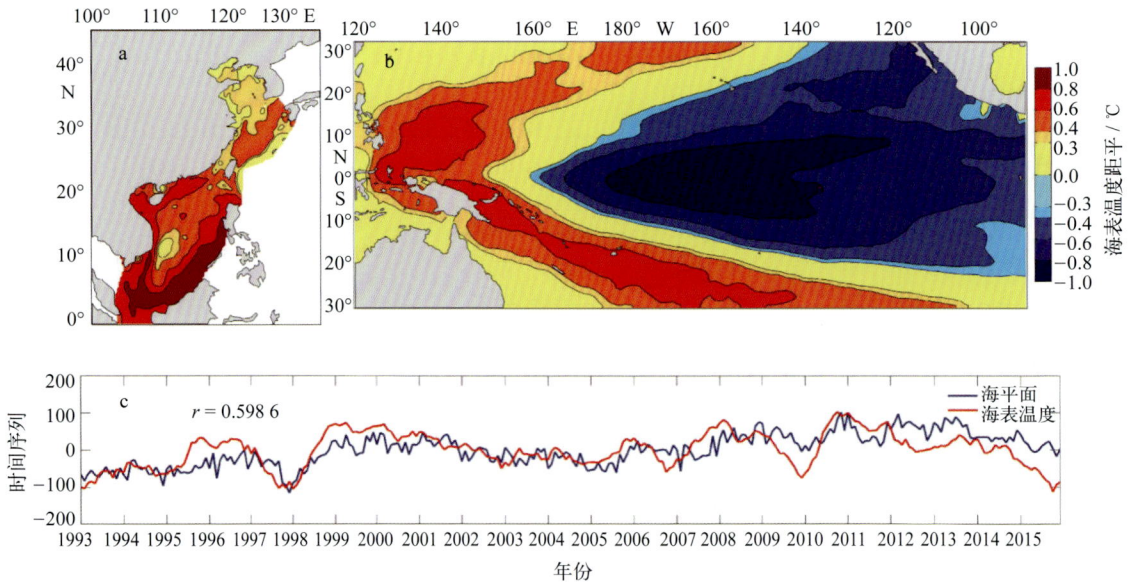

图1.16 中国近海海平面距平（a）与同步的赤道东太平洋海表温度距平（b）
及SVD分析第一模态的同性相关结果（c）

　　中国沿海海平面年振幅对厄尔尼诺事件的响应与其强弱和发生类型有关，强事件中，响应区域和幅度较大，弱事件中，响应区域和幅度偏小。1968—2016年间共发生12次较强的厄尔尼诺事件，其中1968/1969年、1972/1973年、1991/1992年、1994/1995年和2006/2007年厄尔尼诺事件期间，中国沿海S_a振幅均出现明显减小（图1.17）。由表1.3可知，S_a振幅的极小值均出现在厄尔尼诺期间，并且不同的区域对厄尔尼诺事件的响应程度不同。

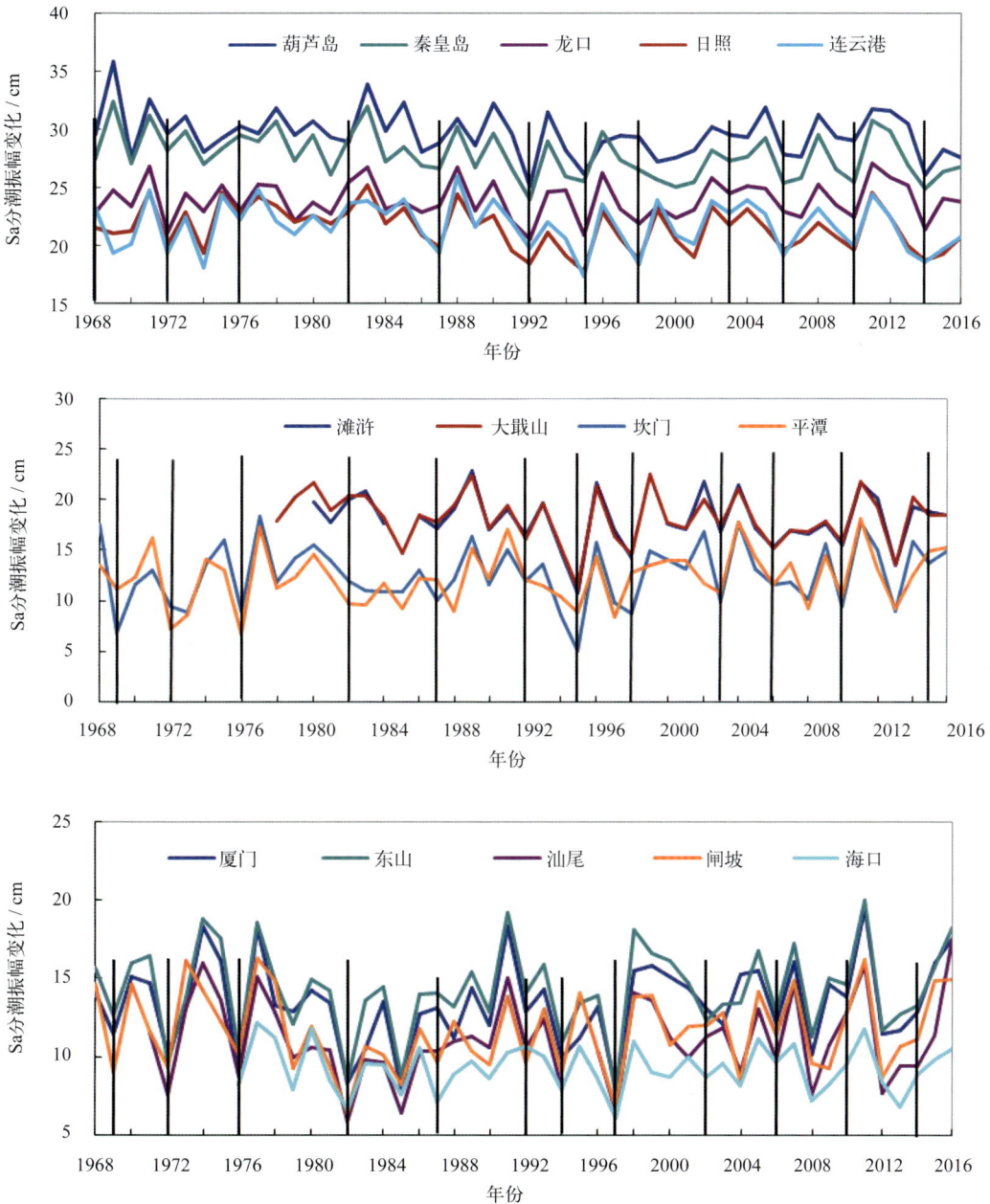

图1.17　中国沿海各代表站S_a分潮振幅变化（垂直黑线代表厄尔尼诺年）

表1.3 厄尔尼诺事件期间S_a分潮振幅距平的极小值

厄尔尼诺年	S_a分潮振幅的距平值 / cm					
	渤海沿海		黄海至台湾海峡沿海		台湾海峡以南沿海	
	年份	极小值	年份	极小值	年份	极小值
1965	1965	-1.5	1965	-10.0	1965	-3.6
1969	—	—	1969	-3.3	1969	-1.2
1972	1972	-1.8	1972	-3.3	1972	-2.7
1976	1975	-0.2	1976	-0.8	1976	-3.0
1982	1981	-0.6	—	—	1982	-5.1
1986	1986	-1.3	1987	-1.2	1985	-4.2
1992	1992	-4.4	1992	-1.3	1992	-0.6

"—"表示无数据。

3）东亚季风

东亚季风的变化是影响中国近海海域海平面变化的重要原因，沿海月均海平面的异常变化与风场和气压场有密切的关系，由风引起的风生流与海平面高度场的变化基本一致。统计结果显示，由风引起的沿岸海面抬升对海平面的总体升高贡献率可达50%~80%（Wang et al.，2016）（图1.18）。

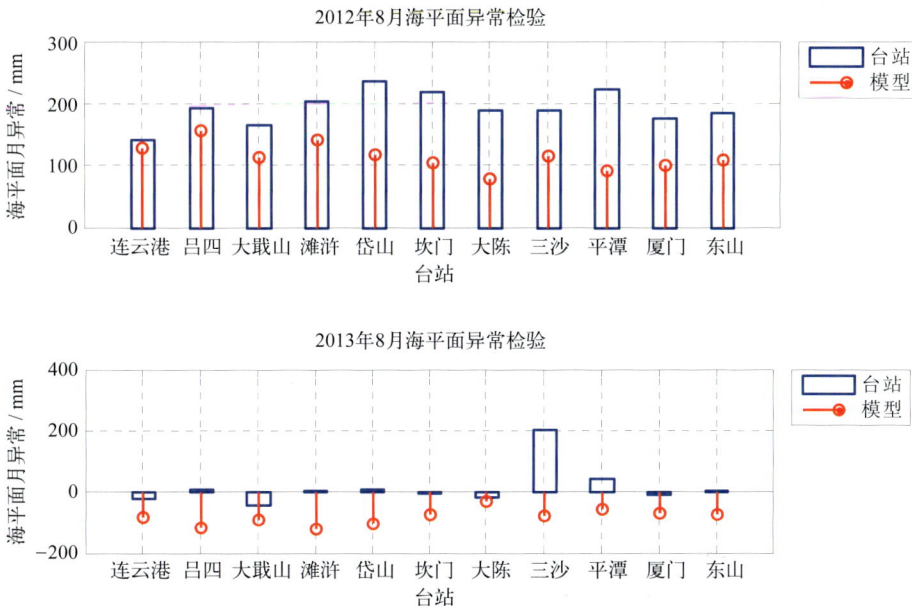

图1.18 2012年8月和2013年8月中国东海沿海海平面异常检验

2012年8月东海沿海海平面处于历史同期最高位，海平面较常年同期高191 mm。对2012年8月中国近海及邻近海域的风及风生流分析结果见图1.19。可以看出该月夏季风持续偏强，在东海沿海形成较强的向岸风，有利于海水的向岸堆积，海平面气压在东海形成低压距平区，沿海气压较常年同期低0.7 hPa。自黄海南部至东海沿海，由于风引起的沿岸海面抬升由南向北逐渐增大，海平面上升90～150 mm。

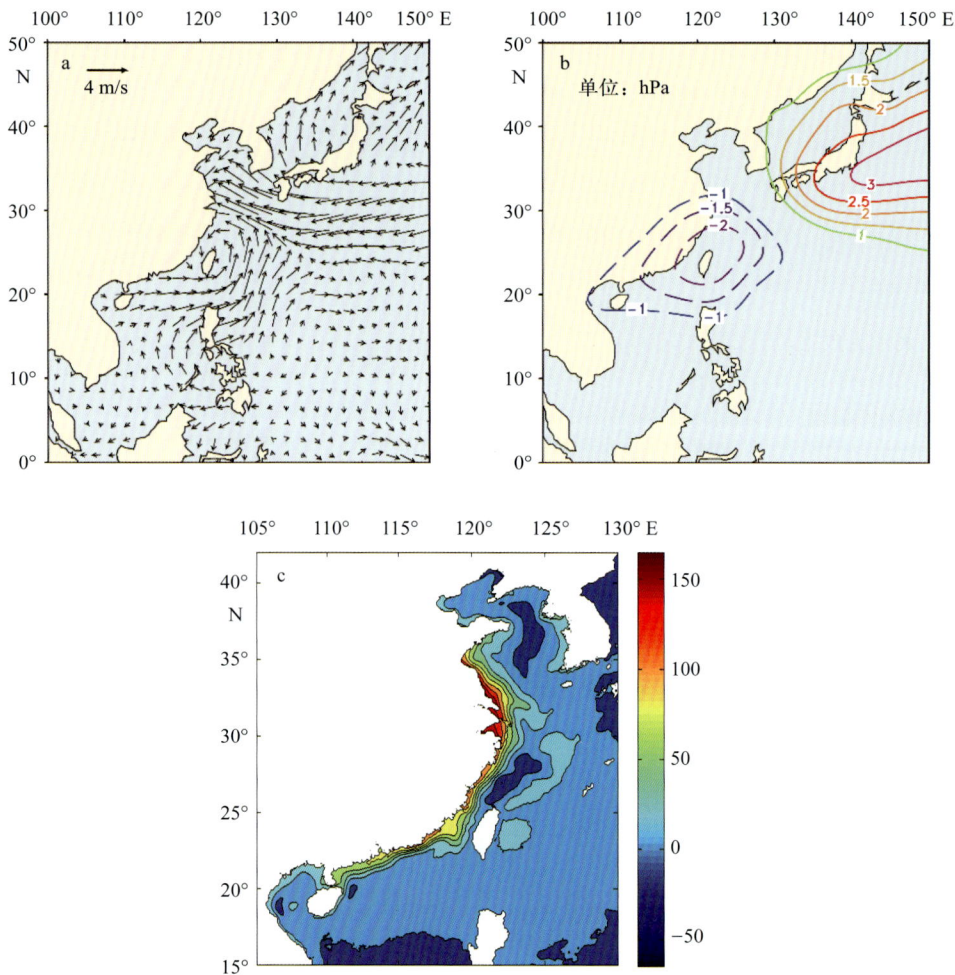

图1.19　2012年8月中国近海及邻近海域10 m风场距平（a）、海平面气压场距平（b）和风生海平面距平（c）

4）风暴潮

持续的风暴潮增水过程对短期的海平面也有一定贡献。2012年8月中国沿海6个热带气旋带来的长时间增减水对当月海平面上升有一定贡献，全月增减水对当月海平面上升的贡献率约为14%，详见图5.11。

5）地面沉降

沿海地区地面沉降会加剧相对海平面上升。受全球地壳运动、局地河口三角洲沉积压实效应和人类活动等的影响，我国沿海地区存在不同程度的地面升降，相对海平面变化存在区域性差异。天津、上海、广东等经济发达的沿海城市或地区位于河口淤积平原，地质结构较松软，由于地下水超采和大型建筑物压实等作用，存在地面沉降，海平面相对上升幅度较大。《2019年中国海平面公报》显示，2018年塘沽年平均沉降量为8 mm，上海年平均沉降量为5.1 mm。

2009年起，我国沿海有50余个海洋站陆续增设了全球导航卫星系统（GNSS）连续运行观测站。利用2009—2017年海洋站GNSS观测数据，并联合中国周边的国际IGS站点数据，采用差分和精密单点定位技术，分析了中国沿海各海洋站的地面垂直运动情况，中国沿海各GNSS站的地面垂直运动速率如图1.20所示。分析结果显示，天津、上海、广东等沿海城市或地区地面沉降相对较重，造成海平面相对上升速率较大，其中天津塘沽海洋站地面沉降速率超过8.0 mm/a。长江以北地区除石岛和塘沽海洋站地面呈明显下降外，其余地区总体呈上升趋势，其中芷锚湾海洋站地面上升速率约1.5 mm/a；长江以南至珠江口区域，除小衢山、朱家尖和云澳海洋站地面呈上升趋势外，其余地区海洋站总体呈下降趋势，其中坎门海洋站地面沉降速率约1.9 mm/a；珠江口以南地区地面总体呈下降趋势，其中三亚海洋站地面沉降速率超过2.0 mm/a。

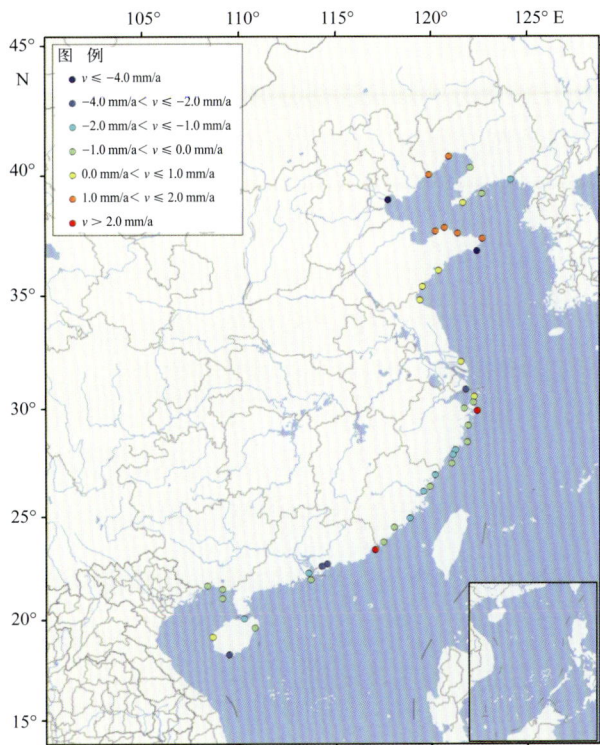

图1.20 中国沿海地区的地面垂直运动速度

第 2 章

未来海平面上升预测

2.1　统计预测

2.1.1　预测方法

海平面变化统计预测方法主要有随机动态、经验模态、灰度与Barnett模型等。本书采用的随机动态模型是一种实用而高效的分析方法，适用于长时间序列海平面资料，目前已经广泛应用于海平面变化分析预测。

随机动态分析预测模型利用功率谱分析方法寻找海平面变化周期，使用F检验法确定周期的显著性，根据残差序列性质，建立海平面上升分析预测模型。

模型将平均海平面序列视为如下的叠加形式：

$$Y(t) = T(t) + P(t) + X(t) + \alpha(t) \tag{2.1}$$

式中，$Y(t)$为月均海平面；$T(t)$为确定性趋势项；$P(t)$为确定性周期项；$X(t)$为一剩余随机序列；$\alpha(t)$为白噪声序列；t为时间。

只要找出序列中确定性部分和随机性部分的具体表达形式及系数，即可对原始数据进行拟合并采用外推进行预测。

1）确定性部分模型

确定性趋势项取为一次多项式：

$$T(t) = A_0 + Bt \tag{2.2}$$

式中，A_0为起始月份的平均海平面；B为海平面线性变化速率。

假设在海平面序列中存在K个显著周期变化，则确定性周期项为：

$$P(t) = \sum_{i=1}^{K} C_i \cos(\sigma_i t - \varphi_{i0}) \tag{2.3}$$

式中，σ_i、C_i、φ_{i0}为第i周期的角速率、振幅与初相角，初步模型可写为：

$$Y(t) = A_0 + Bt + \sum_{i=1}^{K} C_i \cos(\sigma_i t - \varphi_{i0}) \tag{2.4}$$

2）寻找周期

采用功率谱分析寻找海平面变化周期，通过F检验法对找到的所有周期进行显著性检验，确定海平面显著变化周期。

3）确定性部分系数计算

采用线性最小二乘法拟合计算确定性部分趋势性系数（A_0、B）与周期项系数（C_i、φ_{i0}）。

4）残差序列性质的检验

确定性部分求得后，从原始数据中去掉它，得到残差序列：

$$Y'(t) = Y(t) - \left\{ A_0 + Bt + \sum_{i=1}^{K} C_i \cos(\sigma_i t - \varphi_{i0}) \right\} \tag{2.5}$$

此残差序列因已去掉确定性部分，可认为是一随机序列。经检验，若残差序列为平稳、正态与非独立序列，则可对其建立随机动态自回归AR模型。

5）AR（P）模型确定

对残差$Y'(t)$建立AR模型：

$$Y'(t) = \sum_{j=1}^{P} \phi_j Y'(t - j) \tag{2.6}$$

式中，ϕ_j为自回归系数；P为自回归模型阶数。

阶数（P）用模型定阶的最小信息准则来确定。

$$AIC = N \log_e \sigma_\alpha^2 + 2(P + 1) \tag{2.7}$$

$$\begin{cases} \sigma_\alpha^2 = r(0) - \sum_{j=1}^{P} \phi_j r(j) \\ S^2 = \dfrac{1}{N} \sum_{t=1}^{N} Y'(t)^2 \\ r(m) = \dfrac{1}{N-1} \sum_{i=1}^{N-m} \left[\dfrac{Y'(t)Y'(t+m)}{S^2} \right] \quad (m = 0, 1, \cdots, P) \end{cases} \tag{2.8}$$

式中，S^2为残差平方和均值；r为残差自协方差函数；σ_α^2为白噪声方差。

自回归系数ϕ_j（$j = 1, 2, \cdots, P$）由下面递推公式计算。

$$\begin{cases} \phi_1^1 = \dfrac{r(1)}{r(0)} \\ \phi_P^P = \dfrac{r(P) - \sum_{j=1}^{P-1} \phi_j^{P-1} r(P-j)}{r(0) - \sum_{j=1}^{P-1} \phi_j^{P-1} r(j)} \\ \phi_j^P = \phi_j^{P-1} - \phi_P^P \phi_{P-j}^{P-1} \quad (j = 1, 2, \cdots, P-1) \end{cases} \tag{2.9}$$

6）建立模型及其求解

将确定部分与随机动态部分模型叠加，形成海平面上升分析预测模型：

$$Y(t) = A_0 + Bt + \sum_{i=1}^{K} C_i \cos (\sigma_i t - \varphi_{i0}) + \sum_{j=1}^{P} \phi_j Y'(t-j) + \alpha(t) \qquad （2.10）$$

式中，$Y'(t) = Y(t) - [A_0 + Bt + \sum_{i=1}^{K} C_i \cos (\sigma_i t - \varphi_{i0})]$ 。

2.1.2 预测结果

基于中国沿海近50年海平面变化的周期性、趋势性等规律，使用海平面变化统计预测模式，以各级行政区为预测单元，对行政区内的海平面资料序列进行分析，对2050年、2080年、2100年和2120年的海平面上升值进行预测。

受局地地面沉降等因素影响，中国沿海未来海平面上升幅度各省（自治区、直辖市）间略有差异。天津、上海、广东和海南沿海海平面上升预测值最高，到2100年海平面上升中值均接近40 cm；辽宁、山东、江苏和浙江沿海次之，到2100年海平面上升中值均接近35 cm；广西和福建沿海海平面上升最为缓慢，到2100年海平面上升中值均接近30 cm（表2.1）。

表2.1 中国沿海各省（自治区、直辖市）未来海平面变化预测　　　　（单位：cm）

省（自治区、直辖市）	2050年	2080年	2100年	2120年
辽宁	19	28	35	41
河北	18	27	31	37
天津	24	34	39	45
山东	20	29	36	43
江苏	21	29	35	43
上海	22	31	38	45
浙江	19	26	34	41
福建	17	22	29	34
广东	22	33	38	45
广西	15	22	28	33
海南	21	32	39	46
全海域（低）	13	20	25	30
全海域（中）	20	29	35	41
全海域（高）	30	49	62	75

注：相对于1986—2005年平均海平面。

　　从各沿海城市的海平面变化预测结果看，大连、葫芦岛、天津、潍坊、南通、上海、杭州、舟山、莆田、阳江、海口与三亚等城市未来海平面上升预测值较高；秦皇岛、连云港、温州、宁德、厦门、惠州、广州和北海等城市未来海平面上升预测值较低（表2.2）。

表2.2　中国各沿海城市未来海平面变化预测　　　　　　　　　　（单位：cm）

城市	2050年	2080年	2100年	2120年
丹东	15	24	29	35
大连	19	29	36	45
营口	20	28	33	42
盘锦	20	29	36	43
锦州	21	30	38	43
葫芦岛	21	31	40	44
秦皇岛	15	22	25	29
唐山	18	27	30	36
天津	21	31	34	43
沧州	22	34	39	49
滨州	22	35	40	49
东营	23	36	41	50
潍坊	24	38	44	54
烟台	19	28	35	42
威海	17	23	30	35
青岛	18	25	32	39
日照	18	27	34	41
连云港	16	21	23	30
盐城	20	30	36	44
南通	23	37	46	55
上海	22	31	36	45
嘉兴	20	27	33	42
杭州	23	34	41	53
绍兴	20	28	34	42
舟山	22	32	39	50

续表

城市	2050年	2080年	2100年	2120年
宁波	20	28	34	45
台州	18	26	31	37
温州	17	22	28	32
宁德	14	17	21	23
福州	18	24	32	37
莆田	20	29	38	44
泉州	18	26	33	40
厦门	15	21	26	32
漳州	17	24	30	36
潮州	17	25	32	37
汕头	17	25	32	37
揭阳	17	25	33	36
汕尾	17	25	33	36
惠州	13	21	26	32
深圳	17	23	30	34
东莞	17	23	30	34
广州	12	16	18	20
中山	12	16	18	20
珠海	17	23	30	34
江门	19	28	37	41
阳江	20	30	40	45
茂名	17	23	30	35
湛江	17	31	36	42
北海	13	20	25	28
钦州	14	23	28	32
防城港	15	24	29	33
海口	22	33	36	45
三亚	20	32	41	47

注：相对于1986—2005年平均海平面。

2.2 数值模型预测

2.2.1 模型和气候情景

中国近海海平面数值预测所采用的数据来自国际"耦合模型比较计划第五阶段实验"（Coupled Model Intercomparison Project 5，CMIP 5）地球系统模型数据集，选择的CMIP 5模型与IPCC第五次报告海平面变化研究章节所采用的保持一致，共20组（表2.3）。数据为模型预估的海平面变化参量，包括动力海平面参量"zos"和平均比容海平面参量"zossga"。

表2.3 本次评估所选用的CMIP 5模型

序号	模型名称	所属科研机构	所属国家	大气模型分辨率	海洋模型分辨率
1	ACCESS1-0	CSIRO-BOM	澳大利亚	$1.3°×1.9°$	$0.6°×1.0°$
2	ACCESS1-3			$1.3°×1.9°$	$0.6°×1.0°$
3	CanESM2	CCCMA	加拿大	$2.8°×2.8°$	$0.9°×1.4°$
4	CCSM4	NCAR	美国	$0.9°×1.3°$	$0.6°×0.9°$
5	CNRM-CM5	CNRM-CERFACS	法国	$1.4°×1.4°$	$0.6°×1.0°$
6	CSIRO-Mk3-6-0	CSIRO-QCCCE	澳大利亚	$1.9°×1.9°$	$1.9°×0.9°$
7	GFDL-CM3	NOAA-GFDL	美国	$2.0°×2.5°$	$0.9°×1.0°$
8	GFDL-ESM2G			$2.0°×2.5°$	$0.9°×1.0°$
9	GFDL-ESM2M			$2.0°×2.5°$	$0.9°×1.0°$
10	HadGEM2-ES	MOHC	英国	$1.3°×1.9°$	$0.9°×1.0°$
11	INMCM4	INM	俄罗斯	$1.5°×2.0°$	$0.5°×1.0°$
12	IPSL-CM5A-LR	IPSL	法国	$1.9°×3.8°$	$1.2°×2.0°$
13	IPSL-CM5A-MR			$1.9°×3.8°$	$1.2°×2.0°$
14	MIROC5	AORI-NIES-JAMSTEC	日本	$1.4°×1.4°$	$0.8°×1.4°$
15	MIROC-ESM			$2.8°×2.8°$	$0.7°×1.2°$
16	MIROC-ESM-CHEM			$2.8°×2.8°$	$0.7°×1.2°$
17	MPI-ESM-LR	MPI-M	德国	$1.9°×1.9°$	$0.8°×1.4°$
18	MPI-ESM-MR			$1.9°×1.9°$	$0.8°×1.4°$
19	MRI-CGCM3	MRI	日本	$0.6°×0.6°$	$0.5°×1.0°$
20	NorESM1-M	NCC	挪威	$1.9°×2.5°$	$0.5°×1.1°$

本次评估采用了新一代的温室气体排放情景，称为"典型浓度路径（Representative Concentration Pathways，RCPs）"，主要包括三种气候情景。

1）RCP8.5情景

RCP8.5情景下，辐射强迫上升至8.5 W/m²，2100年CO_2浓度达到约1 370 ppm[①]，该情景是最高的温室气体排放情景，假定人口最多、技术革新率不高、能源改善缓慢，所以收入增长慢，导致长时间高能源需求及高温室气体排放，而缺少应对气候变化的政策。

2）RCP4.5情景

RCP4.5情景下，辐射强迫稳定在4.5 W/m²，2100年后CO_2浓度稳定在约650 ppm，该情景考虑了与全球经济框架相适应的，长期存在的全球温室气体和存在期短的物质的排放。

3）RCP2.6情景

RCP2.6情景下，辐射强迫在2100年前达到峰值，到2100年下降到2.6 W/m²，CO_2浓度峰值约490 ppm，该情景把全球平均温度上升限制在2℃之内，无论从温室气体排放，还是辐射强迫，都是最低的情景。

2.2.2 数据集构建

1）数据预处理

考虑各CMIP 5模型彼此间分辨率差异较大，需要对各模型数据集进行预处理。将不同网格类型和分辨率的CMIP 5模型数据统一插值到分辨率为1°×1°的标准网格上，确保数据后期处理过程中不会因为插值而失真。

2）研究海区划分及数据提取

将中国近海区域（100°—135°E，0°—42°N）划分为渤黄海海区（117°—128°E，32°—42°N）、东海海区（116°—135°E，23°—32°N）以及南海海区（100°—121°E，0°—23°N）三部分，本章节分别针对不同海区以及全海域开展。将以上区域的数据从各CMIP 5标准网格化结果中提取出来。

3）动力与比容海平面高度叠加

由于各CMIP 5模型对海平面预估结果差异较大，多模型集合平均方法会在一定程度上减小误差，相对于单个模型能更好地代表模型平均模拟水平。进行集合预测之前，首先需要对各模型结果统一剔除二次拟合后区域气候漂移误差以及全球平均所造成的误

[①] ppm，干空气中每百万（10⁶）个气体分子中所含的该种气体分子数。

差，然后将各模型"zos"参量与"zossga"参量叠加，初步获得动力和比容海平面预测结果。

4）海水质量变化部分对海平面的贡献

针对区域海平面变化，仍然需要考虑格陵兰岛冰盖、南极冰盖、陆地冰川融化以及陆地水注入等海水质量变化对区域海平面变化的贡献。质量变化贡献的数据来自德国汉堡大学综合气象数据中心（Integrated Climate Data Center，ICDC）和马克思-普朗克气象研究所（Max Planck Institute for Meteorology，MPI-M）。将该部分的数据分析结果与动力及比容海平面预测结果进行叠加，获得不同情景下各海域海平面上升预测序列。

2.2.3 模型评估

选取中国沿海代表性较好的7个站点（西沙、南沙、大陈、大万山、闸坡、千里岩、涠洲），利用1993—2016年验潮站资料和卫星高度计数据对20组CMIP 5模型预估的海平面变化数据序列进行综合评估。对模型数据、验潮站资料和卫星高度计数据进行相关分析，结果显示有9组模型结果的相关系数通过了置信度为95%的显著性检验，说明这些模型回报结果与实测结果相关性良好（表2.4）。

表2.4 可应用于集合预测的CMIP 5模型

编号	模型名称	所属科研机构	所属国家
1	MIROC-ESM-CHEM	AORI-NIES-JAMSTEC	日本
2	HadGEM2-ES	MOHC	英国
3	GFDL-CM3	NOAA-GFDL	美国
4	CanESM2	CCCMA	加拿大
5	ACCESS1-3	CSIRO-BOM	澳大利亚
6	MIROC-ESM	AORI-NIES-JAMSTEC	日本
7	INMCM4	INM	俄罗斯
8	NorESM1-M	NCC	挪威
9	CNRM-CM5	CNRM	法国

图2.1为西沙海域的验潮站、卫星高度以及部分模型数据的比对结果，蓝色趋势线代表验潮站资料结果，红色代表卫星高度计数据结果，绿色代表模型结果。

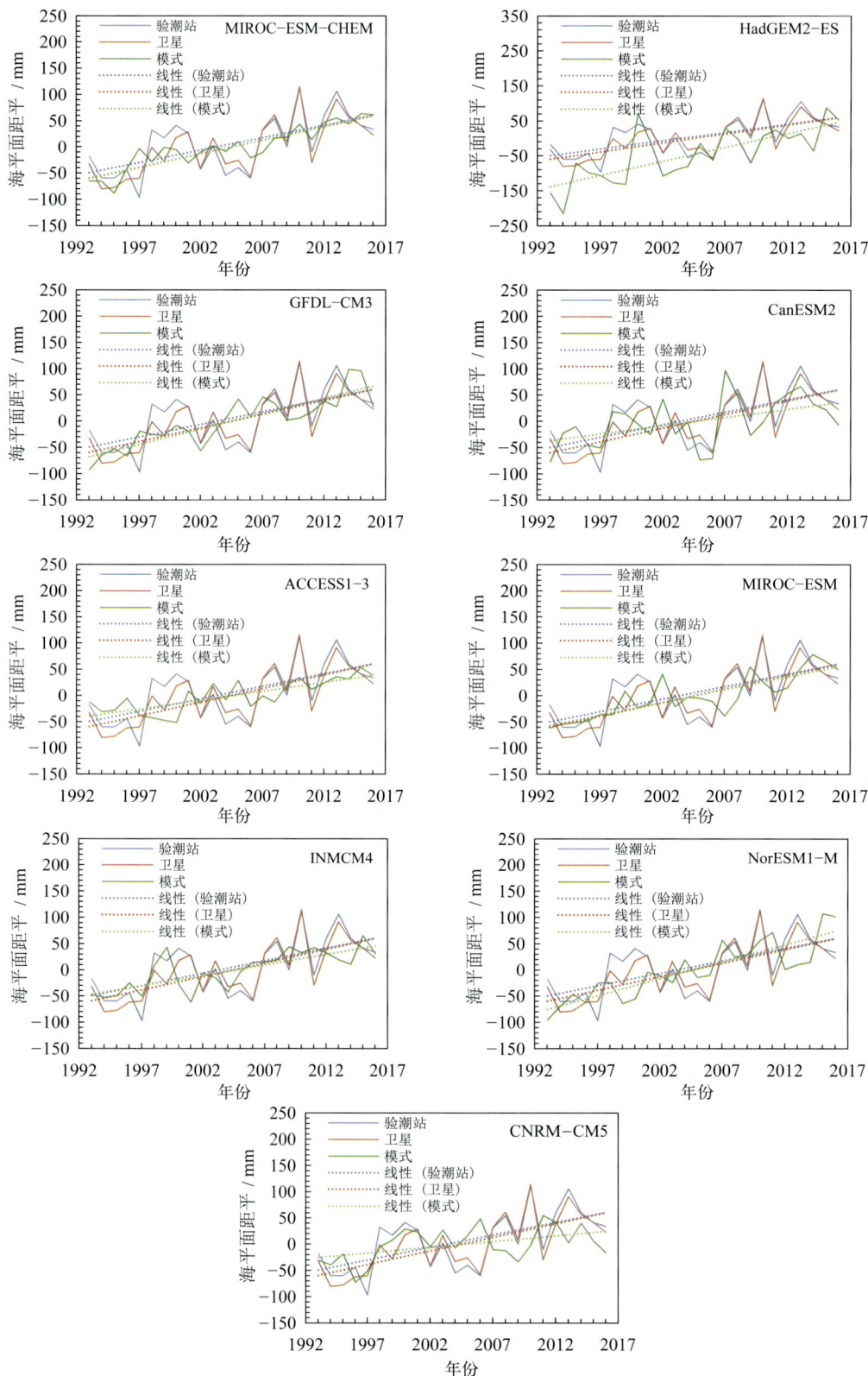

图2.1 西沙站模拟结果与验潮站资料及卫星高度计数据对比

2.2.4　预测结果

采用多模型集合平均的方法对中国近海未来海平面上升进行预测，模型为表2.4中的9组模型。多模型集合平均的方法由以下公式定义，其中F_i为第i个模型的预测值，N为参与集合的模型总数：

$$EMN = \frac{1}{N} \sum_{i=1}^{N} F_i \qquad (2.11)$$

根据不同RCP情景下模型未来动力海平面和全球平均比容海平面变化趋势的模拟数据，考虑格陵兰冰盖融化、南极冰盖融化、陆地冰川冰盖融化和陆地水注入等贡献（Slangen et al.，2014），计算中国近海及各海区2050年、2080年以及2100年海平面相对1986—2005年平均值的上升值。其中，模型集合预测值的5%不确定性结果、中间值以及95%不确定性结果分别作为未来海平面上升预测的低值、中值和高值（表2.5）。

表2.5　各海区海平面上升预测值　　　　（单位：m）

海区		2050年			2080年			2100年		
		RCP2.6	RCP4.5	RCP8.5	RCP2.6	RCP4.5	RCP8.5	RCP2.6	RCP4.5	RCP8.5
渤黄海	低	0.10	0.13	0.15	0.18	0.21	0.28	0.20	0.26	0.41
	中	0.20	0.23	0.25	0.33	0.40	0.51	0.41	0.51	0.74
	高	0.33	0.34	0.39	0.53	0.62	0.78	0.65	0.79	1.14
东海	低	0.14	0.16	0.18	0.22	0.27	0.33	0.26	0.33	0.47
	中	0.25	0.26	0.28	0.38	0.45	0.55	0.48	0.56	0.80
	高	0.37	0.37	0.42	0.57	0.66	0.81	0.73	0.84	1.22
南海	低	0.13	0.15	0.16	0.22	0.26	0.32	0.27	0.34	0.49
	中	0.22	0.23	0.25	0.37	0.41	0.51	0.46	0.54	0.75
	高	0.33	0.35	0.37	0.54	0.59	0.75	0.68	0.79	1.09
中国近海	低	0.13	0.16	0.19	0.21	0.29	0.36	0.26	0.35	0.52
	中	0.23	0.24	0.26	0.37	0.43	0.53	0.47	0.55	0.77
	高	0.34	0.36	0.38	0.55	0.60	0.74	0.70	0.80	1.09

1）渤黄海海域预估结果

RCP2.6情景下，相对于1986—2005年的平均值，渤黄海海平面上升范围在2050年、2080年和2100年分别为0.20 m（0.10～0.33 m）、0.33 m（0.18～0.53 m）以及0.41 m（0.20～0.65 m）。

RCP4.5情景下，相对于1986—2005年的平均值，渤黄海海平面上升范围在2050年、2080年和2100年分别为0.23 m（0.13～0.34 m）、0.40 m（0.21～0.62 m）以及0.51 m（0.26～0.79 m）。

RCP8.5情景下，相对于1986—2005年的平均值，渤黄海海平面上升范围在2050年、2080年和2100年分别为0.25 m（0.15～0.39 m）、0.51 m（0.28～0.78 m）以及0.74 m（0.41～1.14 m）。

相对于1986—2005年的平均值，21世纪末即2100年渤黄海海平面上升的最低值为0.20 m，最高值为1.14 m（图2.2）。

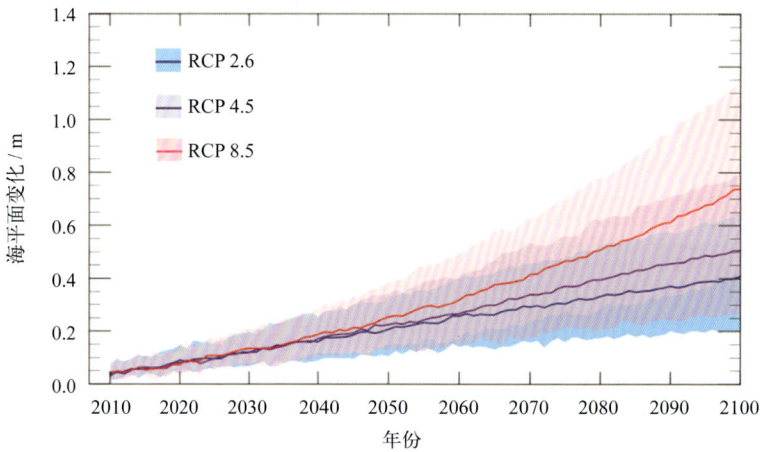

图2.2　渤黄海海平面上升预测

2）东海海域预估结果

RCP2.6情景下，相对于1986—2005年的平均值，东海海平面上升范围在2050年、2080年和2100年分别为0.25 m（0.14～0.37 m）、0.38 m（0.22～0.57 m）以及0.48 m（0.26～0.73 m）。

RCP4.5情景下，相对于1986—2005年的平均值，东海海平面上升范围在2050年、2080年和2100年分别为0.26 m（0.16～0.37 m）、0.45 m（0.27～0.66 m）以及0.56 m（0.33～0.84 m）。

RCP8.5情景下，相对于1986—2005年的平均值，东海海平面上升范围在2050年、2080年和2100年分别为0.28 m（0.18～0.42 m）、0.55 m（0.33～0.81 m）以及0.80 m（0.47～1.22 m）。

相对于1986—2005年的平均值，21世纪末即2100年东海海平面上升的最低值为0.26 m，最高值为1.22 m（图2.3）。

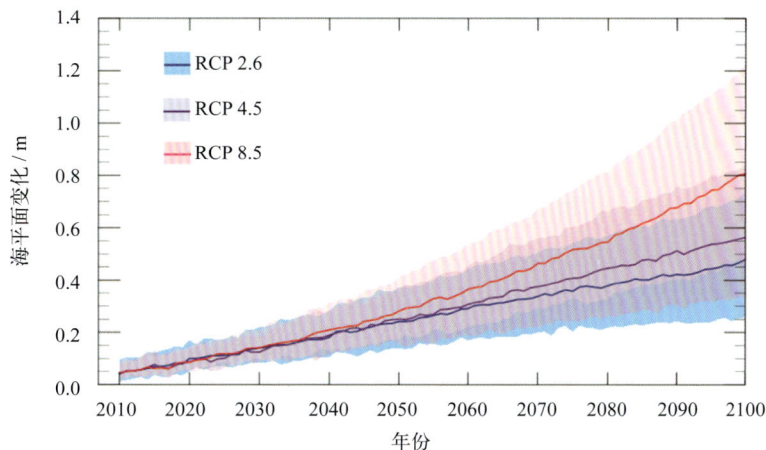

图2.3 东海海平面上升预测

3）南海海域预估结果

RCP2.6情景下，相对于1986—2005年的平均值，南海海平面上升范围在2050年、2080年和2100年分别为0.22 m（0.13～0.33 m）、0.37 m（0.22～0.54 m）以及0.46 m（0.27～0.68 m）。

RCP4.5情景下，相对于1986—2005年的平均值，南海海平面上升范围在2050年、2080年和2100年分别为0.23 m（0.15～0.35 m）、0.41 m（0.26～0.59 m）以及0.54 m（0.34～0.79 m）。

RCP8.5情景下，相对于1986—2005年的平均值，南海海平面上升范围在2050年、2080年和2100年分别为0.25 m（0.16～0.37m）、0.51 m（0.32～0.75 m）以及0.75 m（0.49～1.09 m）。

相对于1986—2005年的平均值，21世纪末即2100年南海海平面上升的最低值为0.27 m，最高值为1.09 m（图2.4）。

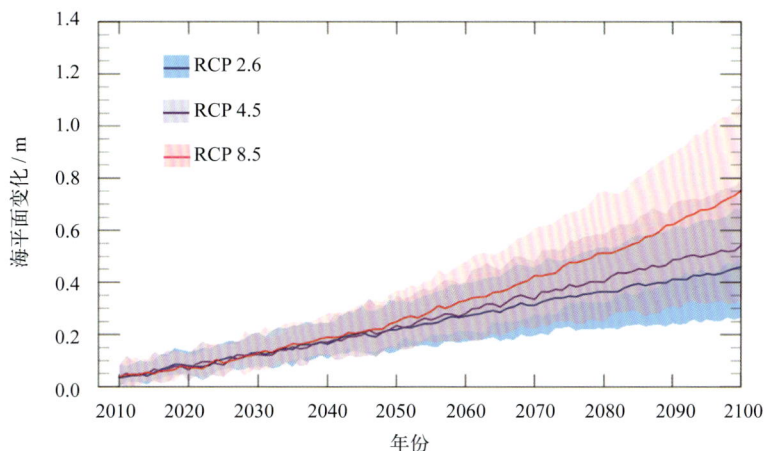

图2.4 南海海平面上升预测

4）中国近海海域评估结果

RCP2.6情景下，相对于1986—2005年的平均值，中国近海海平面上升范围在2050年、2080年和2100年分别为0.23 m（0.13~0.34m）、0.37 m（0.21~0.55 m）以及0.47 m（0.26~0.70 m）。

RCP4.5情景下，相对于1986—2005年的平均值，中国近海海平面上升范围在2050年、2080年和2100年分别为0.24m（0.16~0.36 m）、0.43 m（0.29~0.60 m）以及0.55 m（0.35~0.80 m）。

RCP8.5情景下，相对于1986—2005年的平均值，中国近海海平面上升范围在2050年、2080年和2100年分别为0.26 m（0.19~0.38 m）、0.53 m（0.36~0.74 m）以及0.77 m（0.52~1.09 m）。

相对于1986—2005年的平均值，21世纪末即2100年中国近海海平面上升的最低值为0.26 m，最高值为1.09 m（图2.5）。

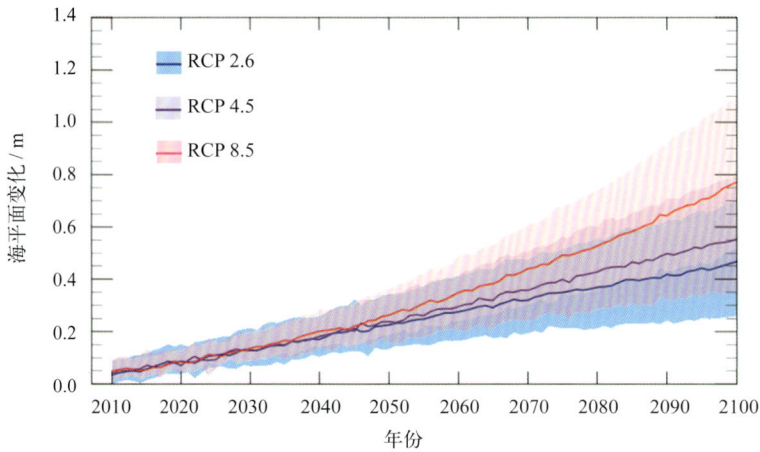

图2.5　中国近海平面上升预测

第 3 章

典型潮汐特征变化

　　我国近海潮汐因受地理条件影响类型多样。渤海大部分海域为不规则半日潮，仅秦皇岛海域和黄河口附近海域为规则全日潮，其外围环状海区为不规则全日潮，渤海海峡为规则半日潮。黄海除山东半岛以东、苏北外海和济州岛附近海区为不规则半日潮外，其余均为规则半日潮。东海大多为规则半日潮，其中九州岛至琉球群岛一线西侧为不规则半日潮；台湾海峡大多为规则半日潮，而南部为不规则半日潮。南海以不规则全日潮为主，北部湾沿海为规则全日潮区；南海北部沿海潮汐类型复杂，不规则半日潮、不规则全日潮与规则全日潮海域均有分布（图3.1和图3.2）。

　　中国沿海海岸线漫长，沿海各海区的潮差差异很大，平均潮差最大超过5.0 m，最小不足1.0 m。东海沿海潮差最大，杭州湾和福建北部沿海平均潮差可达5.0～6.0 m，澉浦和三都澳实测最大潮差分别达8.9 m和8.5 m；黄海次之，辽宁东部和江苏沿海平均潮差可达3.5～4.5 m，东港和洋口港实测最大潮差分别达7.5 m和7.8 m；渤海再次之，渤海湾和辽东湾沿海平均潮差可达2.5～3.0 m；南海最小，广东沿海平均潮差多为1.0～2.0 m，广西沿海平均潮差多为2.0～2.5 m。此外，秦皇岛、东营和成山角等地沿海位于M_2分潮无潮点附近，其平均潮差为0.5～1.0 m。

　　全球海平面上升引起陆架浅水区域海底和侧向摩擦作用改变，导致入射波、反射波和折射波的传播发生变化和潮汐驻波位置（无潮点）的移动，由此造成潮汐特征的显著变化（张锦文等，2000）。统计分析结果表明，1980—2017年中国沿海主要长期验潮站的6个主要分潮（M_2、S_2、O_1、K_1、S_a和S_{sa}）振幅和平均潮差、平均高潮位、平均低潮位均存在趋势性变化（表3.1和表3.2）。

潮 汐 类 型 分 布 图
Type of Tide

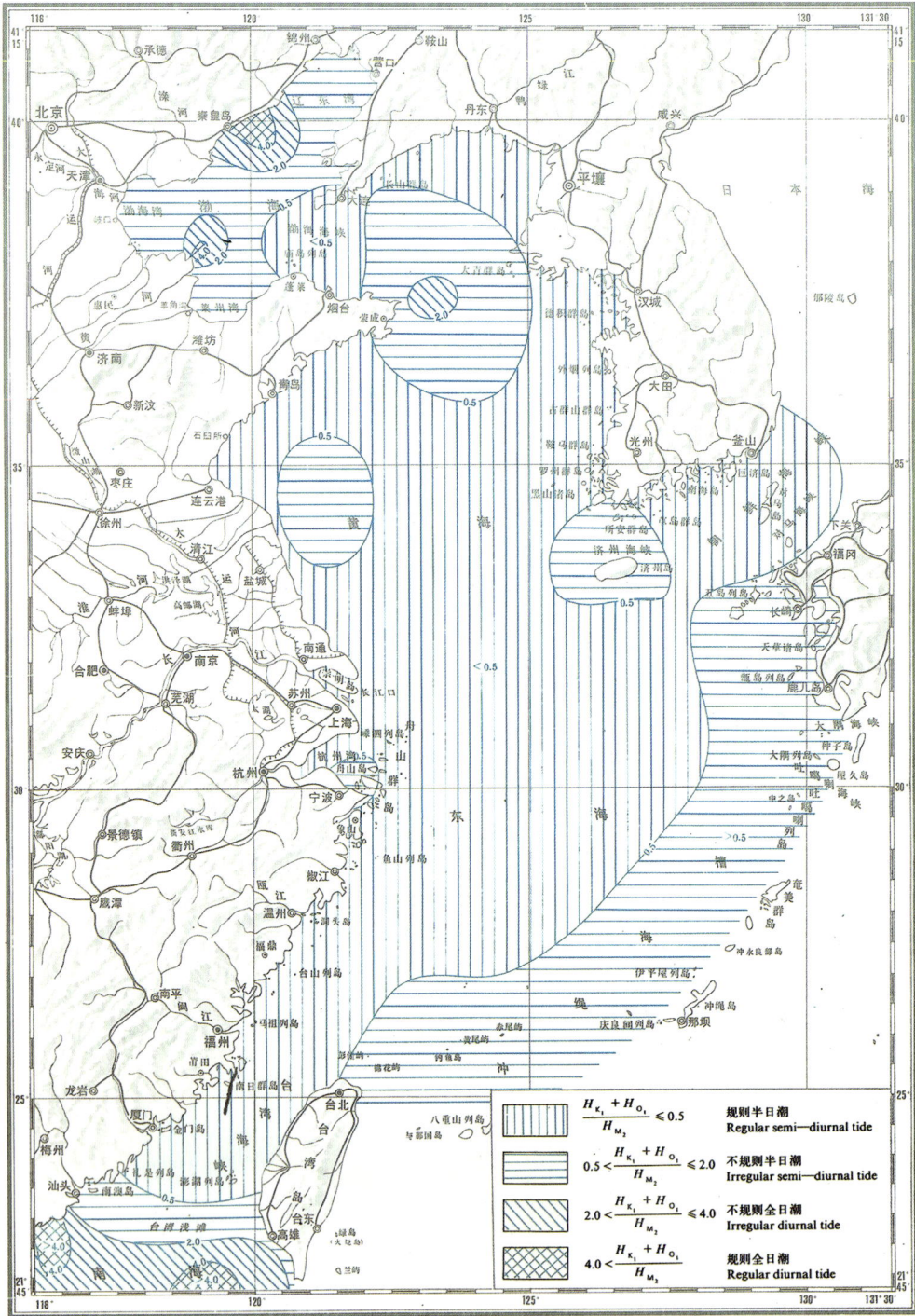

	$\dfrac{H_{K_1}+H_{O_1}}{H_{M_2}} \leqslant 0.5$ 规则半日潮 Regular semi—diurnal tide
	$0.5 < \dfrac{H_{K_1}+H_{O_1}}{H_{M_2}} \leqslant 2.0$ 不规则半日潮 Irregular semi—diurnal tide
	$2.0 < \dfrac{H_{K_1}+H_{O_1}}{H_{M_2}} \leqslant 4.0$ 不规则全日潮 Irregular diurnal tide
	$4.0 < \dfrac{H_{K_1}+H_{O_1}}{H_{M_2}}$ 规则全日潮 Regular diurnal tide

1：7 000 000（基准纬线30°）

图3.1　渤海、黄海与东海潮汐类型分布

（资料来源：《渤海、黄海、东海海洋图集·水文》）

潮 汐 类 型 分 布 图
Type of Tide

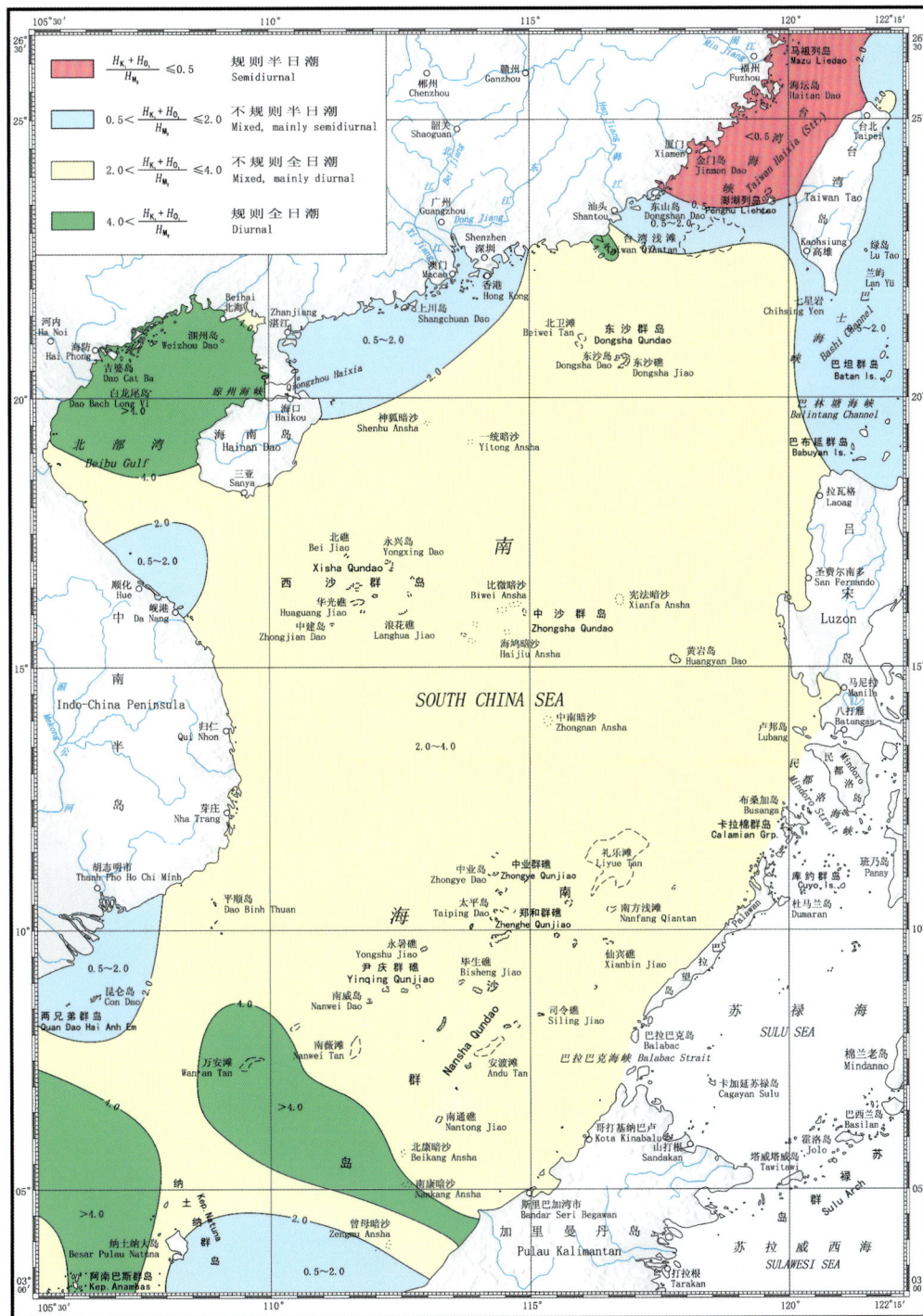

图3.2 南海潮汐类型分布
（资料来源：《南海海洋图集·水文》）

表3.1　1980—2017年中国沿海长期验潮站主要分潮振幅变化速率　　（单位：mm/a）

海区	台站	M_2分潮振幅	S_2分潮振幅	K_1分潮振幅	O_1分潮振幅	S_a分潮振幅	S_{sa}分潮振幅
渤海	葫芦岛	1.9	1.1	0.1	0.0	−0.3	0.3
	鲅鱼圈	0.8	1.0	0.1	0.0	0.2	0.3
	秦皇岛	−1.0	−0.3	0.1	0.0	−0.3	0.1
	塘沽	−2.1	−0.1	−0.2	−0.1	−0.6	0.0
	龙口	−3.5	−0.8	0.0	0.0	0.1	0.0
黄海	小长山	1.9	1.0	−0.1	−0.1	−0.2	0.1
	老虎滩	1.4	0.8	−0.1	0.0	−0.4	0.0
	烟台	2.0	1.0	−0.2	−0.2	0.0	0.0
	成山头	0.7	0.3	−0.1	−0.1	0.0	0.1
	日照	3.2	0.3	0.0	−0.1	−0.4	−0.1
	连云港	3.0	0.2	0.2	0.0	−0.5	−0.1
	吕四	1.7	0.9	−0.1	−0.1	0.0	0.0
东海	大戢山	2.3	0.6	−0.1	−0.1	−0.4	0.0
	滩浒	5.7	1.6	−0.4	−0.4	−0.2	−0.1
	大陈	−1.1	−0.2	0.0	0.0	0.5	0.0
	坎门	−1.3	−0.3	0.0	0.0	0.3	0.0
	三沙	0.3	0.2	0.0	0.0	0.7	−0.2
	平潭	0.8	0.4	0.0	0.0	0.5	−0.1
	厦门	1.5	0.7	0.0	0.0	0.9	−0.2
	东山	1.1	0.4	−0.1	0.0	0.6	−0.1
南海	汕尾	−0.1	−0.2	0.0	0.0	0.6	0.0
	闸坡	−0.6	−0.2	0.0	0.0	0.9	−0.1
	北海	0.4	0.1	0.9	0.9	−0.5	0.3
	涠洲	0.6	0.1	0.9	1.0	−0.2	0.3
	海口	0.1	0.1	0.4	0.5	0.1	0.0
	东方	1.9	1.1	0.1	0.0	−0.3	0.3

表3.2　1980—2017年中国沿海长期验潮站主要潮汐特征值变化速率　（单位：mm/a）

海区	台站	平均海平面	平均高潮位	平均低潮位	平均潮差
渤海	葫芦岛	2.7	5.2	0.5	4.7
	鲅鱼圈	4.2	4.7	1.5	3.2
	秦皇岛	2.9	3.7	2.1	1.5
	塘沽	4.5	3.6	7.1	−3.4
	龙口	5.1	2.0	8.0	−5.9
黄海	小长山	2.8	6.1	0.0	6.1
	老虎滩	3.7	5.8	1.5	4.3
	烟台	3.5	6.1	0.4	5.6
	成山头	2.8	4.1	2.1	2.0
	日照	3.7	7.4	−0.1	7.4
	连云港	2.5	7.3	−0.1	7.4
	吕四	4.6	8.6	3.9	4.7
东海	大戢山	3.0	6.0	0.4	5.6
	滩浒	4.5	12.0	−1.4	13.2
	大陈	3.1	3.0	4.1	−1.2
	坎门	3.0	3.8	2.6	1.2
	三沙	2.3	3.9	1.1	2.7
	平潭	3.1	5.6	1.4	3.7
	厦门	2.4	5.0	−0.8	5.7
	东山	2.6	4.6	1.7	3.0
南海	汕尾	3.0	3.4	2.2	1.1
	闸坡	2.9	2.9	3.2	−0.4
	北海	2.3	3.0	3.1	−0.1
	涠洲	2.5	2.7	2.9	−0.2
	海口	4.5	4.7	3.9	0.8
	东方	3.7	4.3	3.6	0.7

3.1 主要分潮振幅长期变化

3.1.1 M_2 和 S_2 分潮

1980—2017年，中国沿海多数海域 M_2 分潮振幅呈增大趋势，平均增速为0.8 mm/a。黄海北部至杭州湾沿海 M_2 分潮振幅增大趋势显著，其中杭州湾沿海增速最大，达5.7 mm/a。辽东湾西部和台湾海峡南部沿海 M_2 分潮振幅增大趋势亦较为明显，增速为1.5～2.0 mm/a。渤海西部与南部沿海 M_2 分潮振幅呈明显减小趋势，减速分别为3.5 mm/a和2.1 mm/a（图3.3和图3.4）。

1980—2017年，中国沿海 S_2 分潮振幅总体略呈增大趋势，平均增速为0.4 mm/a，其空间分布与 M_2 分潮振幅基本一致（图3.5和图3.6）。

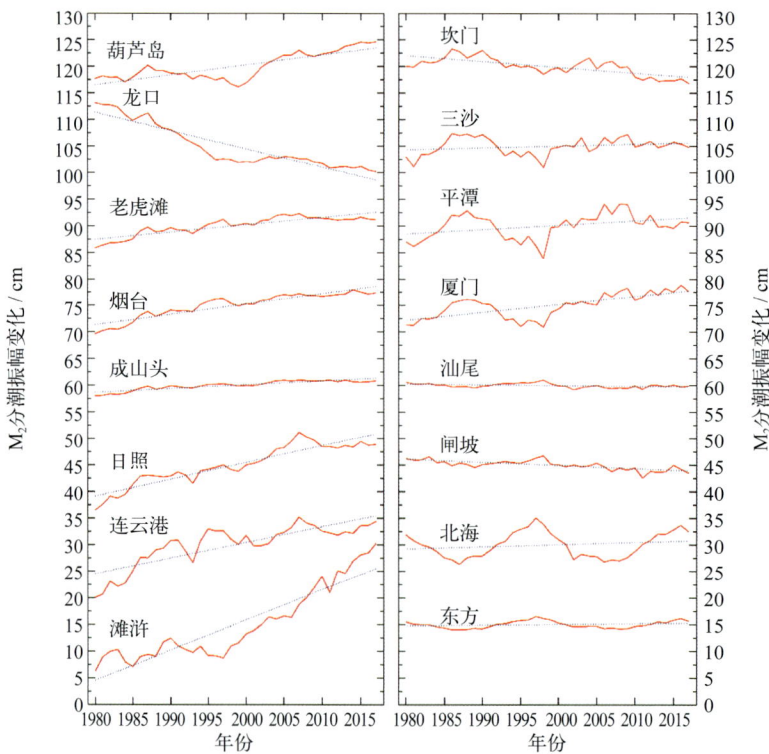

图3.3　1980—2017年中国沿海部分台站 M_2 分潮振幅变化

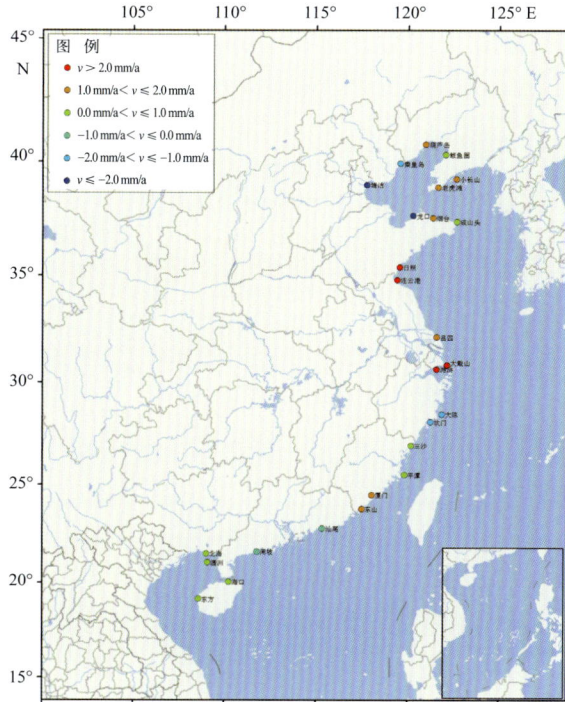

图3.4　1980—2017年中国沿海部分台站M₂分潮振幅变化速率分布

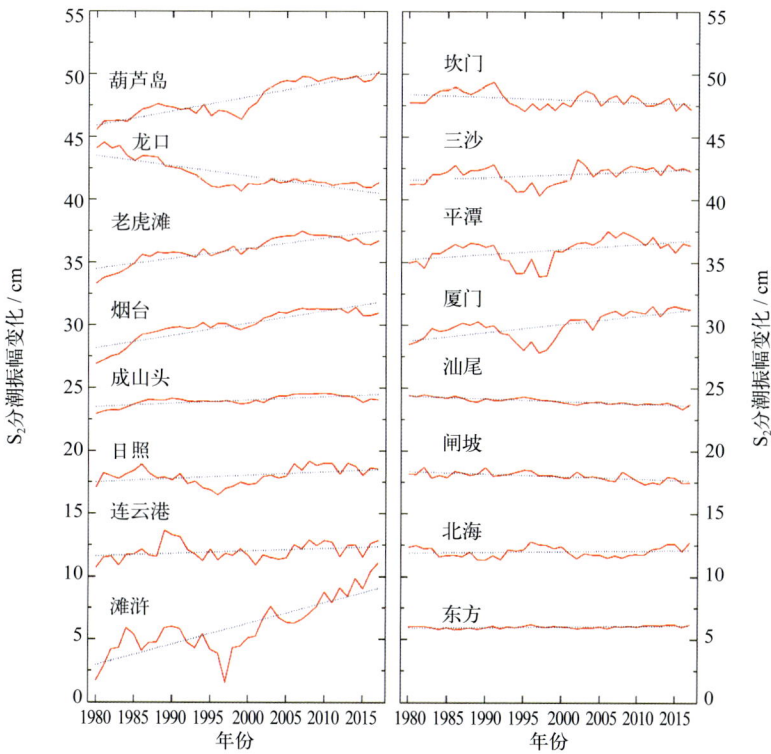

图3.5　1980—2017年中国沿海部分台站S₂分潮振幅变化

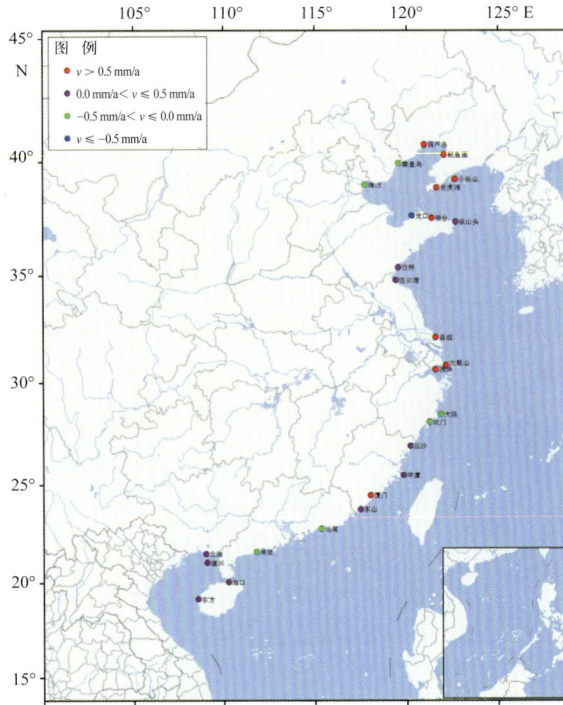

图3.6　1980—2017年中国沿海部分台站S_2分潮振幅变化速率分布

3.1.2　K_1和O_1分潮

1980—2017年，中国沿海K_1分潮振幅总体呈微弱增大趋势，各站增速在-0.4～0.9 mm/a之间。广西沿海K_1分潮振幅增大趋势最强，增速为0.9 mm/a；海南西部与北部沿海次之，增速分别为0.6 mm/a与0.4 mm/a。杭州湾K_1分潮振幅减小趋势最强，减速为0.4 mm/a；渤海西部和黄海北部沿海次之，减速为0.1～0.2 mm/a（图3.7和图3.8）。

1980—2017年，中国沿岸O_1分潮振幅整体呈微弱增大趋势，各站增速为-0.4～1.0 mm/a，其空间分布与K_1分潮振幅基本一致（图3.9和图3.10）。

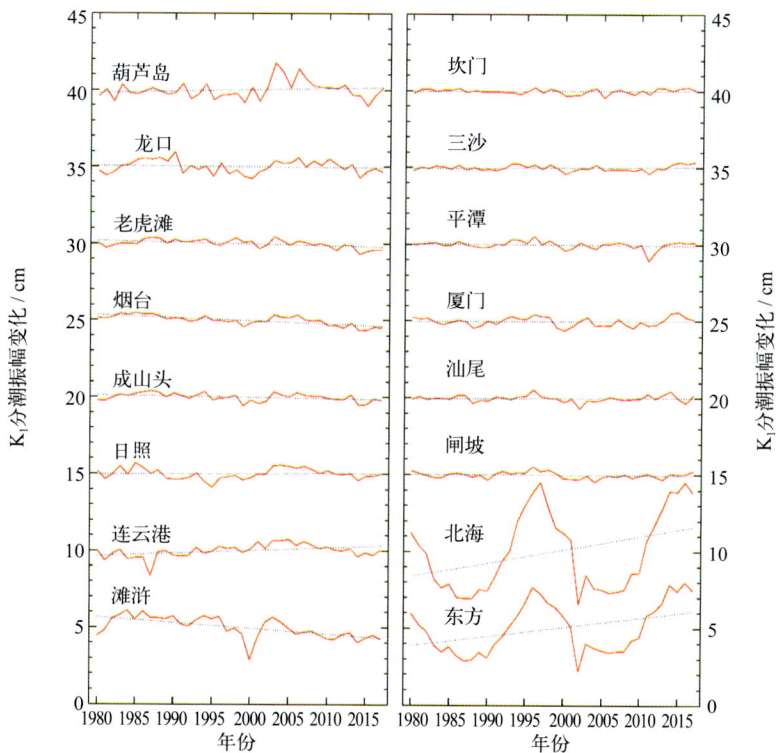

图3.7 1980—2017年中国沿海部分台站K$_1$分潮振幅变化

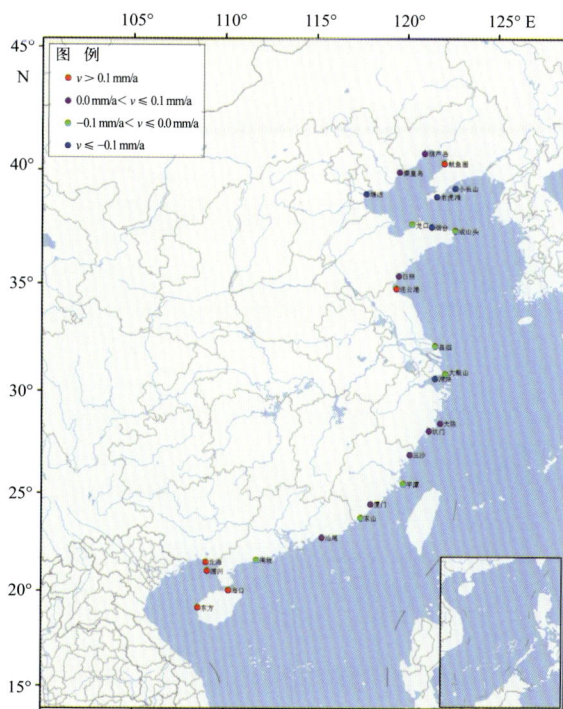

图3.8 1980—2017年中国沿海部分台站K$_1$分潮振幅变化速率分布

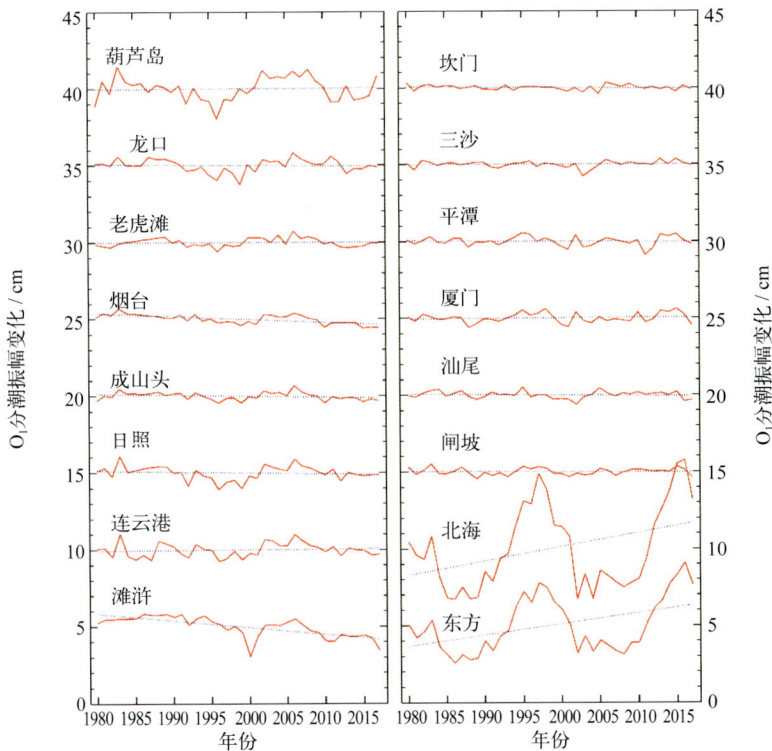

图3.9 1980—2017年中国沿海部分台站O$_1$分潮振幅变化

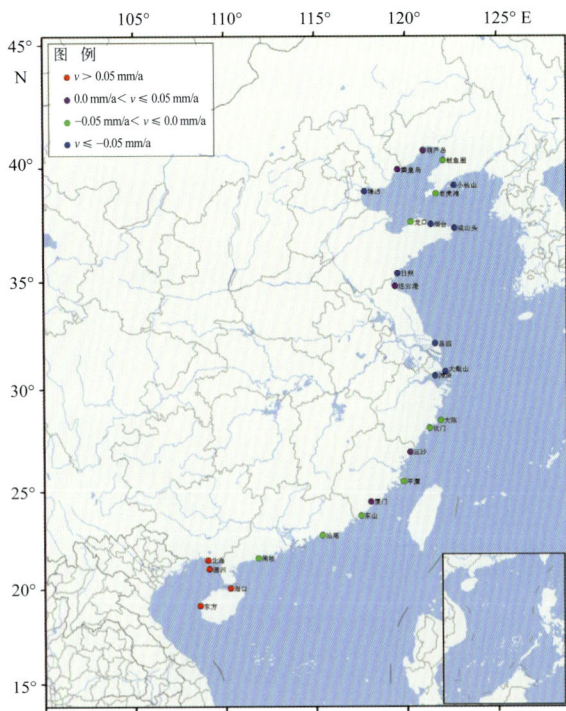

图3.10 1980—2017年中国沿海部分台站O$_1$分潮振幅变化速率分布

3.1.3　S_a和S_{sa}分潮

1980—2017年，中国沿海S_a分潮振幅总体变化趋势不明显。福建至广东沿海S_a分潮振幅上升速率均超过0.5 mm/a；渤海西部与黄海至东海北部沿海S_a分潮振幅均呈下降趋势（图3.11和图3.12）。

1980—2017年，中国沿海S_{sa}分潮振幅总体变化趋势不明显。辽东湾和北部湾沿海S_{sa}分潮振幅上升速率均为0.3 mm/a，福建至广东沿海S_{sa}分潮振幅均呈下降趋势（图3.13和图3.14）。

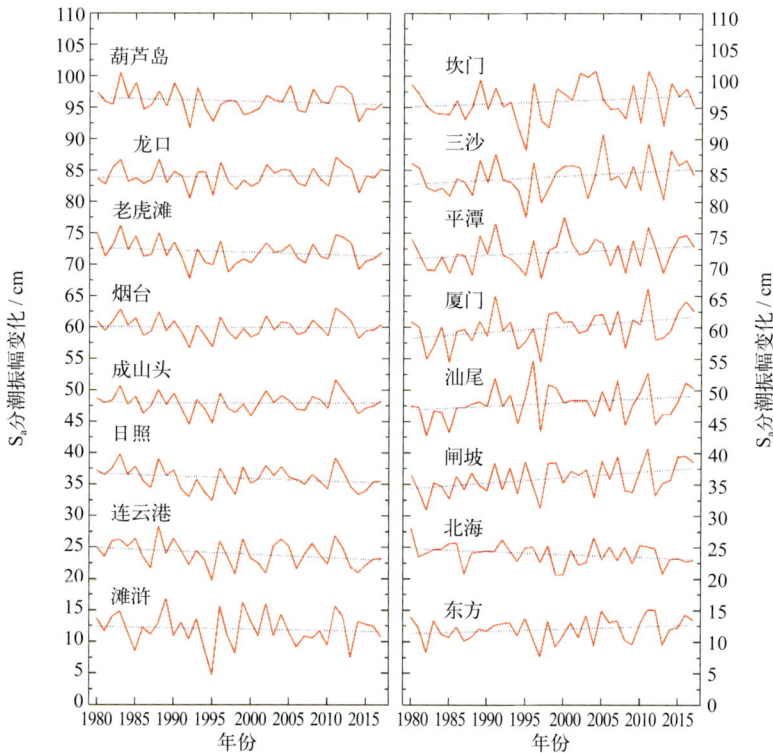

图3.11　1980—2017年中国沿海部分台站S_a分潮振幅变化

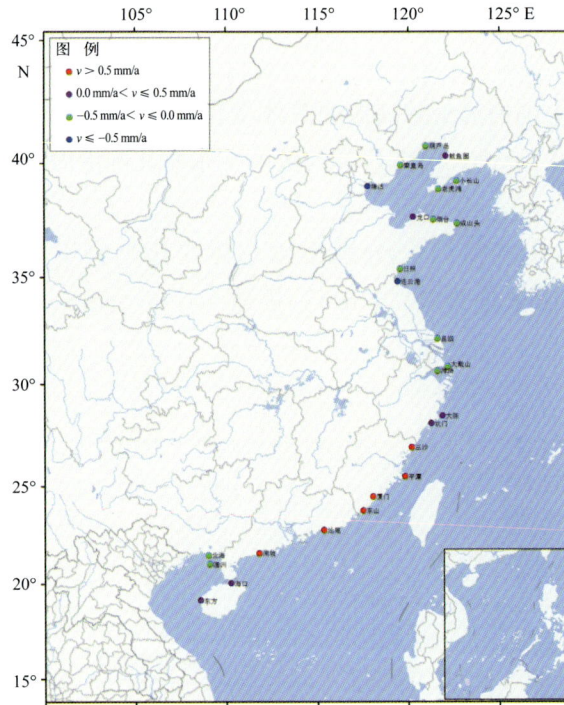

图3.12 1980—2017年中国沿海部分台站S$_a$分潮振幅变化速率分布

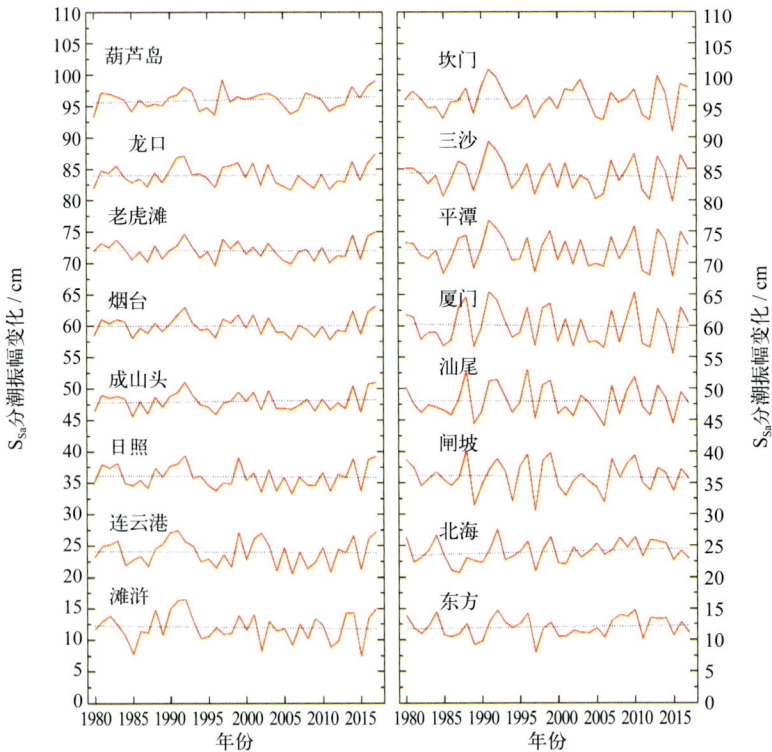

图3.13 1980—2017年中国沿海部分台站S$_{sa}$分潮振幅变化

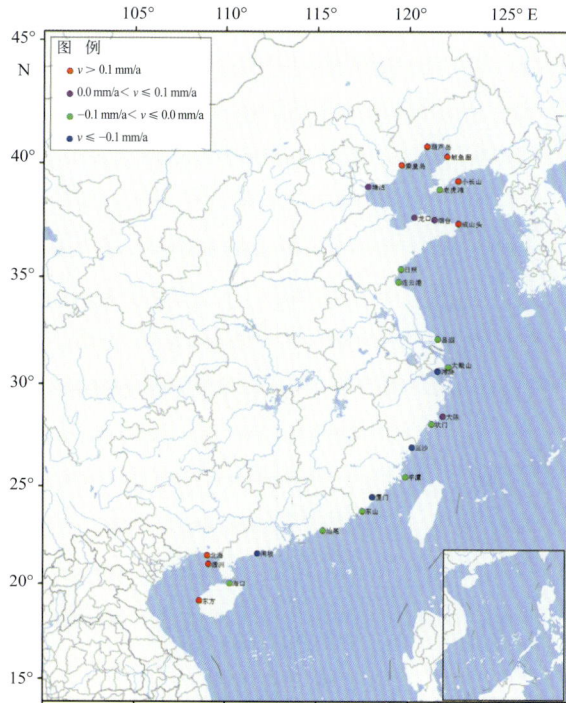

图3.14 1980—2017年中国沿海部分台站S_{sa}分潮振幅变化速率分布

3.2 主要潮汐特征值

3.2.1 平均高潮位

1980—2017年，受海平面上升等因素的影响，中国沿海平均高潮位呈明显上升趋势，平均上升速率达5.0 mm/a，大于同期平均海平面上升速率（3.3 mm/a）。中国沿海各站平均高潮位均呈上升趋势，升速为2.0～12.0 mm/a，其中升速超过5.0 mm/a的台站约占总统计站数的38%。黄海至东海北部沿海平均高潮位上升趋势显著，平均增速为7.0 mm/a，其中杭州湾沿海升速最大，达12.0 mm/a。渤海南部、广西和广东西部沿海平均高潮位上升趋势较弱，升速为2.0～3.0 mm/a（图3.15和图3.16）。

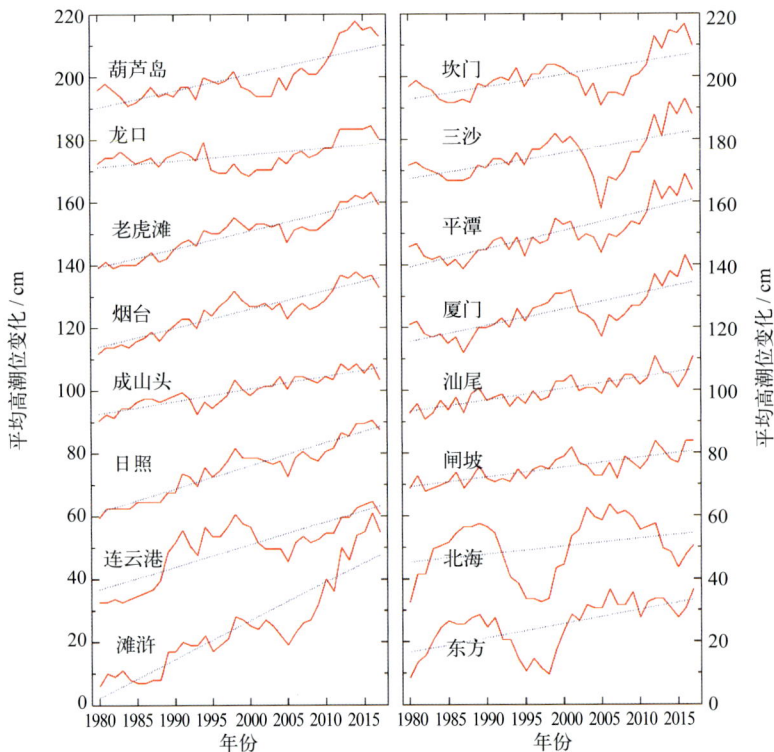

图3.15　1980—2017年中国沿海部分台站平均高潮位变化

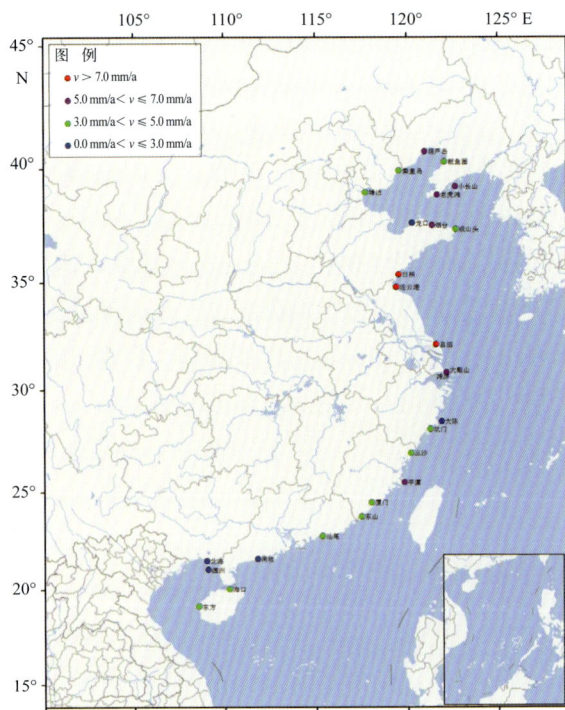

图3.16　1980—2017年中国沿海部分台站平均高潮位变化速率分布

3.2.2　平均低潮位

1980—2017年，中国沿海平均低潮位总体上升速率为2.1 mm/a，低于同期平均海平面上升速率。其中，渤海西部和南部上升速率最高，平均为7.5 mm/a，南海北部沿海上升趋势也较强，平均升速为3.5 mm/a；杭州湾沿海平均低潮位下降明显，降速为1.4 mm/a（图3.17和图3.18）。

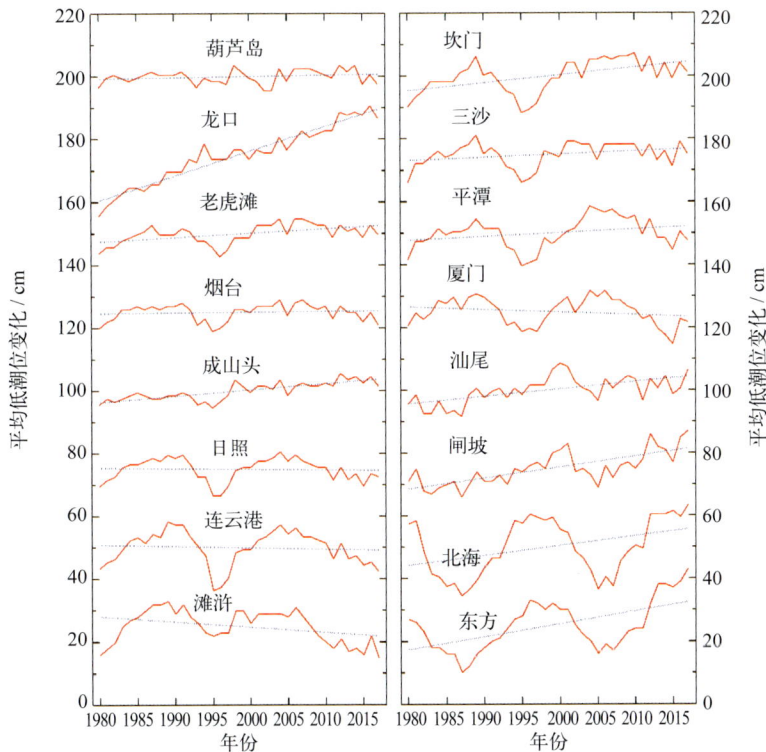

图3.17　1980—2017年中国沿海部分台站平均低潮位变化

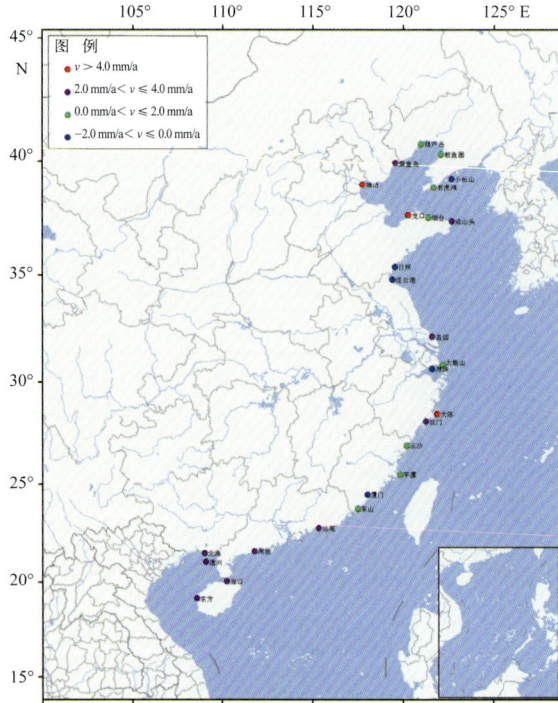

图3.18　1980—2017年中国沿海部分台站平均低潮位变化速率分布

3.2.3　平均潮差

1980—2017年，中国沿海平均潮差总体呈增大趋势，平均增速为2.8 mm/a。平均潮差变化的区域特征显著，各站变化速率为−5.9～13.2 mm/a。其中，杭州湾沿海潮差增速最大，为13.2 mm/a；山东南部和江苏北部沿海次之，增速为7.4 mm/a；福建沿海平均潮差增速亦较强，为2.7～5.7 mm/a。渤海南部和西部沿岸潮差减速最大，分别为5.9 mm/a和3.4 mm/a（图3.19和图3.20）。

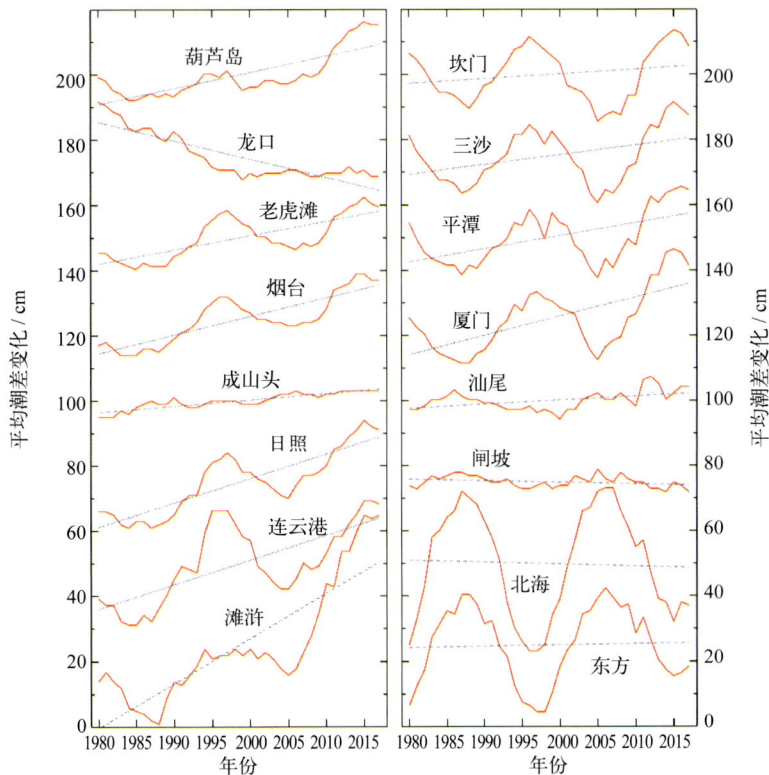

图3.19　1980—2017年中国沿海部分台站平均潮差变化

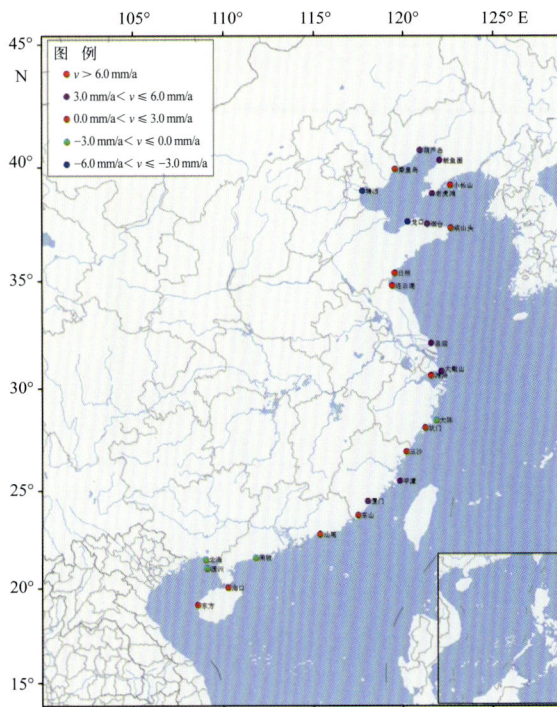

图3.20　1980—2017年中国沿海部分台站平均潮差变化速率分布

第 4 章

极端事件

4.1 极端大风

中国是受极端大风、寒潮灾害影响较严重的国家之一。近年来，气候变化导致灾害性极端大风事件频发，由极端大风引起的风浪和风暴潮灾害对我国海岸带和沿海地区生态系统和经济社会都将产生一定的影响。1980—2017年，中国沿海台站发生极端大风（风速大于40 m/s）事件共计18次，均发生在7—10月，其中黄海1次，东海8次，南海9次，由台风事件引发的极端大风事件17次，由寒潮事件引发的极端大风事件1次。

如图4.1所示，1950—2017年，登陆我国沿海地区的台风（中心风力≥10级）个数和平均强度（以台风中心最大风速来表征）均呈上升趋势，近30年最为明显。我国沿海地区登陆台风中心风力达到14级以上的有40个，达到17级的有4个，分别为5612号超强台风"温黛"（近中心最大风速65 m/s）、6123号超强台风"南茜"（近中心最大风速65 m/s）、0608号超强台风"桑美"（近中心最大风速60 m/s）以及1409号超强台风"威马逊"（近中心最大风速60 m/s），分别在我国浙江、福建、海南等地登陆，给沿海地区造成了重大影响。

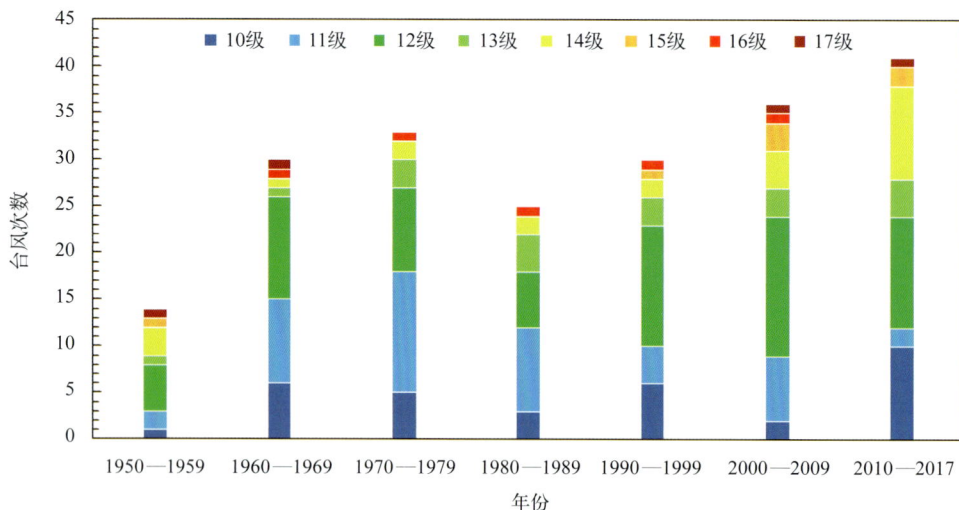

图4.1　1950—2017年登陆中国台风次数变化

1409号超强台风"威马逊"登陆海南文昌沿海时中心附近最大风力17级，是1949年以来登陆我国的最强台风。登陆前后台风云系覆盖海南全岛，浪高、雨大、破坏力强，登陆时中心最大风速达到60 m/s，7级大风半径300 km，10级大风半径180 km，海口、文昌两市普遍出现14~16级的大风，造成了严重的经济损失。

4.2　增减水

4.2.1　增减水长期变化

从中国沿海长期验潮站中选取了分布均匀的25个代表站，资料序列长度为1980—2012年，各站的潮位资料均经过质控和均一性订正处理。由于相邻台站受到的天气、气候事件相同，所产生的增减水过程也相近，所以对于资料缺测的站位使用了相邻站相关法对缺测月份的增减水数据进行插补（图4.2）。分析结果表明，中国沿海增减水存在明显的季节变化以及空间分布特征，自江苏连云港至广东西部的闸坡，增减水的变化幅度较大，渤海湾至北黄海、琼州海峡至北部湾增减水的变化幅度较小。增减水长期变化趋势不明显，但是2~3年和准5年的振荡周期明显，说明中国沿海的增减水变化除了受中国近岸水文、气象因素的影响，还受到ENSO的影响。

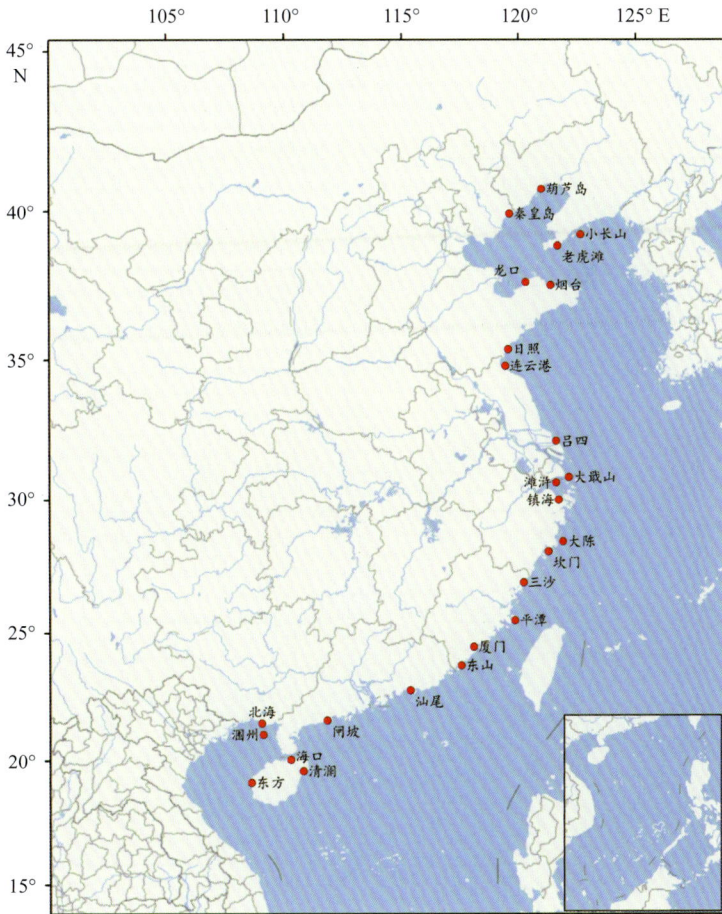

图4.2　使用的中国沿海主要代表站

1）季节变化

对沿海代表台站1980—2012年的增减水统计结果见图4.3。可以看出，中国沿海增减水的季节变化特征明显，且变化特征及变化幅度具有明显的区域性。相邻台站由于气象状况相同，增减水变化过程相近。

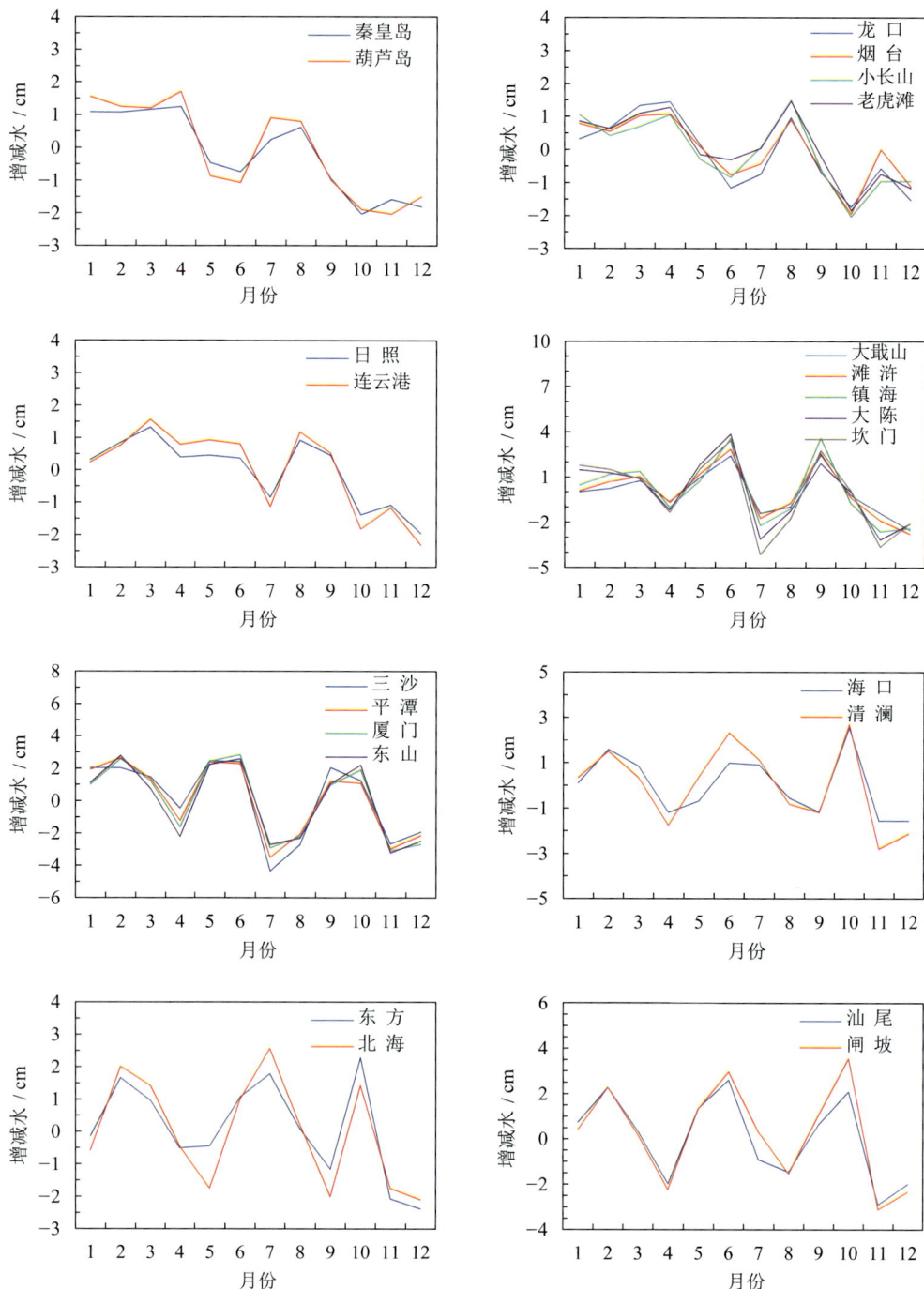

图4.3　中国沿海主要台站增减水季节变化

渤海及辽东湾的西部沿海1—4月、7—8月以增水过程为主，5—6月、9—12月以减水过程为主，增减水年变幅平均为3.5 cm；渤海西南部以及北黄海沿海1—4月、8月以增水过程为主，5—7月、9—12月以减水过程为主，增减水年变幅平均为3.3 cm；黄海南部沿海1—6月、8—9月以增水过程为主，7月、10—12月以减水过程为主，增减水年变幅平均为3.6 cm；长江口至浙江沿海1—3月、5—6月和9月以增水过程为主，4月、7—8月和10—12月以减水过程为主，增减水年变幅平均为5.0~7.5 cm；福建和广东沿海1—3月、5—6月和9—10月以增水过程为主，4月、7—8月和11—12月以减水过程为主，增减水年变幅平均为6.2 cm；海南北部至东部沿海2—3月、6—7月和10月以增水过程为主，4月、8—9月和11—12月以减水过程为主，增减水年变幅平均为4.0~5.5 cm；北部湾沿海2—3月、6—8月和10月以增水过程为主，1月、4—5月、9月和11—12月以减水过程为主，增减水年变幅平均为4.7 cm。

2）年际变化

1980—2012年，中国沿海增减水没有明显趋势性变化（图4.4）。对该增减水时间序列进行小波变换分析发现，沿海增减水在20世纪80年代和2005年后存在5年的周期性信号，该信号的震荡幅度约为0.1 cm，20世纪90年代至2005年存在2年的周期性信号（图4.5）。中国近岸水文、气象要素统计中2~3年振荡周期较常见，而5年周期或与ENSO现象有关，可见中国沿海增减水的变化除受近岸水文、气象因素的影响外，还受到ENSO的影响。

对Nino34指数与月平均增减水序列进行相关性分析，相关系数为-0.2，且通过了置信度为95%的显著性检验，表明中国沿海增减水与厄尔尼诺存在负相关关系（图4.6）。

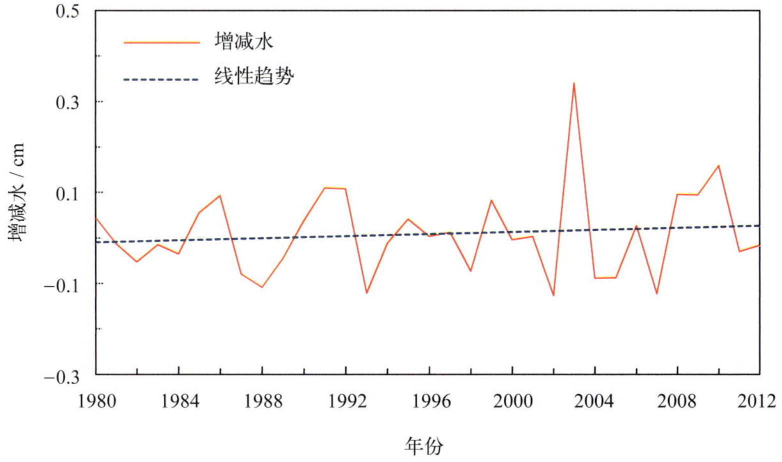

图4.4　中国沿海增减水长期变化

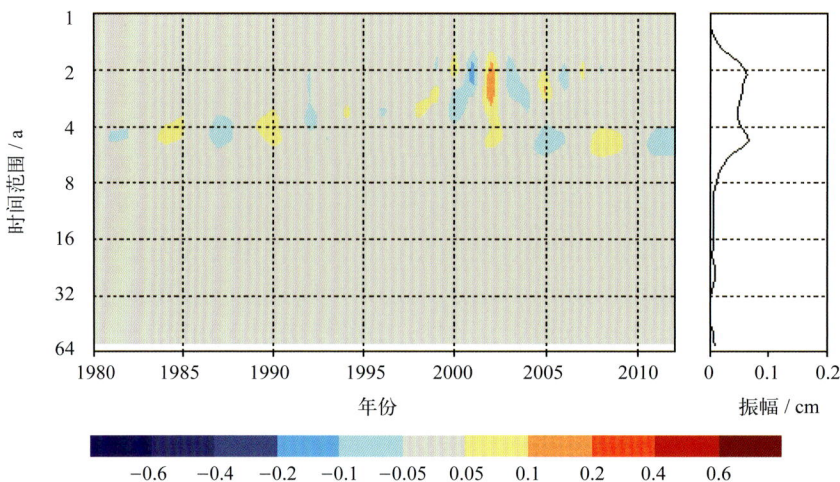

图4.5　中国沿海增减水小波变换分析结果
（左侧为小波谱实部，右侧为小波谱振幅）

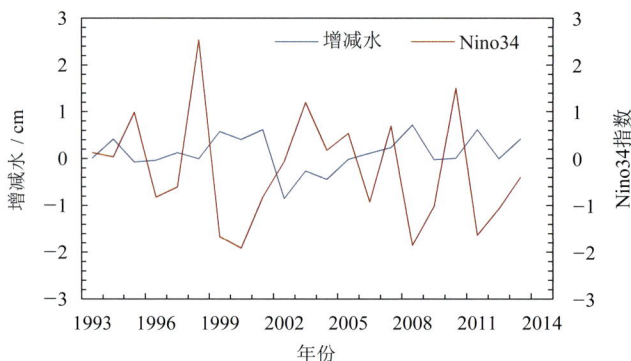

图4.6　中国沿海增减水与Nino34指数的相关关系

3）沿海分布

对中国沿海25个站的增减水数据进行经验正交函数（EOF）分解，前三个模态共占总方差的83.8%，解释了沿海增减水变化的主要特征，其中第一模态占总方差的53.4%，第二模态占总方差的21.5%。图4.7显示，中国沿海增减水变化幅度呈现中间大、南北小的区域特征，自江苏连云港至广东西部的闸坡，增减水的变化幅度较大，渤海湾至北黄海、琼州海峡至北部湾增减水的变化幅度较小。从时间系数来看，中国沿海增减水无明显的趋势性变化。图4.8显示，中国沿海增减水变化呈现南北反相的区域分布特征，以浙江的坎门和福建的三沙为界，当北部为增水时，南部为减水，反之当北部为减水时，南部为增水。

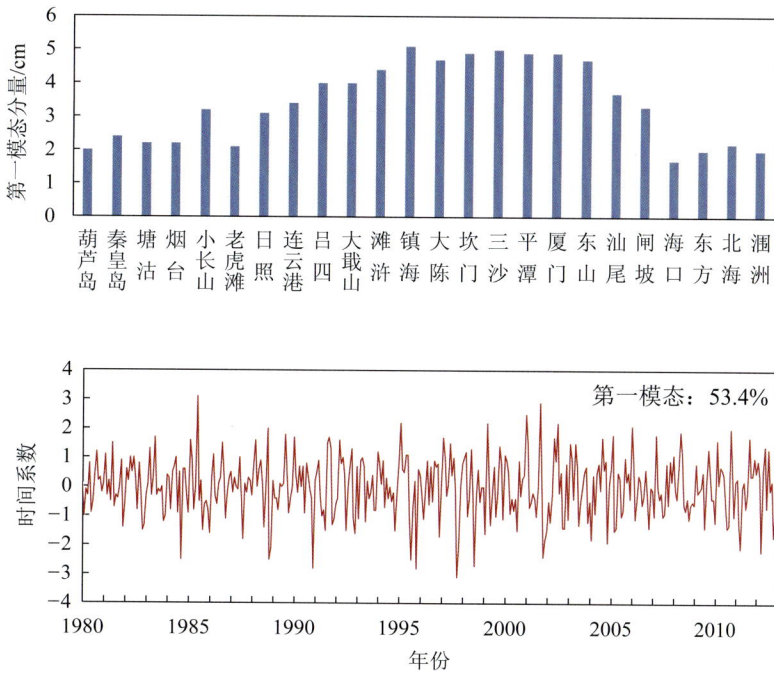

图4.7　中国沿海增减水EOF分解第一模态的空间分布和时间系数

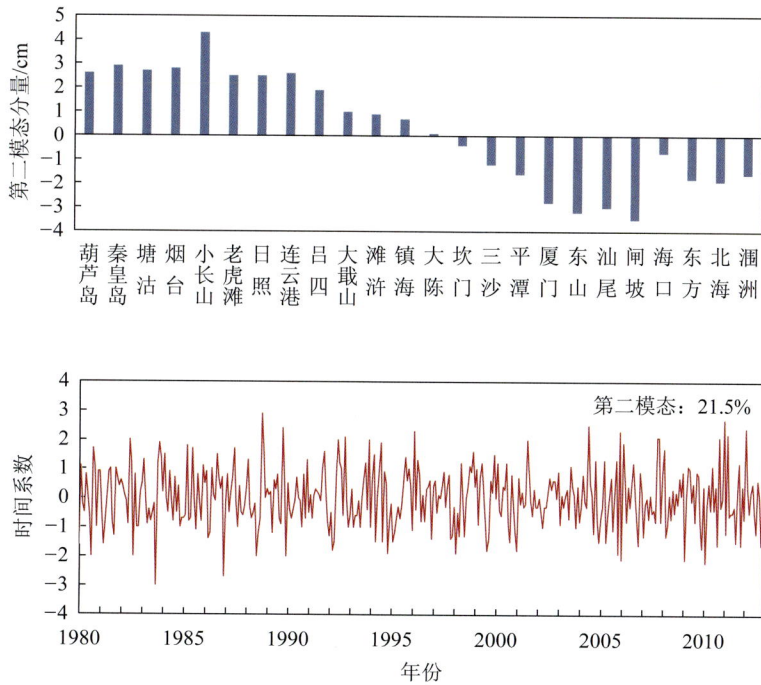

图4.8　中国沿海增减水EOF分解第二模态的空间分布和时间系数

4.2.2 斜风暴潮

风暴潮增减水的传统计算方法为实测水位减去天文潮位。统计分析结果显示，风暴潮最大增水往往不发生在高潮时，而绝大多数发生在涨潮和落潮过程中。以厦门为例，最大高潮时发生在第28时，而过程最大增水发生在第25时，用实测水位减去预报潮位得到的风暴潮最大增水（黑虚线）比高潮时的最大增水大。因此，利用传统方法计算得到的风暴潮增水往往不能准确反映该站风暴潮的灾害程度，为更科学地评估风暴增水的影响，需要引入斜风暴潮的方法（图4.9）。

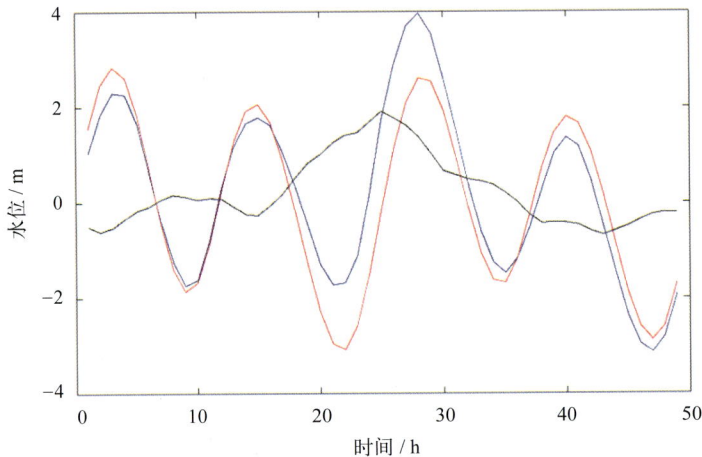

图4.9　观测水位（蓝线），调和分析潮位（红线），传统方法风暴潮增水（黑线）

斜风暴潮表示一个潮周期内最大水位值和高潮位之间的差值（Pugh and Woodworth，2014；Marcos and Woodworth，2017）。本章节计算了中国沿海15个代表站年最大斜风暴潮值以及传统方法计算的年最大风暴潮值。斜风暴潮和传统方法计算的风暴潮年极值虽然在年际和年代际上非常类似，但是斜风暴潮年极值均小于传统方法计算的风暴潮年极值。斜风暴潮存在显著的年际和年代际变化，但不存在明显的长期变化趋势。中国沿海斜风暴潮存在较明显的区域分布特征，在东海区域最大，在渤黄海区域相对较小（图4.10至图4.12）。

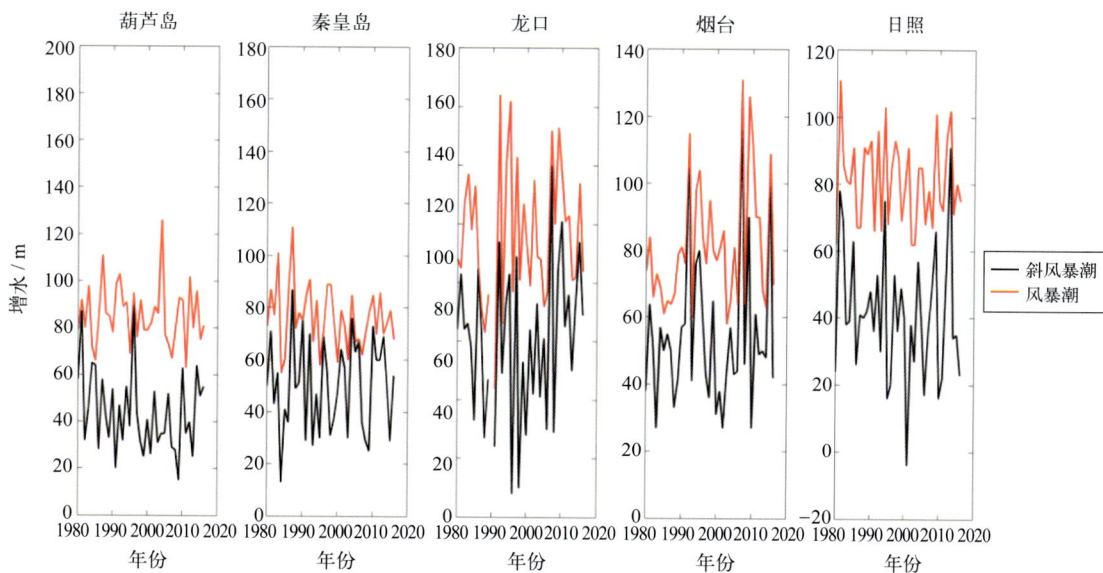

图4.10　葫芦岛、秦皇岛、龙口、烟台及日照站斜风暴潮和传统风暴潮年极值对比

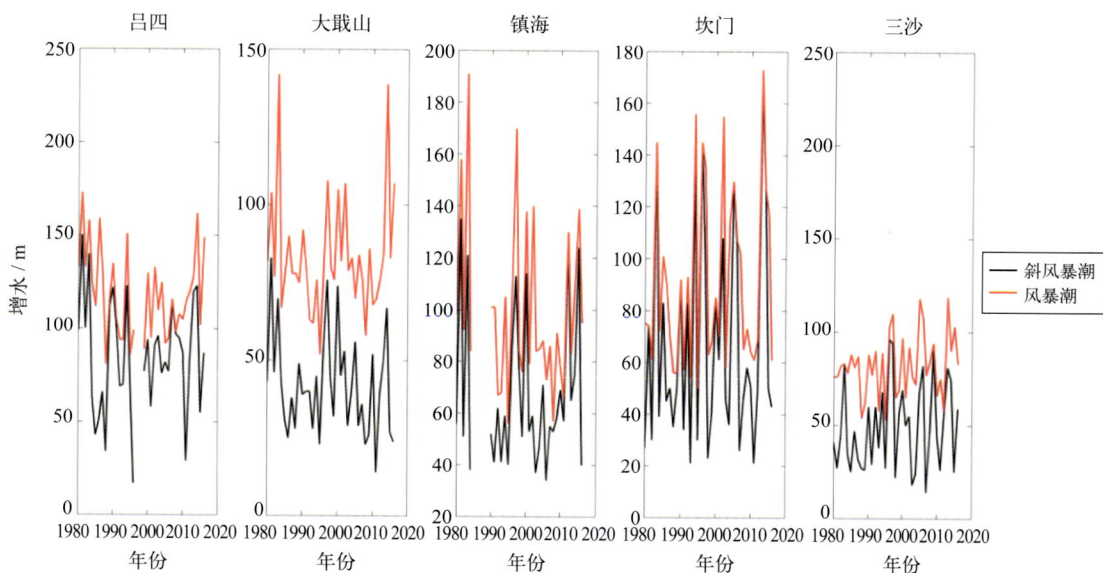

图4.11　吕四、大戢山、镇海、坎门及三沙站斜风暴潮和传统风暴潮年极值对比

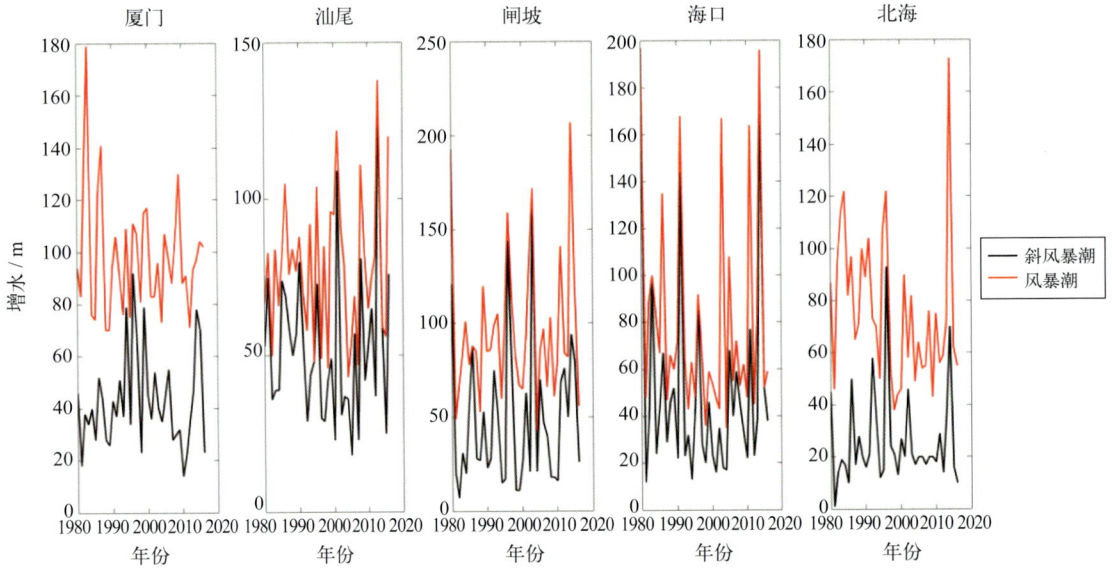

图4.12 厦门、汕尾、闸坡、海口及北海站斜风暴潮和传统风暴潮年极值对比

利用Gumbel方法计算了15个代表站两种风暴增水重现期。传统方法计算的风暴潮重现期水位均高于斜风暴潮重现期水位，差异在站点间存在区别。统计分析斜风暴潮和传统方法计算的风暴增水结果的相关系数、平均差等，结果显示，风暴增水年最大差为14～149 cm，最小差为0～19 cm，平均差为24～55 cm（图4.13至图4.15，表4.1）。

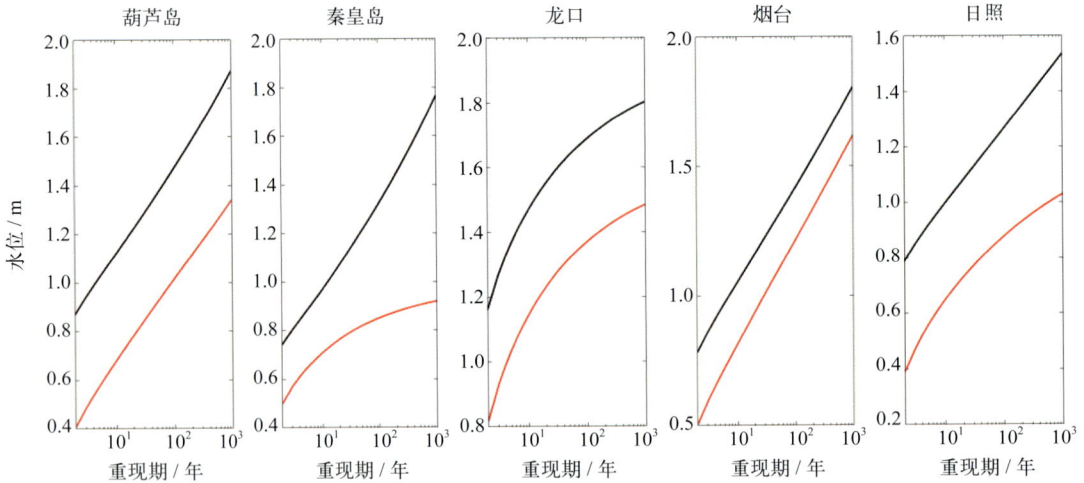

图4.13 葫芦岛、秦皇岛、龙口、烟台及日照站风暴潮重现期
黑色——传统方法；红色——斜风暴潮

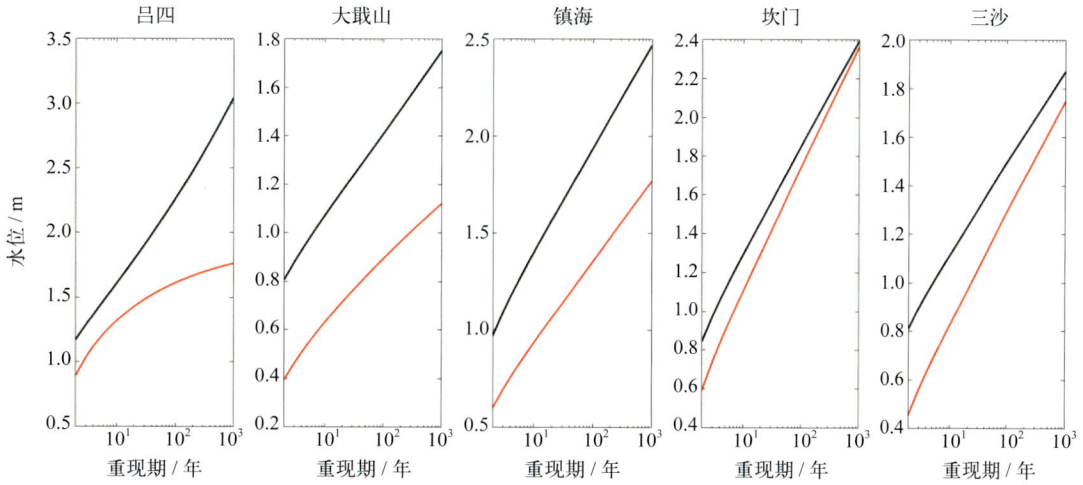

图4.14　吕四、大戢山、镇海、坎门及三沙站风暴潮重现期

黑色——传统方法；红色——斜风暴潮

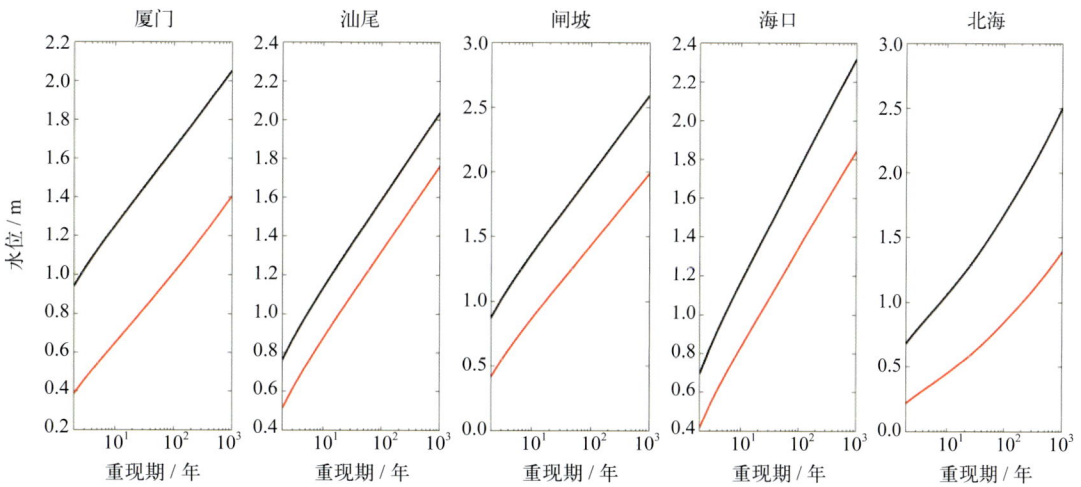

图4.15　厦门、汕尾、闸坡、海口及北海站风暴潮重现期

黑色——传统方法；红色——斜风暴潮

表4.1　斜风暴潮和传统方法计算的风暴增水的相关系数、平均差、最大差和最小差

验潮站	相关系数	平均差 / cm	最大差 / cm	最小差 / cm
葫芦岛	0.11	46	131	2
秦皇岛	0.44	27	100	0
龙口	0.59	34	80	1
烟台	0.69	27	85	4

验潮站	相关系数	平均差 / cm	最大差 / cm	最小差 / cm
日照	0.57	40	95	11
吕四	0.67	33	108	1
大戢山	0.55	42	14	14
镇海	0.71	37	99	4
坎门	0.80	24	98	0
三沙	0.81	34	78	0
厦门	0.27	55	145	19
汕尾	0.70	24	72	0
闸坡	0.75	45	115	0
海口	0.78	28	149	0
北海	0.43	48	105	3

4.3　极值水位

在全球变暖的背景下，近几十年来极值水位在全球绝大部分范围内呈现增大的趋势，增长速度比20世纪初快。极值水位的长期变化趋势和海平面变化相关，年代际和年际变化受风暴潮、北极涛动和北大西洋涛动等因素的影响。随着海平面的加速上升，极值水位对沿海带来的灾害影响频次和强度也呈上升趋势。

4.3.1　极值水位长期变化

本章使用百分位法对中国沿海15个长期验潮站的极值水位进行统计分析（图4.16至图4.18，表4.2）。结果显示，葫芦岛、烟台、日照、吕四、大戢山、镇海、坎门、三沙、厦门、汕尾、闸坡、海口站99.9%、99%和90%极值水位均呈显著增长趋势，其中烟台、日照、吕四、镇海、坎门、三沙和海口站99.9%极值水位增长速率较快，大于6.0 mm/a，高于同期海平面上升速率。秦皇岛和北海站99.9%、99%和90%极值水位及龙口站99%极值水位增长较慢，增长速率均小于2 mm/a。烟台、坎门、三沙、厦门、汕尾和海口站极值水位序列越高，增长速率越快。

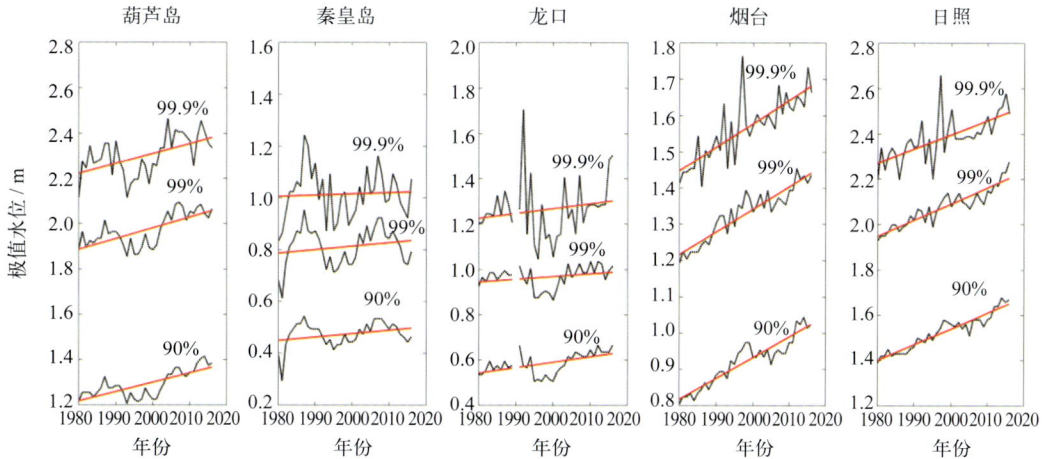

图4.16　葫芦岛、秦皇岛、龙口、烟台及日照站极值水位时间序列（黑）与变化趋势（红）

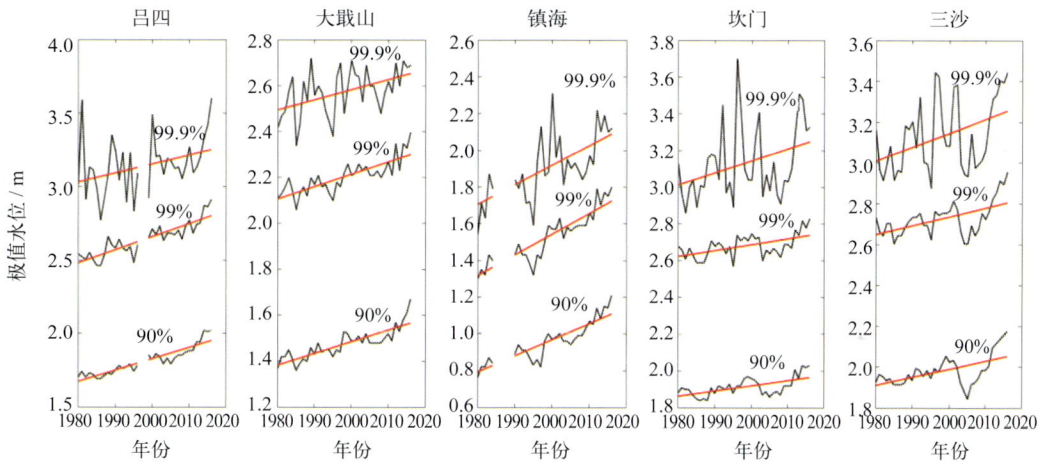

图4.17　吕四、大戢山、镇海、坎门及三沙站极值水位时间序列（黑）与变化趋势（红）

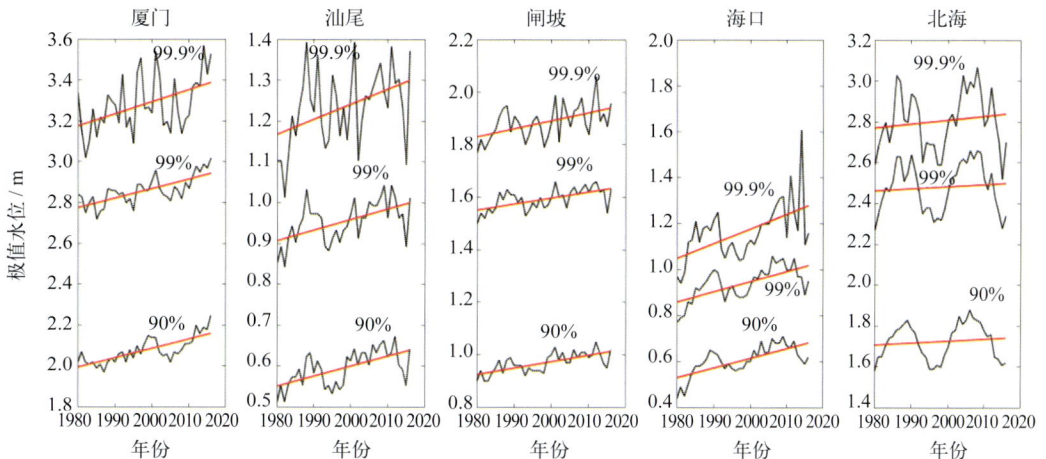

图4.18　厦门、汕尾、闸坡、海口及北海站极值水位时间序列（黑）与变化趋势（红）

表4.2　中国沿海代表验潮站极值水位长期变化速率　　（单位：mm/a）

验潮站	99.9%	99%	90%
葫芦岛	**4.4**	**4.7**	**4.1**
秦皇岛	0.5	1.4	1.3
龙口	2.1	**1.2**	2.4
烟台	**6.5**	**6.2**	**5.7**
日照	6.3	7.1	7.0
吕四	**6.1**	**8.9**	**7.7**
大戢山	**4.4**	**5.4**	**5.1**
镇海	**10.7**	**11.3**	**8.8**
坎门	**6.5**	**3.2**	**2.8**
三沙	**6.8**	**4.3**	**3.9**
厦门	**5.9**	**4.7**	**4.6**
汕尾	**3.7**	**2.6**	**2.4**
闸坡	**3.1**	**2.3**	**2.5**
海口	**6.4**	**4.4**	**4.2**
北海	1.9	1.0	1.0

注：粗体为95%置信区间显著。

4.3.2　极值水位预测

本节选取了中国沿海15个长期验潮站1980—2016年的极值水位序列，分别使用EEMD方法（图4.19）和情景叠加法预测了2064—2100年的极值水位序列，结果见图4.20至图4.22。情景叠加法指的是在历史极值水位序列基础上叠加不同情景下的海平面变化幅度，得到未来极值水位序列。从图中可以看出，利用上述两种方法计算的未来极值水位序列均显著增长且存在差异。直接叠加海平面变化情景时，RCP8.5情景下增长得最大，RCP2.6情景下增长得最小。葫芦岛、秦皇岛和龙口站利用EEMD方法推算的极值水位小于RCP2.6情景。日照站利用EEMD方法推算的极值水位介于RCP2.6与RCP4.5情景之间。烟台、吕四、大戢山、三沙、汕尾、闸坡、海口和北海站利用EEMD方法推算的极值水位介于RCP4.5与RCP8.5情景之间。镇海、坎门和厦门站利用EEMD方法推算的极值水位大于RCP8.5情景。

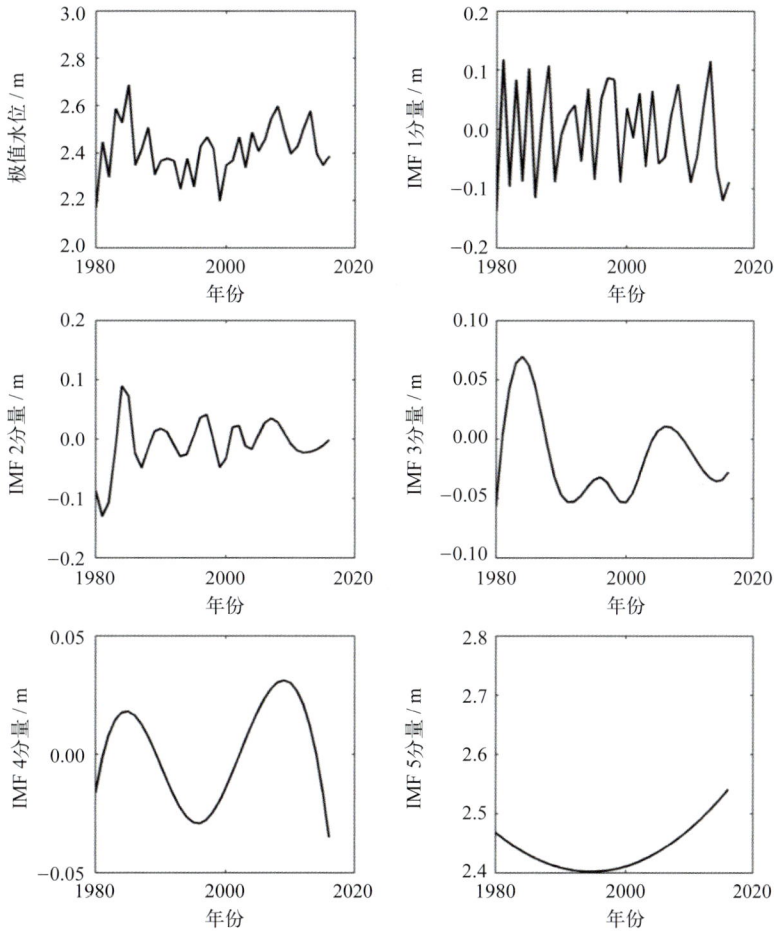

图4.19 葫芦岛站1980—2016年极值水位EEMD分解，IMF 1～IMF 4代表极值水位的
不同频率变化分量，IMF 5代表长期变化趋势

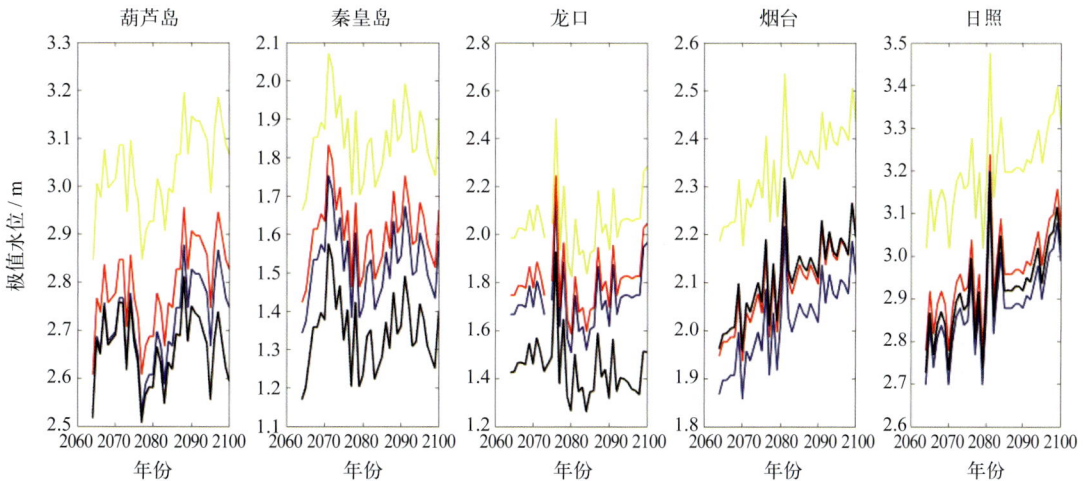

图4.20 未来葫芦岛、秦皇岛、龙口、烟台及日照站极值水位时间序列
蓝色——RCP2.6；红色——RCP4.5；黄色——RCP8.5；黑色——统计预测

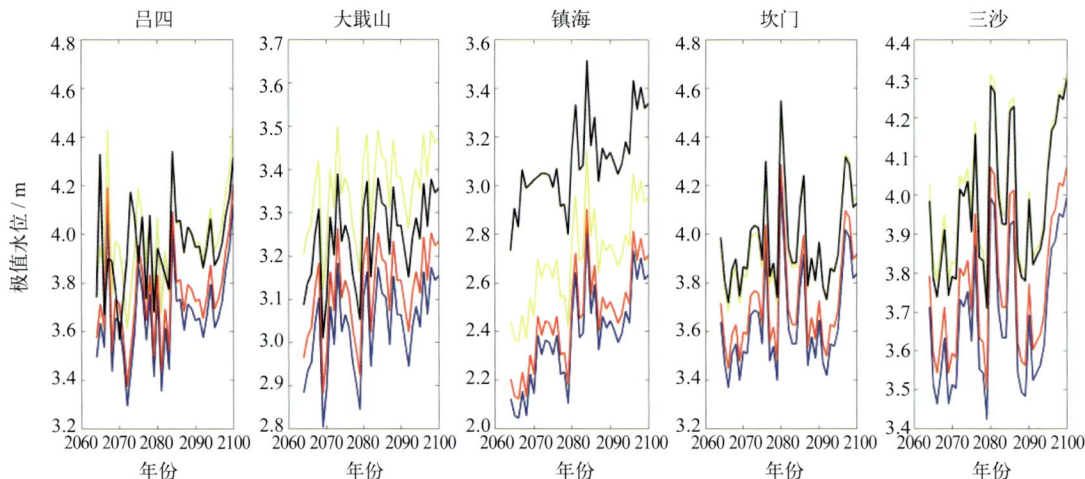

图4.21　未来吕四、大戙山、镇海、坎门及三沙站极值水位时间序列
蓝色——RCP2.6；红色——RCP4.5；黄色——RCP8.5；黑色——统计预测

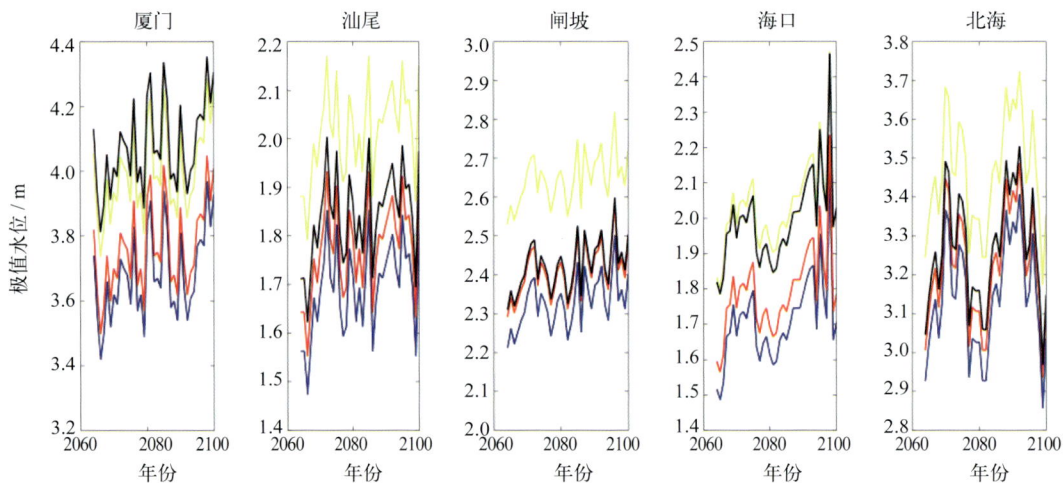

图4.22　未来厦门、汕尾、闸坡、海口及北海站极值水位时间序列
蓝色——RCP2.6；红色——RCP4.5；黄色——RCP8.5；黑色——统计预测

4.3.3　重现期极值水位

1）重现期水位计算方法比对

经典极值理论中，设 $F(x)$ 的样本为 $x_1, x_2, \cdots, x_n$，其中 $x_1, x_2, \cdots, x_n$ 为相互独立且同分布的次序统计量。样本极小值和样本极大值分别为 x_1, x_n，其对应的分布为极值分布，分布函数经过线性变换后样本极大值的概率收敛于一个随机变量。广义极值分布模型理论分布（GEV）的函数表达式为：

$$F(x) = \begin{cases} \exp\left\{ - \left[1 - \xi \left(\dfrac{x - \mu}{\sigma} \right) \right]^{1/\xi} \right\}, & \xi \neq 0 \\[4mm] \exp\left[- \exp \left(\dfrac{x - \mu}{\sigma} \right) \right], & \xi = 0 \end{cases} \qquad (4.1)$$

式中，ξ，μ，σ分别代表形状参数、位置参数和尺度参数，$-\infty < \mu < \infty$，$-\infty < \xi < \infty$，当$\xi \to 0$时为极值Ⅰ型，当$\xi < 0$时为极值Ⅱ型，当$\xi > 0$时为极值Ⅲ型。

本小节分别使用Gumbel分布、Weibull分布以及GEV分布对中国沿海15个长期验潮站的极值水位序列进行了不同重现期水位的计算，并进行了比较。结果表明，3种方法计算得到的重现期水位存在明显的区别。Weibull分布计算的极值水位在3种方法中最小，且与观测数据的偏差较大。Gumbel和GEV分布对观测数据的拟合均优于Weibull分布（图4.23至图4.25）。

Gumbel和GEV分布在15个站点存在一定区别。葫芦岛、秦皇岛、日照、吕四、镇海、厦门和北海站Gumbel计算的重现期水位高于GEV计算的重现期水位，秦皇岛、镇海、厦门和北海站Gumbel分布对观测数据拟合得较好。烟台、大戢山、坎门、汕尾、闸坡和海口站GEV计算的重现期水位高于Gumbel计算的重现期水位。龙口和三沙站Gumbel和GEV分布计算的结果非常接近。

Gumbel和GEV分布对观测数据的拟合均优于Weibull分布，在不同的站点Gumbel和GEV分布在极值水位重现期计算上存在一定的区别。综合15个代表站评估结果，Gumbel分布能够更好地拟合中国沿海极值水位序列。

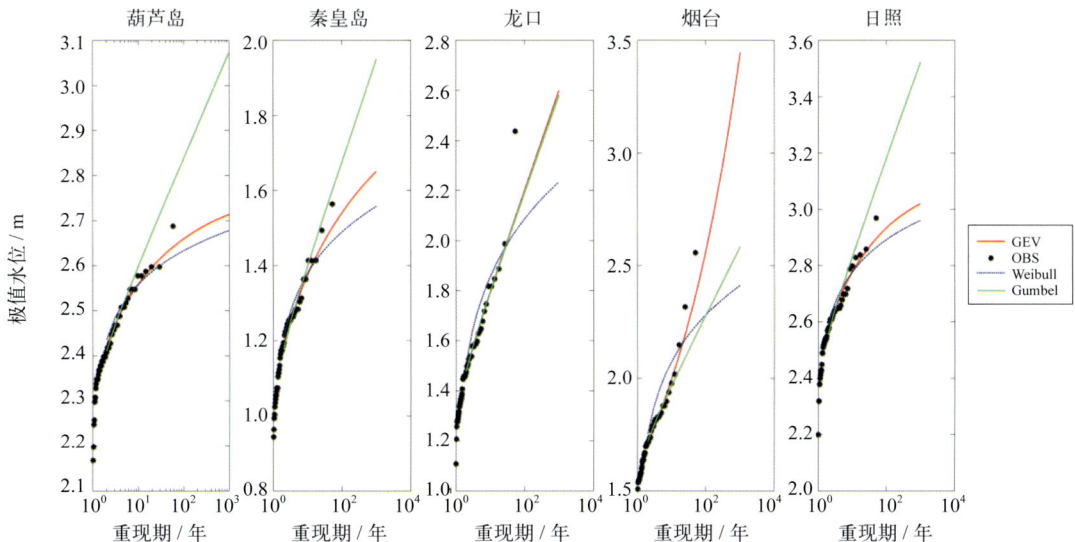

图4.23　葫芦岛、秦皇岛、龙口、烟台及日照站极值水位重现期

红色——GEV；蓝色——Weibull；绿色——Gumbel；黑色点表示历史极值数据

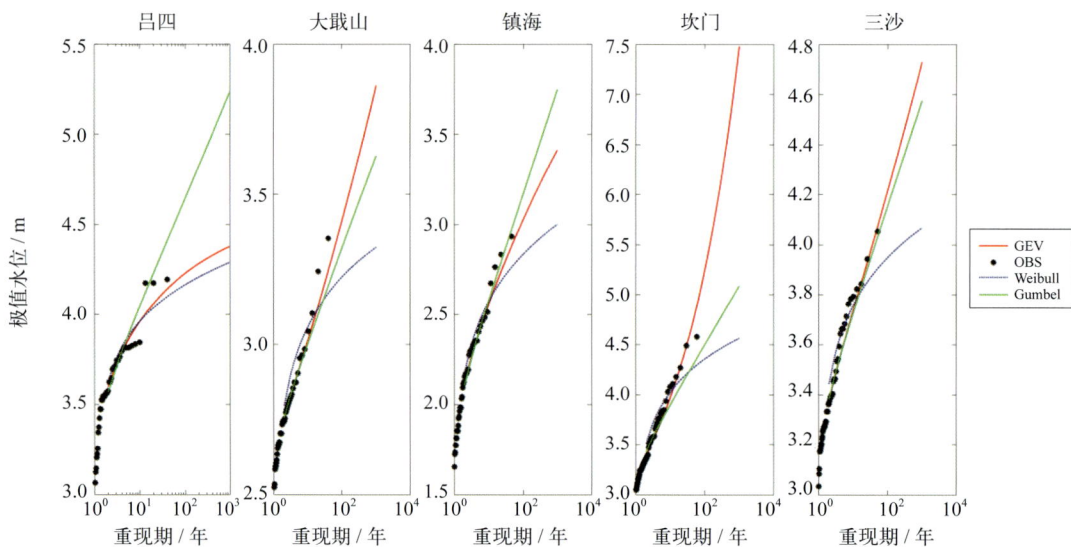

图4.24　吕四、大戢山、镇海、坎门及三沙站极值水位重现期

红色——GEV；蓝色——Weibull；绿色——Gumbel；黑色点表示历史极值数据

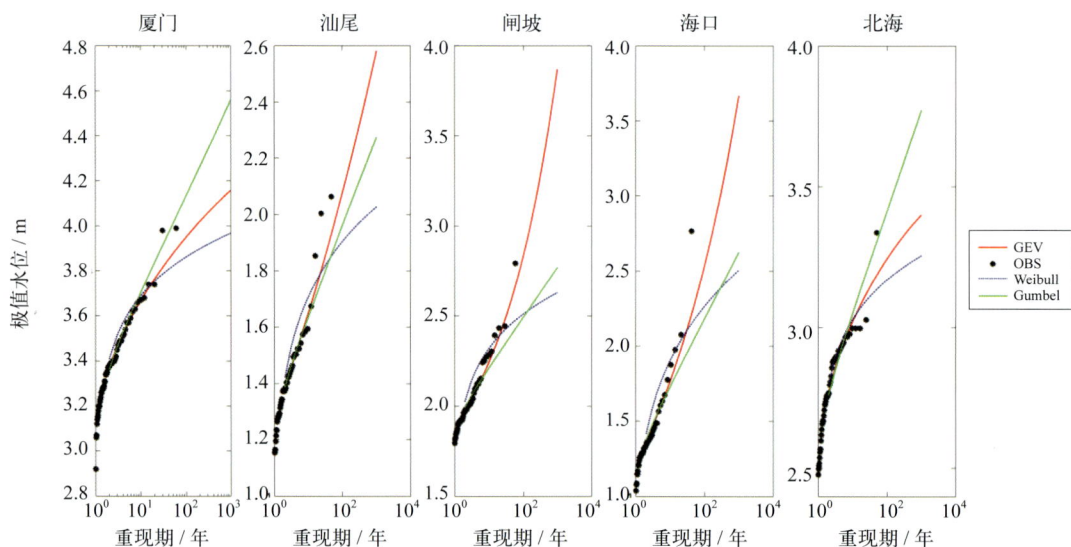

图4.25　厦门、汕尾、闸坡、海口及北海站极值水位重现期

红色——GEV；蓝色——Weibull；绿色——Gumbel；黑色点表示历史极值数据

　　基于中国沿海15个长期验潮站1980—2016年的极值水位序列，利用Gumbel分布方法计算了其重现期水位（表4.3），结果表明在中国沿海不同站点之间重现期水位存在显著差异。

表4.3 中国沿海不同重现期极值水位 （单位：m）

序号	台站	重现期								
		1 000年	500年	200年	100年	50年	20年	10年	5年	2年
1	葫芦岛	2.92	2.86	2.78	2.72	2.66	2.57	2.51	2.42	2.34
2	秦皇岛	1.89	1.81	1.70	1.62	1.55	1.44	1.36	1.25	1.15
3	龙口	2.93	2.79	2.60	2.46	2.32	2.13	1.99	1.78	1.61
4	烟台	2.94	2.81	2.63	2.50	2.37	2.19	2.06	1.87	1.70
5	日照	3.51	3.42	3.29	3.20	3.10	2.97	2.88	2.74	2.62
6	吕四	5.26	5.09	4.87	4.69	4.52	4.30	4.12	3.87	3.66
7	大戢山	4.22	4.11	3.96	3.85	3.74	3.59	3.48	3.32	3.18
8	镇海	4.10	3.91	3.67	3.48	3.29	3.04	2.84	2.57	2.34
9	坎门	6.23	5.96	5.61	5.35	5.08	4.73	4.46	4.07	3.74
10	三沙	5.00	4.86	4.66	4.51	4.37	4.17	4.02	3.80	3.62
11	厦门	4.96	4.84	4.67	4.55	4.42	4.25	4.12	3.94	3.78
12	汕尾	3.11	2.99	2.83	2.71	2.59	2.43	2.31	2.13	1.98
13	闸坡	4.03	3.89	3.70	3.56	3.42	3.23	3.08	2.88	2.70
14	北海	4.61	4.48	4.31	4.18	4.05	3.88	3.75	3.56	3.40
15	海口	4.00	3.79	3.50	3.29	3.07	2.79	2.56	2.25	1.98

注：基面为当地平均海平面。

2）重现期水位计算

本节利用Gumbel方法分别对历史极值水位和预测极值水位进行了重现期水位计算，结果见图4.26至图4.28和表4.4。可以看出，不同情景下未来重现期水位均呈显著增长趋势，RCP8.5情景增长最多，RCP2.6情景最少。

RCP2.6情景下，7个站（葫芦岛、秦皇岛、日照、大戢山、厦门、汕尾、北海）2100年100年一遇极值水位高于现代情景1 000年一遇极值水位；RCP4.5情景下，仅3个站（吕四、镇海、坎门）2100年100年一遇极值水位低于现代情景1 000年一遇极值水位；RCP8.5情景下，仅坎门站2100年100年一遇极值水位低于现代情景1 000年一遇极值水位（表4.4）。

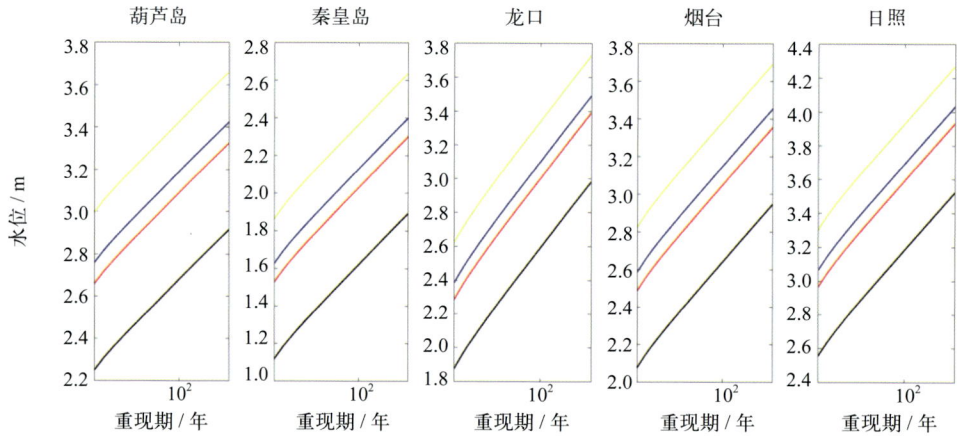

图4.26　葫芦岛、秦皇岛、龙口、烟台及日照站极值水位重现期

黑色——现代情景；红色——RCP2.6；蓝色——RCP4.5；黄色——RCP8.5

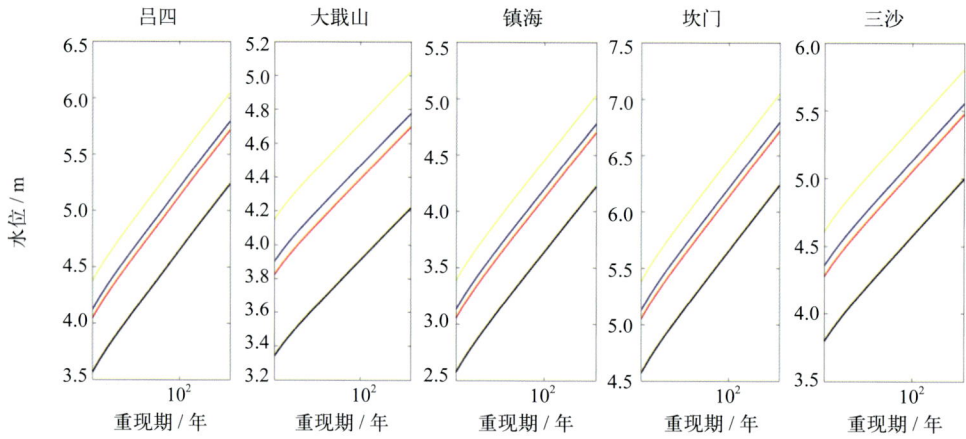

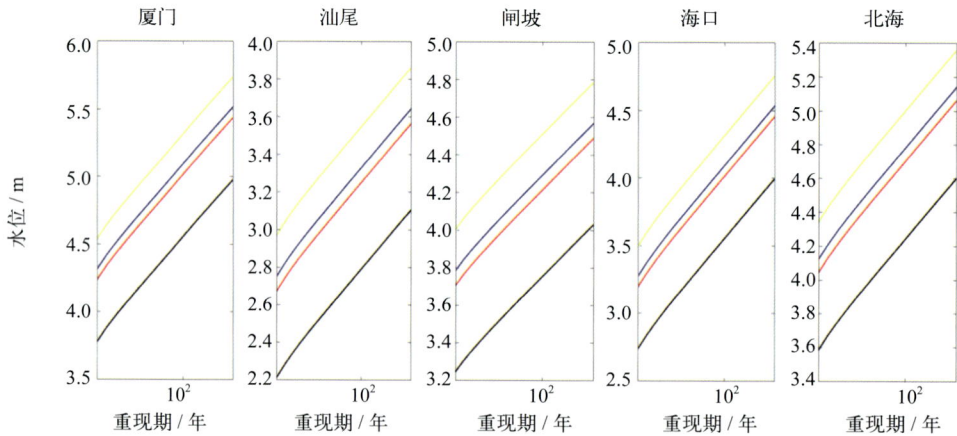

图4.27　吕四、大戢山、镇海、坎门及三沙站极值水位重现期

黑色——现代情景；红色——RCP2.6；蓝色——RCP4.5；黄色——RCP8.5

图4.28　厦门、汕尾、闸坡、海口及北海站极值水位重现期

黑色——现代情景；红色——RCP2.6；蓝色——RCP4.5；黄色——RCP8.5

表4.4 15个站点在不同情景下100年一遇，500年一遇以及1 000年一遇极值水位值

（单位：m）

验潮站	现代情景			RCP2.6			RCP4.5			RCP8.5		
	100	500	1 000	100	500	1 000	100	500	1 000	100	500	1 000
葫芦岛	2.72	2.86	2.92	3.13	3.27	3.33	3.23	3.37	3.43	3.46	3.60	3.66
秦皇岛	1.62	1.81	1.89	2.03	2.22	2.30	2.13	2.32	2.40	2.36	2.55	2.63
龙口	2.46	2.79	2.93	2.87	3.20	3.34	2.97	3.30	3.44	3.20	3.53	3.67
烟台	2.50	2.81	2.94	2.91	3.22	3.35	3.01	3.32	3.45	3.24	3.55	3.68
日照	3.20	3.42	3.51	3.61	3.83	3.92	3.71	3.93	4.02	3.94	4.16	4.25
吕四	4.69	5.09	5.26	5.17	5.57	5.74	5.25	5.65	5.82	5.49	5.89	6.06
大戢山	3.85	4.11	4.22	4.33	4.59	4.70	4.41	4.67	4.78	4.65	4.91	5.02
镇海	3.48	3.91	4.10	3.96	4.39	4.58	4.04	4.47	4.66	4.28	4.71	4.90
坎门	5.35	5.96	6.23	5.83	6.44	6.71	5.91	6.52	6.79	6.15	6.76	7.03
三沙	4.51	4.86	5.00	4.99	5.34	5.48	5.07	5.42	5.56	5.31	5.66	5.80
厦门	4.55	4.84	4.96	5.01	5.30	5.42	5.09	5.38	5.50	5.30	5.59	5.71
汕尾	2.71	2.99	3.11	3.17	3.45	3.57	3.25	3.53	3.65	3.46	3.74	3.86
闸坡	3.56	3.89	4.03	4.02	4.35	4.49	4.10	4.43	4.57	4.31	4.64	4.78
海口	3.50	3.79	4.00	3.96	4.25	4.46	4.04	4.33	4.54	4.25	4.54	4.75
北海	4.18	4.48	4.61	4.64	4.94	5.07	4.72	5.02	5.15	4.93	5.23	5.36

注：此表为2100年极值水位预测值。

4.4 波浪

4.4.1 波浪变化事实

除赤道太平洋中东部、胡安费尔南德斯群岛周边水域、北大西洋亚速尔群岛水域、南印度洋近克洛泽岛水域外，全球其他海域波高近50年总体呈增大趋势，速率为2～14 mm/a。

中国海波浪受季风影响显著，具有鲜明的年变化周期，年平均波高一般为0.6～2.2 m，冬季和秋季的波高比夏季和春季高（图4.29）。大于4 m的极端波浪主要发生在东海东南部、琉球群岛南部、台湾—吕宋岛以东，以及东沙群岛延伸至中沙群岛，秋季出现频率最高。冬季，极端波浪主要发生在吕宋海峡到南海区域，向西南延伸至越南东南部；春季，极端波浪主要出现在台湾海峡和吕宋岛西北部；秋季，极端波浪的空间分布特征不明显；夏季，虽然平均有效波高值相对较小，但由于热带气旋在盛夏发生的频率较高，出现极端波浪的频率也较高。50年一遇和100年一遇的极端有效波高具有相似的空间分布特征，但是在波高值上略有差异。在中国沿海地区，广东沿海地区和浙江南部沿海地区的百年一遇波高值最大，长江口至渤海海域之间最小。

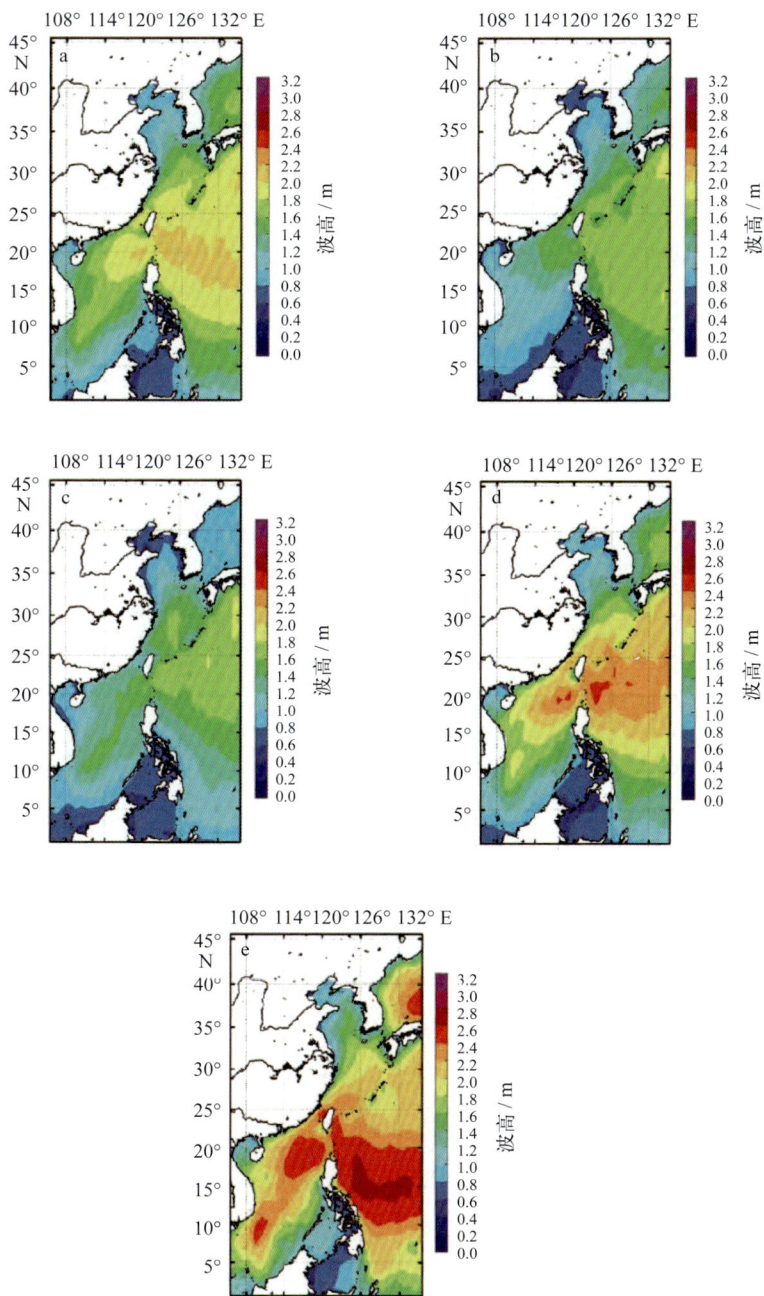

图4.29 1991—2014年平均波高分布

a. 全年；b. 春季；c. 夏季；d. 秋季；e. 冬季

（资料来源：Kong et al.，2016）

1988—2011年，中国海有效波高整体呈现出显著的增大趋势（Zheng et al.，2015），见图4.30。1950—2011年，渤海有效波高呈现减小趋势，速率为3 mm/a；波向角呈现变大的趋势，速率为0.12°/a；周期相对平稳，略有上升（任惠茹等，2016）。

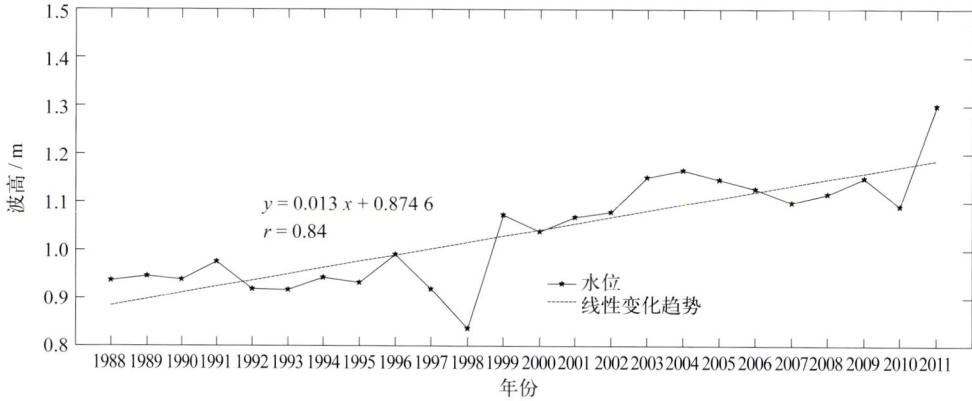

图4.30　1988—2011年中国海有效波高的长期变化

2005—2017年中国沿海灾害性海浪没有明显的趋势性变化，其中2013年最多，共发生43次，2009年最少，共发生32次。2013年最严重的灾害性海浪过程为1330号"海燕"台风浪过程。具体情况如下：2013年11月9—11日，受超强台风"海燕"和冷空气共同影响，南海海域出现了6～9 m的狂浪到狂涛，受其影响，海南省毁坏渔船152艘，损坏渔船326艘，死亡（含失踪）2人，直接经济损失4.6亿元。2017年中国沿海出现有效波高4.0 m及以上的灾害性海浪过程34次，其中灾害性冷空气和气旋浪13次，灾害性台风浪21次（图4.31）。

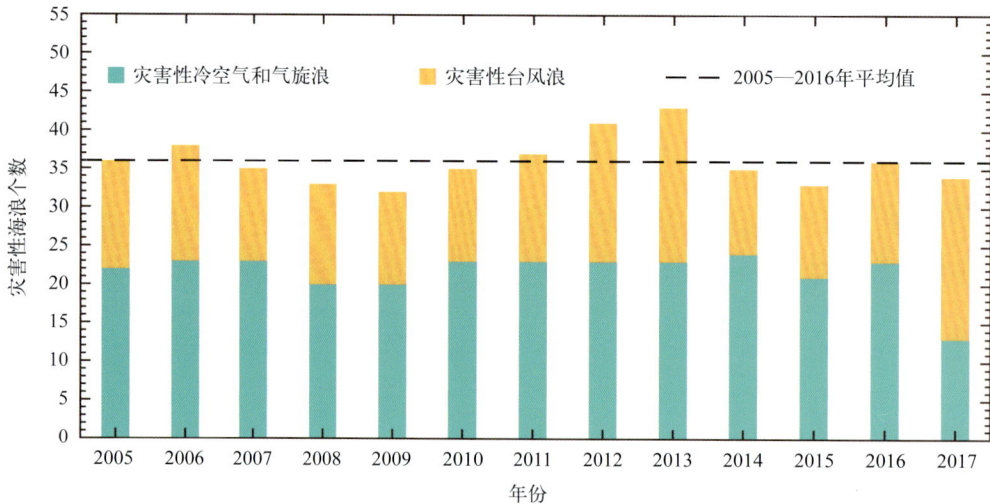

图4.31　中国沿海灾害性海浪个数

4.4.2　水位－波高联合分布

近岸工程设计、风险评估等往往需要同时考虑极端水位和大浪等的影响，而高水位和大浪的发生存在一定的相依性，为了提高设计和评估的合理性，需要了解水位和波高变量的联合概率分布形态。本章节介绍了关于水位和波高联合分布形态的统计方法，并

以平潭海洋观测站为例，给出了水位和波高的联合分布特征值。

1）边缘统计分布

各要素大值的边缘统计分布采用广义帕累托分布形式或韦布分布形式，其中水位分布采用广义帕累托分布形式，波高分布采用广义帕累托分布形式或韦布分布形式。

广义帕累托分布的边缘分布形式：

$$P\left(SWL \leq x \mid SWL > u\right) = 1 - \left\{1 + \alpha\left(x - u\right) / \sigma\right\}_{+}^{-1/\alpha} \qquad (x > u) \qquad (4.2)$$

式中，$S = 1 - \left\{1 + \alpha\left(x - u\right) / \sigma\right\}^{-1/\alpha}$，$S_{+} = \max(S, 0)$，$\alpha$为形状参数，$\sigma$为尺度参数，$SWL$为水位。

韦布分布形式：

$$W(x) = \Pr\left\{H_s \leq x\right\} = 1 - e^{-\left[\frac{x-a}{b}\right]^c} \qquad (x \geq a) \qquad (4.3)$$

式中，a、b、c分别为位置参数、尺度参数和形状参数，H_s为有效波高。

设置边界参数为u，韦布分布的边缘分布形式为：

$$P\left(H_s \leq x \mid H_s > u\right) = \frac{W(x) - W(u)}{1 - W(u)} = 1 - e^{\left[-\left(\frac{x-a}{b}\right)^c + \left(\frac{u-a}{b}\right)^c\right]} \qquad (x > u) \qquad (4.4)$$

2）联合统计分布

假定单要素概率分布满足$F_x(X)$形式，将多要素联合分布转化为多要素联合标准正态分布形式。

$$X^* = \Phi^{-1}\left(F_x(X)\right) \qquad (4.5)$$

式中，X^*为正态分布的标准化函数。

假定（SWL^*，H_s^*）满足联合标准正态分布形式BVN（0，Σ），且各自满足N（0，1）的标准正态分布形式。其中，

$$\Sigma = \begin{pmatrix} 1 & \rho \\ \rho & 1 \end{pmatrix}$$

式中，ρ为变量间的相关系数。

对于边界模型需满足$SWL^* > u$和$H_s^* > u$，此时，

$$\Sigma = \begin{pmatrix} 1 & \rho_u \\ \rho_u & 1 \end{pmatrix}$$

为解决变量在不同层级的相关性不一致问题及要素均一性不一致问题，引入混合双变量联合分布模型。假定单要素满足正态分布形式，多要素联合分布满足多要素联合正态分布形式。

$$T_j = \in Z_{1j} + \left(1 - \in\right) Z_{2j} \qquad j = 1, 2 \qquad (4.6)$$

式中，Z为满足正态分布（μ, Σ）的要素变量，T为构建的新变量（为要素变量的线性组合），$\in$为系数因子。

概率密度分布形式为：

$$f_T(t) = p_m f_{z_1}(t) + (1 - p_m) f_{z_2}(t) \qquad (4.7)$$

T变量的概率分布形式为：

$$\Pr\{T_j \leqslant t\} = p_m \, \Phi\left(\frac{t - \mu_{1j}}{\sigma_{1j}}\right) + (1 - p_m) \, \Phi\left(\frac{t - \mu_{2j}}{\sigma_{2j}}\right) \qquad (4.8)$$

3）案例分析

平潭海洋观测站位于福建沿海，水深满足最低潮时不低于1 m的要求，水动力及水体交换能力较好。所处海域与外海畅通，开阔无遮挡，周边多为礁石，海底沉积物为沙石，不易淤积，每年清淤1次，附近无河流、工厂排污等影响因素。水位观测数据主要为逐时数据，观测精度为0.01 m。波浪每天观测4次（8时、11时、14时、17时），波高观测精度为0.1 m。波浪观测点和水位观测点距离较近，水位变化近乎一致。

选取平潭海洋观测站的水位和波高（十分之一波高，下同）观测数据，采用上述方法并通过诊断、调整等手段拟合出水位、波高的边缘分布形式及两者的联合分布形式，通过数据模拟给出批量可供分析的合成数据，进而给出两者联合分布的多年一遇回归值。图4.32显示的是水位和波高的联合分布拟合曲线，表4.5给出了1年、10年、20年、50年、100年、200年一遇的水位和波高的取值情况（水位取5%大值，即大于6.12 m的值）。

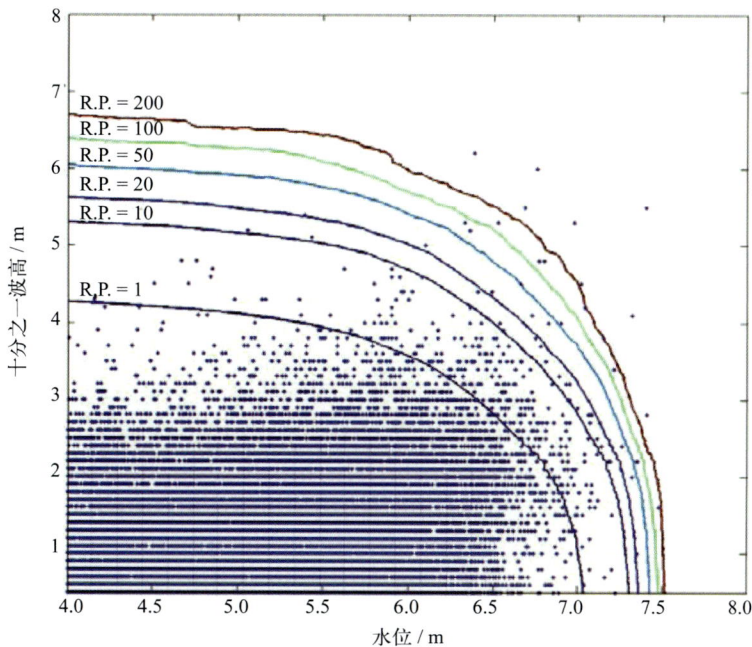

图4.32 水位和十分之一波高的联合分布

多年一遇回归值等值线为水位大于某值和波高大于某值的等概率线。图4.32显示，在波高较大和水位较低情形下，回归值等值线近似平行于等波高线，说明在极低水位时，大波高数量极少，两者联合概率在该区间变化较小。同样在波高较低和水位较高情形下，回归值等值线近似平行于等水位线，说明在极高水位时，小波高数量极少，两者联合概率在该区间变化较小。在同时考虑水位、波高作用效果的工程设计中，可以根据两者联合分布特征给出更深入的计算结果。

表4.5　水位和波高联合概率分布极值统计　　　　　（单位：m）

序号	重现期周期											
	1年		10年		20年		50年		100年		200年	
	水位	波高	水位	波高	水位	波高	水位	波高	水位	波高	水位	波高
1	6.13	3.44	6.14	4.54	6.13	4.90	6.15	5.29	6.14	5.59	6.15	5.86
2	6.19	3.34	6.22	4.42	6.22	4.76	6.26	5.17	6.26	5.50	6.26	5.74
3	6.26	3.24	6.30	4.31	6.31	4.63	6.38	5.00	6.40	5.31	6.42	5.63
4	6.34	3.12	6.42	4.15	6.42	4.46	6.47	4.86	6.52	5.18	6.55	5.45
5	6.39	3.02	6.49	4.02	6.51	4.31	6.57	4.69	6.61	4.99	6.68	5.27
6	6.45	2.91	6.58	3.85	6.59	4.17	6.67	4.49	6.70	4.81	6.78	5.09
7	6.52	2.80	6.65	3.71	6.68	3.99	6.75	4.31	6.80	4.58	6.88	4.89
8	6.57	2.68	6.72	3.57	6.76	3.84	6.83	4.12	6.88	4.41	6.94	4.67
9	6.64	2.52	6.80	3.39	6.84	3.63	6.90	3.94	6.95	4.17	7.01	4.44
10	6.68	2.42	6.87	3.21	6.91	3.47	6.98	3.76	7.02	3.99	7.05	4.17
11	6.76	2.30	6.94	3.02	6.98	3.30	7.05	3.53	7.08	3.76	7.11	3.94
12	6.81	2.20	6.99	2.86	7.03	3.12	7.11	3.34	7.14	3.54	7.18	3.71
13	6.83	2.02	7.04	2.66	7.09	2.89	7.16	3.12	7.20	3.30	7.23	3.44
14	6.88	1.91	7.10	2.47	7.14	2.66	7.20	2.89	7.25	3.02	7.28	3.21
15	6.91	1.74	7.14	2.30	7.19	2.47	7.25	2.66	7.29	2.80	7.32	2.93
16	6.93	1.60	7.18	2.08	7.23	2.29	7.30	2.39	7.33	2.52	7.37	2.66
17	6.96	1.42	7.22	1.88	7.27	2.06	7.34	2.20	7.37	2.32	7.41	2.38
18	6.99	1.24	7.24	1.65	7.30	1.80	7.36	1.92	7.40	2.02	7.46	2.15
19	7.00	1.10	7.26	1.47	7.32	1.56	7.39	1.70	7.43	1.79	7.48	1.83

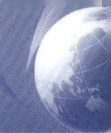

续表

序号	重现期周期											
	1年		10年		20年		50年		100年		200年	
	水位	波高	水位	波高	水位	波高	水位	波高	水位	波高	水位	波高
20	7.01	0.92	7.27	1.24	7.34	1.29	7.40	1.42	7.45	1.47	7.49	1.60
21	7.02	0.73	7.29	0.96	7.34	1.10	7.41	1.15	7.46	1.24	7.51	1.28
22	7.04	0.60	7.30	0.73	7.35	0.83	7.42	0.87	7.47	0.92	7.51	0.96
23	7.04	0.41	7.30	0.50	7.36	0.55	7.43	0.60	7.48	0.64	7.52	0.64
24	7.05	0.23	7.31	0.28	7.36	0.28	7.43	0.32	7.48	0.32	7.52	0.32
25	7.05	0.00	7.31	0.00	7.37	0.00	7.43	0.00	7.48	0.00	7.52	0.00

注：测波点水深约15 m；水位取大于6.12 m的值。

第二篇
中国沿海海平面变化影响状况

综　述

在气候变暖的大背景下，20世纪以来全球海平面呈现加速上升趋势，其长期累积效应将造成滩涂损失、低地淹没和生态环境破坏，并加剧风暴潮、海岸侵蚀、海水入侵、咸潮和洪涝等灾害，给沿海地区的经济社会发展和人民生产生活带来严重影响。我国沿海海平面上升速率高于全球同期平均水平，沿海地区面临的海平面上升风险更高。

本部分基于2009—2017年海平面变化影响调查数据信息，系统全面地分析了海平面上升对我国沿海海岸带灾害、滨海生态系统和海岸工程等的影响状况。

海平面上升抬升风暴潮增水的基础水位，加剧风暴潮灾害的致灾程度。1949—2017年，在我国沿海造成灾害的台风风暴潮过程平均每年发生4.8次，2000年以来年平均发生次数达到6.7次。2009—2017年，由台风引起的重大及以上风暴潮灾害过程有66.7%恰逢季节性高海平面和天文大潮。

海岸侵蚀在我国沿海11个省（自治区、直辖市）均有发生，辽宁、山东、广东和海南部分砂质岸段和江苏部分粉砂淤泥质岸段侵蚀相对较重。在海平面上升累积效应作用下，海岸侵蚀不断加剧。2009—2017年，全部调查岸段中处于侵蚀状态的岸段占82%，处于严重侵蚀状态的岸段超过33%，海岸侵蚀呈现进一步加剧趋势。

海水入侵与土壤盐渍化灾害在我国沿海均有发生，海平面上升加剧其致灾程度。辽东湾、滨州和莱州湾沿海最大入侵距离一般距岸20～30 km。黄海滨海轻度入侵，海水入侵距离一般在距岸10 km以内。东海和南海沿海海水入侵范围较小。

长江口、珠江口和钱塘江口等地区受咸潮入侵影响较为严重。长江口咸潮入侵一般出现在每年的9月至翌年5月，3月和11月入侵次数较多；珠江口一般出现在9月至翌年4月；钱塘江口8月至11月径流量较小，且处于季节性高海平面期，是咸潮影响的集中时段。

2009—2017年，我国沿海城市洪涝主要发生在天津、浙江、广东、广西等地，发生时间主要集中于5—11月，其中8月发生次数最多。高海平面顶托排海通道的下泄洪水，加大了沿海城市泄洪和排涝的难度，使洪涝灾害加剧。

我国沿海海堤防护能力差异较大，其中天津、上海和广东珠江口地区海堤现有防护能力较强，多为100年一遇及以上等级；山东、江苏、浙江和福建沿海海堤的防护能力多为50年一遇；辽宁、广西和海南沿海海堤防护能力相对较低，多处防护等级不足20年一遇。

　　受自然因素和人类活动共同影响，近几十年来我国滨海湿地、红树林和珊瑚礁面积变化明显，生物多样性、生态系统功能均发生不同程度改变。气候变化背景下海平面加速上升、极端天气气候事件强度加大、海洋升温，以及人类活动加剧等将导致我国滨海生态系统的脆弱性和退化风险进一步增加。

第5章

海岸带灾害

中国沿海地区城市集中、人口稠密、经济发达，以占全国13.6%的国土面积，创造了60%以上的社会财富，对全国经济发展起着主导作用。沿海地区海拔较低，容易受到风暴潮、海岸侵蚀、海水入侵、咸潮、洪涝等海岸带灾害的影响。近年来随着海平面持续上升，海岸带灾害对沿海地区的经济社会发展和人民生产生活等造成的影响进一步加剧。

5.1　风暴潮灾害

风暴潮通常分为由台风引起的台风风暴潮和由温带气旋引起的温带风暴潮两大类，风暴潮、天文潮和近岸海浪结合引起的沿岸涨水造成的灾害，通称为风暴潮灾害。风暴潮灾害是海岸带地区最为常见的自然灾害之一。海平面上升会抬高风暴增水的基础水位，如果风暴潮影响期间又恰逢季节性高海平面和天文大潮，高海平面、风暴增水和天文大潮三者叠加，就会加剧风暴潮灾害的致灾程度。

本章节系统分析了中国沿海风暴潮的时空变化特征以及海平面上升与风暴潮的关系。数据主要来源于海平面变化影响调查成果、中国沿海海洋观测站网的潮位观测数据和中央气象台西北太平洋最佳台风路径集，并参考了《中国海平面公报》《中国海洋灾害公报》《台风年鉴》以及《中国气象灾害大典》等资料。

5.1.1　风暴潮灾害特征

1949—2017年，我国沿海地区造成灾害的台风风暴潮过程年发生次数总体呈波动上升趋势，年平均发生4.8次。其中，1973年发生次数最多，为12次。20世纪50年代至70年代，年平均发生次数从2.5次上升到4.9次；20世纪80年代，发生次数有所降低，年平均发生次数为3.9次；从20世纪90年代开始，发生次数持续上升，21世纪以来年平均发生次数达到6.7次。我国沿海地区造成灾害的台风风暴潮过程年发生次数大于等于10次的年份有5个，分别为1960年、1971年、2001年、2005年和2013年，主要集中于2000年以后（图5.1）。

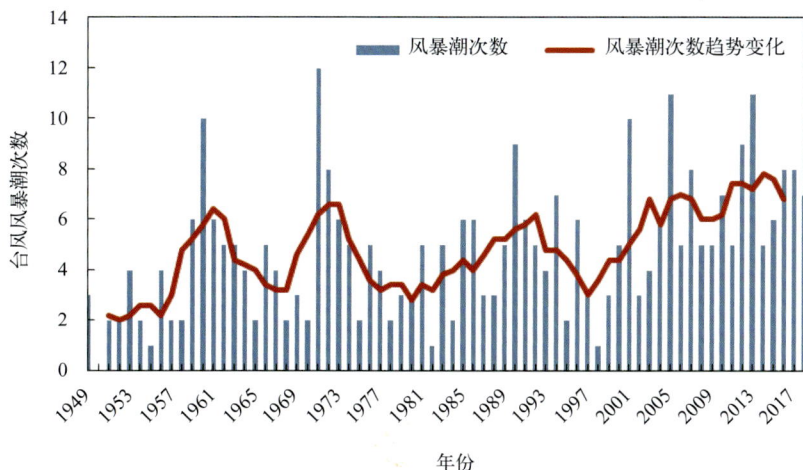

图5.1 致灾台风风暴潮发生次数变化

我国沿海台风风暴潮灾害时间特征明显。台风风暴潮主要发生在5—11月，7—10月为高发期，其中8月、9月发生次数最多。各海区由于台风影响强度和频次的不同，风暴潮灾害影响程度也有所差别。其中，7—9月是渤黄海沿海季节性高海平面期，也是台风风暴潮灾害高发期；东海沿海季节性高海平面期为8—10月，台风风暴潮灾害大多发生在这3个月；南海处于台风高发地，沿海受台风风暴潮影响次数多，5—11月均有台风风暴潮灾害发生（图5.2）。

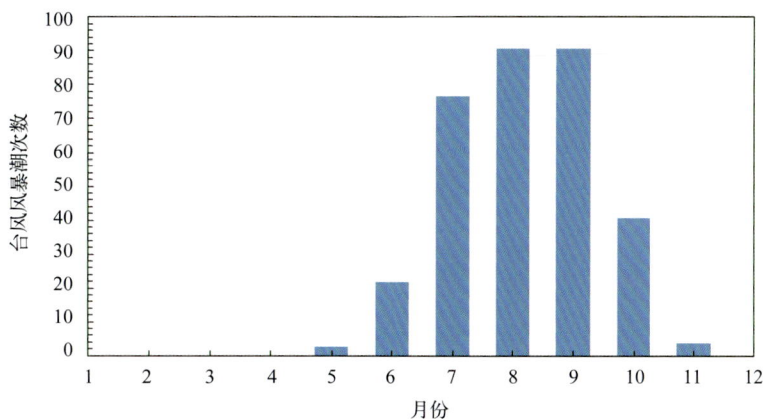

图5.2 1949—2017年致灾台风风暴潮季节变化

我国沿海台风风暴潮灾害空间分布特征明显。1949—2017年，我国沿海地区从南到北都有台风风暴潮灾害发生，如图5.3所示。其中，广东、福建、浙江和海南受影响次数最多。这些区域正是我国经济发展水平高、人口密集的地区，一旦发生较大风暴潮灾害，将造成较大损失。

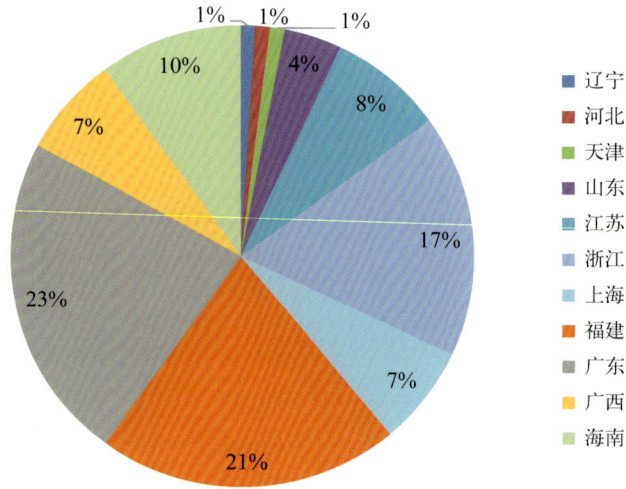

图5.3 1949—2017年台风风暴潮灾害影响空间分布

2009—2017年，我国沿海地区共发生致灾风暴潮过程（台风风暴潮和温带风暴潮）81次，年平均发生9.0次。其中，2013年发生14次，为近九年来最多；2011年发生6次，为近九年来最少（图5.4）。

图5.4 致灾台风风暴潮发生次数

2009—2017年，致灾台风风暴潮过程主要发生在6—11月。其中，7—9月最为集中，占致灾台风风暴潮总数的71.9%（图5.5）。

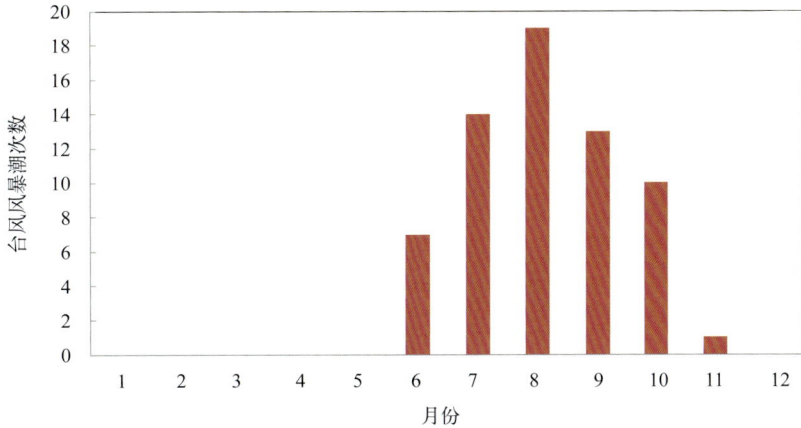

图5.5　2009—2017年致灾台风风暴潮季节变化

2009—2017年，我国沿海地区共发生致灾台风风暴潮过程64次，年平均7.1次。其中，登陆台风引起的致灾风暴潮55次，未登陆台风引起的致灾风暴潮9次。台风风暴潮灾害主要发生在长江口以南，影响较为严重的区域集中在浙江南部至福建中北部、广东西部和海南东部等沿海地区（图5.6）。

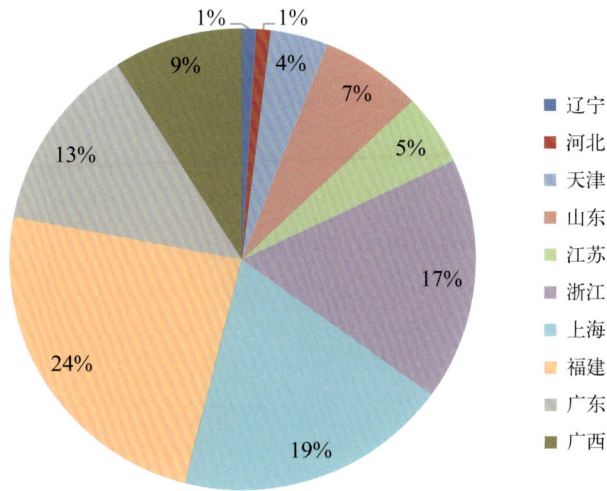

图5.6　2009—2017年致灾台风风暴潮影响分布

2009—2017年，我国沿海地区共发生致灾温带风暴潮过程17次，年平均发生1.9次。主要发生在4—11月，其中10月发生次数最多（图5.7）。

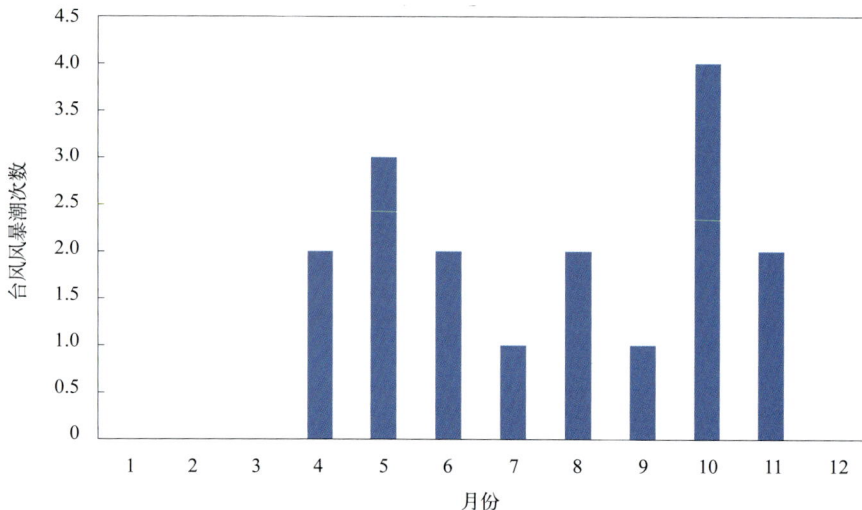

图5.7　2009—2017年温带风暴潮灾害季节变化

温带风暴潮主要发生在浙江以北沿海。影响较为严重的区域主要集中在山东、江苏和天津等沿海地区（图5.8）。

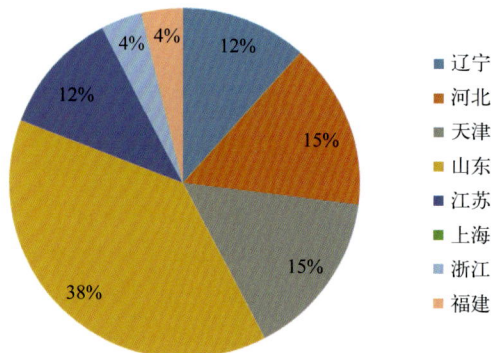

图5.8　2009—2017年致灾温带风暴潮影响分布

5.1.2　海平面上升与风暴潮

海平面上升抬高风暴潮增水的基础水位，风暴潮影响期间，如果又恰逢季节性高海平面和天文大潮，高海平面、天文大潮和风暴增水三者叠加极易形成灾害性高潮位，加重致灾程度。

2009—2017年，影响我国沿海地区的致灾台风风暴潮64个，年平均7.1个。影响期间恰逢季节性高海平面的有35个，恰逢天文大潮的有34个。其中，影响期间恰逢季节性高海平面和天文大潮的有23个，占总数的35.9%。影响期间既不是高海平面期也不是天文大潮期的有18个（图5.9）。

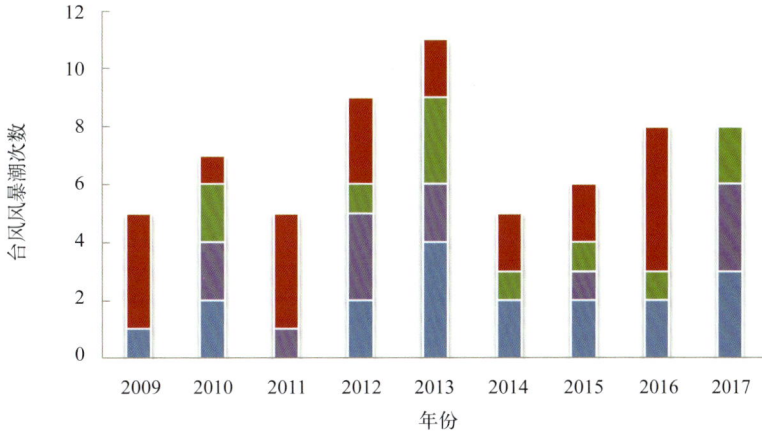

图5.9　2009—2017年致灾台风风暴潮分类统计

红色——影响期间恰逢季节性高海平面期和天文大潮期；绿色——影响期间只逢天文大潮期；
紫色——影响期间只逢季节性高海平面期；蓝色——影响期间既不是高海平面期也不是天文大潮期

　　2009—2017年，影响我国沿海地区的台风中搜集到灾情有效信息的过程有64个（图5.10）。按照一次风暴潮过程中造成的死亡（含失踪）人数和直接经济损失情况分为特别重大、重大、较大和一般4个级别，分别对应Ⅰ、Ⅱ、Ⅲ和Ⅳ级。由台风引起的重大及以上级别的风暴潮灾害过程有12次，包括"威马逊"、"天兔"、"天鸽"和"海鸥"等，其中有8次是影响期间恰逢季节性高海平面期和天文大潮期，占总数的60%。由此可见，高海平面和天文大潮在很大程度上加剧了风暴潮灾害的致灾程度。

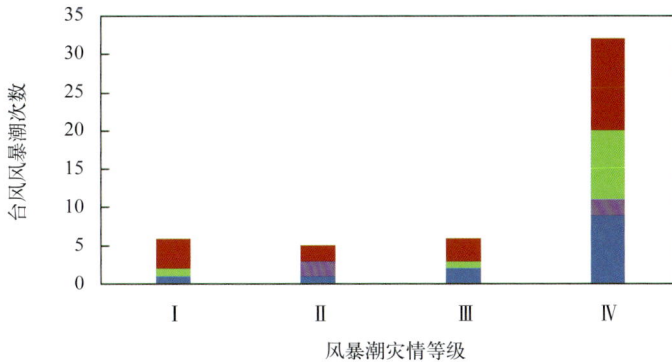

图5.10　2009—2017年台风风暴潮灾情分类统计

红色——影响期间恰逢季节性高海平面期和天文大潮期；绿色——影响期间只逢天文大潮期；
紫色——影响期间只逢季节性高海平面期；蓝色——影响期间既不是高海平面期也不是天文大潮期

　　同时，持续的风暴潮增水过程对短期的海平面也有一定贡献。研究表明，2012年8月中国沿海6个热带气旋带来的长时间增减水对当月海平面上升有一定贡献，全月增减水对当月海平面上升的贡献率约为14%。分析结果表明，各站增减水对各站当月海平面上升的贡献差异较大，其中贡献率最大的厦门站为65%；连云港贡献率次之，为48%；闸坡和海

口贡献率较小，约为5%；秦皇岛和北海贡献率为负（图5.11）。

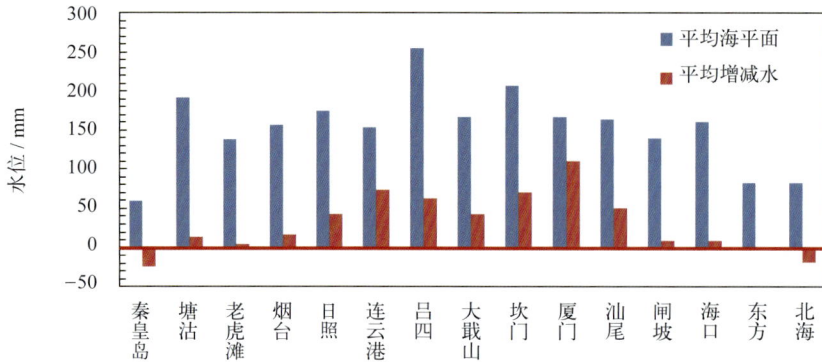

图5.11 2012年8月中国沿海月平均海平面和平均增减水
（资料来源：王慧等，2014）

2009—2017年，主要的风暴潮灾害信息见表5.1，典型台风风暴潮过程影响期间的海平面、天文潮和增减水状况，以及造成的社会经济损失等情况介绍如下。

2009年8—10月，台风"莫拉克"、"巨爵"和"芭玛"先后侵袭我国南部沿海地区，登陆时均恰逢天文大潮和季节性高海平面期。其中，"莫拉克"影响期间，福建沿海增水超过50 cm以上的时间长达68个小时，同时正值天文大潮期，造成沿海多个验潮站观测水位超过当地警戒潮位。风、海平面异常偏高和天文大潮共同作用，造成了严重的风暴潮灾害，致使数百万人受灾，经济损失超过50亿元。

2010年9月，受异常风场等因素的影响，福建沿海海平面明显偏低，比2009年同期低139 mm，比常年同期低21 mm。在此期间，热带风暴"狮子山"、台风"莫兰蒂"和"凡亚比"先后在福建登陆，福建沿海有50多万人受灾，直接经济损失约7亿元，损失相对较小。同年10月，福建沿海海平面异常偏高，高于常年同期174 mm，高于2009年同期91 mm。台风"鲇鱼"在福建漳浦沿海登陆时又恰逢天文大潮与异常高海平面，造成了严重的风暴潮灾害，60多万人受灾，直接经济损失超过26亿元。

2011年有超强台风"梅花"、"南玛都"，强台风"纳沙"、"尼格"和强热带风暴"洛坦"等影响我国，台风过境期间的海平面状况不同，造成的损失程度也不相同。其中，9月底至10月初为南海高海平面期，海平面较常年同期偏高约250 mm，又恰逢天文大潮期，在此期间登陆的强台风"纳沙"和"尼格"造成广东、广西和海南共500多万人受灾，经济损失超过33亿元。

2012年8月，中国沿海海平面较常年同期高159 mm，为1980年以来同期最高值。在此期间，先后有双台风"苏拉"和"达维"、强台风"海葵"、台风"启德"、双台风"天秤"和"布拉万"6个热带气旋影响中国沿海。台风"苏拉"、"达维"和"启德"登陆期间又恰逢天文大潮，给沿海地区造成严重损失。

2013年7—8月，浙江和福建沿海海平面为近10年同期最低，广东沿海海平面处于季节性低海平面期，受台风"苏力"、"潭美"和强台风"尤特"影响，浙江、福建、广东和广西经济损失超过39亿元。9—10月，浙江、福建和广东沿海处于季节性高海平面期，其中浙江沿海10月海平面为历史同期最高，受强台风"天兔"和"菲特"影响，浙江、福建和广东直接经济损失超过99亿元。

2014年，先后有5个热带气旋登陆并影响我国沿海。9月，长江以南沿海处于季节性高海平面期，台风"海鸥"和"凤凰"登陆期间恰逢天文大潮，加剧了海南、广东、广西和浙江沿海的风暴潮致灾程度，直接经济损失约47亿元。

2015年8—9月，浙江和福建沿海海平面明显高于常年同期，受台风"苏迪罗"和"杜鹃"影响，直接经济损失约32亿元。10月为广东、广西和海南沿海季节性高海平面期，受台风"彩虹"影响，直接经济损失约27亿元。

2016年9月，浙江和福建沿海处于季节性高海平面期，海平面高于常年同期近140 mm，台风"莫兰蒂"、"马勒卡"和"鲇鱼"影响期间恰逢天文大潮，使得浙江和福建沿海直接经济损失超过18亿元。10月，广东、广西和海南沿海处于季节性高海平面期，台风"莎莉嘉"和"海马"影响期间恰逢天文大潮，广东、广西和海南沿海直接经济损失约14亿元。

2017年7月，福建沿海处于季节性低海平面期，海平面较常年低20 mm，台风"纳沙"和"海棠"于30—31日先后在福清沿海登陆，台风风暴潮给福建沿海带来直接经济损失约1.2亿元。2017年8月23日，强台风"天鸽"在广东珠海登陆，其间恰逢天文大潮，海平面较常年高340 mm，台风风暴潮给广东珠江三角洲地区水产养殖、渔船和堤防设施等带来严重损失，直接经济损失超过50亿元。

表5.1　2009—2017年主要风暴潮灾害*　　（单位：mm）

风暴潮	影响时间	主要影响地区	影响期海平面	当月海平面	季节性高海平面期	天文大潮期
莫拉克	2009年8月8—10日	福建、浙江、广东	—	—	是	是
巨爵	2009年9月14—16日	广东	—	—	是	是
芭玛	2009年10月11—13日	福建、广东、海南、广西	—	—	是	是
狮子山	2010年9月1—3日	广东、福建	—	—	否	否
莫兰蒂	2010年9月9—11日	广东、福建	—	—	否	是
鲇鱼	2010年10月22—24日	广东、福建	—	—	是	是
洛坦	2011年7月28—30日	海南、广东	500	90	否	是
梅花	2011年8月5—8日	山东、江苏、上海、浙江	600	130	是	否
南玛都	2011年8月30日至9月1日	福建、广东	130	80	是	是
纳沙	2011年9月28—30日	海南、广东、广西	900	180	是	是

风暴潮	影响时间	主要影响地区	影响期海平面	当月海平面	季节性高海平面期	天文大潮期
尼格	2011年10月3—5日	海南、广东	650	150	是	是
苏拉	2012年8月2—3日	浙江、福建	400	192	是	是
达维	2012年8月2—4日	河北、山东、江苏	475	190	是	是
海葵	2012年8月7—8日	江苏、浙江	395	200	是	否
启德	2012年8月16—18日	广东、广西	335	162	否	是
天秤	2012年8月24—28日	浙江、福建	410	166	是	否
布拉万	2012年8月26—28日	山东、浙江	518	200	是	否
苏力	2013年7月12—14日	浙江、福建	250	−18	否	是
尤特	2013年8月13—15日	广东	515	115	否	否
潭美	2013年8月21—23日	福建	340	29	否	是
天兔	2013年9月21—23日	广东、福建	595	130	是	是
菲特	2013年10月6—8日	福建、浙江	480	120	是	是
海贝思	2014年6月14—16日	福建、广东	270	70	否	是
威马逊	2014年7月17—19日	海南、广东、广西	390	100	否	否
麦德姆	2014年7月22—24日	福建	20	30	否	否
海鸥	2014年9月15—17日	海南、广东、广西	540	180	是	是
凤凰	2014年9月21—23日	浙江	560	360	是	是
鲸鱼	2015年6月22—24日	广西、海南	16	20	否	是
灿鸿	2015年7月10—12日	江苏、浙江、福建	410	330	否	否
莲花	2015年7月8—10日	广东	46	22	否	否
苏迪罗	2015年8月7—9日	浙江、福建	253	205	是	否
杜鹃	2015年9月28—30日	浙江、福建	314	297	是	是
彩虹	2015年10月3—5日	广东、广西、海南	300	280	是	是
电母	2016年8月17—19日	广东、广西	100	10	否	是
马勒卡	2016年9月17—19日	浙江、福建	420	350	是	是
莫兰蒂	2016年9月14—16日	浙江、福建	340	260	是	是
鲇鱼	2016年9月27—29日	浙江、福建	425	260	是	是
莎莉嘉	2016年10月17—19日	广西、海南	650	290	是	是
海马	2016年10月20—22日	广东	420	260	是	是
苗柏	2017年6月11—13日	广东	30	−30	否	是
纳沙/海棠	2017年7月29—31日	福建	260	−20	否	否

续表

风暴潮	影响时间	主要影响地区	影响期海平面	当月海平面	季节性高海平面期	天文大潮期
天鸽	2017年8月22—24日	广东	340	80	否	是
帕卡	2017年8月26—28日	广东	160	−50	否	否
玛娃	2017年9月2—4日	广东	260	140	是	否
卡努	2017年10月14—16日	广东	630	400	是	否

* 海平面数据为受影响较大代表站的统计结果（相对于常年平均海平面）。

5.2 海岸侵蚀

海岸侵蚀是海岸在海洋动力、海平面上升和人类活动等因素共同作用下发生后退的现象。海平面上升导致波浪和潮汐能量增加、风暴潮作用增强、海岸坡降增大、海岸沉积物改变，加剧海岸蚀退和岸滩下蚀，同时增加侵蚀海岸修复难度。

根据908调查成果，我国沿海18 000 km大陆岸线中，侵蚀岸线约3 400 km，北起辽东湾、南至海南岛，大陆海岸和岛屿海岸均有侵蚀分布，侵蚀海岸在岸线总长中占有较高的比重。2009—2017年全国沿海海平面变化影响调查结果表明，全部调查岸段中处于侵蚀状态的岸段数量比例达82%，处于严重侵蚀状态的岸段数量超过1/3，海岸侵蚀呈现进一步加剧的趋势（图5.12）。

从我国海岸侵蚀的整体特征来看，海岸侵蚀差异明显，具有空间和时间上的不一致性。海岸侵蚀在我国沿海11个省（自治区、直辖市）均有发生，各地的海岸侵蚀程度不一。以侵蚀岸线长度计，广东侵蚀岸线最长，天津侵蚀岸线最短。从侵蚀严重程度看，辽宁、山东、广东和海南部分砂质岸段和江苏部分粉砂淤泥质岸段侵蚀相对较重（图5.13，表5.2）。

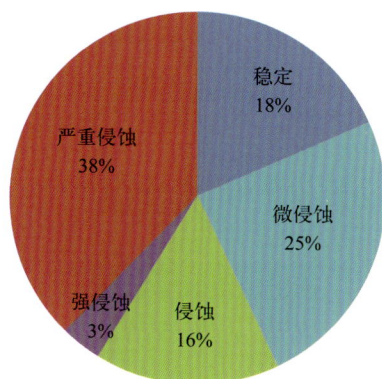

图5.12 全国沿海调查岸段侵蚀强度统计

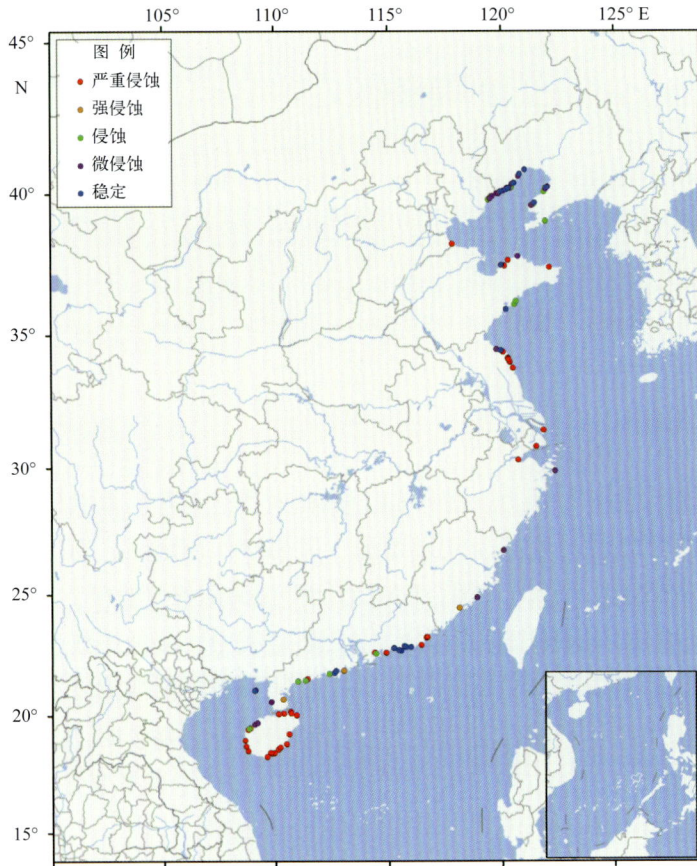

图5.13 全国沿海调查岸段海岸侵蚀强度分布

表5.2 调查岸段侵蚀状态

省份	稳定	微侵蚀	侵蚀	强侵蚀	严重侵蚀
辽宁	23.5%	38.2%	32.4%	—	5.9%
河北	—	60.0%	40.0%	—	—
山东	44.4%	11.1%	—	—	44.4%
江苏	—	23.1%	—	—	76.9%
上海	—	—	—	—	100.0%
浙江	—	100.0%	—	—	—
福建	—	66.7%	—	33.3%	—
广东	34.8%	8.7%	17.4%	8.7%	30.4%
广西	50.0%	50.0%	—	—	—
海南	—	9.1%	4.5%	4.5%	81.8%

注：表中给出了2009—2017年各地处于不同侵蚀状态的岸段占全部监测岸段的百分比。岸段侵蚀状态根据各岸段的蚀退速率和下蚀速率，依《海岸侵蚀灾害监测技术规程（试行）》确定。

"—"表示无数据。

辽东半岛东部大部分岸段处于稳定或淤积状态，其中庄河部分岸段处于微侵蚀状态；辽东湾东、西两侧砂质海岸侵蚀较重；辽河三角洲岸段基本处于稳定或淤积状态。河北省自然岸线中有32.2%存在不同程度的侵蚀，其中秦皇岛、唐山和沧州调查岸段均受到海岸侵蚀影响。天津的海岸类型以粉砂淤泥质和淤泥质为主，历史上侵蚀海岸比例约为9.1%，近年来人工岸线的修筑在一定程度上缓解了海岸侵蚀。山东是我国海岸侵蚀较为严重的省份之一，有59.4%的砂质海岸处于侵蚀状态，鲁北开敞性的粉砂淤泥质海岸均存在海岸侵蚀，调查岸段多为滨海旅游区，如威海九龙湾岸段、蓬莱海水浴场岸段等，海岸侵蚀使沙滩宽度持续减小、沙粒粗化，严重影响其滨海旅游功能。江苏侵蚀海岸以粉砂淤泥质为主，侵蚀速率大，空间分布不均匀，侵蚀岸段主要分布于北部的射阳河口及邻近废黄河三角洲岸段和南部的吕四海岸。上海市海岸变化受长江口、杭州湾北岸宏观自然环境变化以及人类活动等的影响较大，近年来长江下游输沙量不断减少、杭州湾大规模浅滩促淤圈围及海平面持续上升等使人工岸线外的岸滩下蚀加剧。浙江沿海海湾、岛屿众多，岸线类型以粉砂淤泥质和基岩海岸为主，半封闭海湾内动力条件较弱，海滩在海平面上升影响下持续蚀退，基岩海岸抗侵蚀能力较强，蚀退速率小，总体看，浙江省海岸侵蚀现象不是十分严重。福建海岸类型众多，主要包括基岩岬湾海岸、红土台地海岸、砂质海岸、淤泥质海岸，以及局部红树林海岸和人工海岸等，历年调查岸段中微侵蚀岸段占66.7%。广东海岸可分为粤西、粤中和粤东三部分，历年调查岸段中稳定岸段占34.8%，严重侵蚀岸段占30.4%。其中，粤西和粤中海岸侵蚀相对较重，粤东除汕头部分调查岸段外，其他岸段侵蚀相对较轻。广西涠洲岛调查岸段以稳定和微侵蚀为主，岸线在海平面上升作用下持续蚀退。海南81.8%的调查岸段处于严重侵蚀状态，其中海南岛南部和东北部岸段侵蚀相对较重，除受风暴潮、人为因素等影响之外，海平面上升是海岸持续蚀退的主要原因之一。

20世纪全球海平面呈加速上升趋势，1980—2017年中国沿海海平面上升速率为3.3 mm/a，高于同期全球平均水平。在海平面上升累积效应影响下，近年来我国海岸侵蚀不断加剧。

监测结果分析显示，2012—2017年，辽宁营口白沙湾调查岸段持续蚀退，近6年来累计蚀退距离达7.89 m，近两年呈现加速侵蚀趋势，其中2017年蚀退距离2.6 m，达强侵蚀状态。2013—2015年，绥中网户岸段、南山港岸段和团山气象观测场岸段均发生不同程度的侵蚀，团山气象观测场岸段侵蚀相对较重，累计蚀退3.2 m，其中2014年蚀退距离达1.5 m（图5.14）。

2013—2017年，河北秦皇岛5个调查岸段累计侵蚀距离均呈上升趋势，浅水湾岸段、北戴河新区岸段侵蚀强度相对较大，其中2017年浅水湾岸段蚀退距离1.8 m。山东威海九龙湾砂质岸段2015—2017年岸线累计蚀退6.19 m，其中2015年、2016年年蚀退距离均超过2 m，达强侵蚀状态，2017年侵蚀强度减弱，蚀退距离1.2 m（图5.15）。

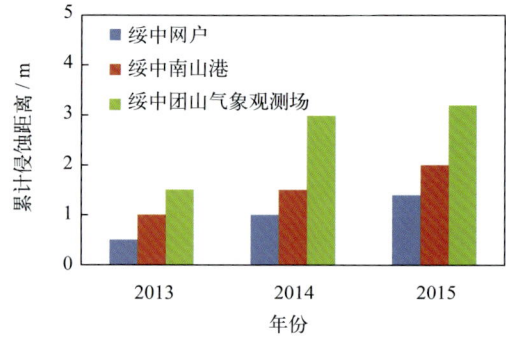

图5.14 辽宁典型调查岸段累计蚀退距离变化

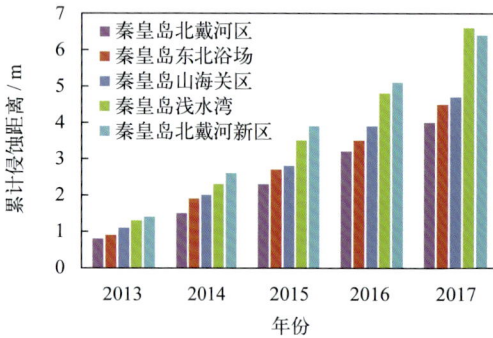

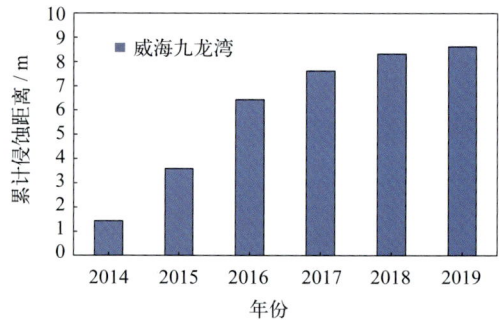

图5.15 河北和山东典型调查岸段累计蚀退距离变化

江苏盐城射阳调查岸段为粉砂淤泥质海岸，岸滩平缓，侵蚀速率较大。2014—2017年，扁担港南养殖区岸段和双洋港南养殖区岸段累计蚀退距离均超过100 m。与2014—2016年相比，2017年扁担港南养殖区岸段侵蚀强度有所减弱，年蚀退距离约20 m（图5.16）。

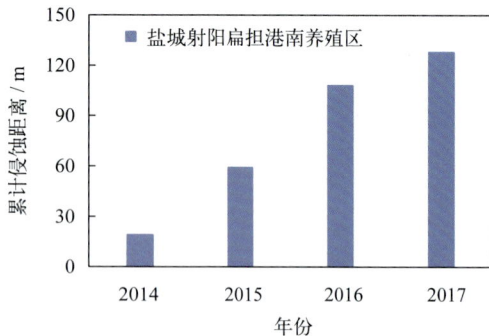

图5.16 江苏典型调查岸段累计蚀退距离变化

2013—2017年，浙江舟山大青山千沙调查岸段在海平面上升的背景下持续蚀退，其中2014年的蚀退距离相对较大，其余年份侵蚀程度较低，年蚀退距离均小于0.5 m。

2013—2017年，福建崇武西沙湾和霞浦高罗调查岸段年蚀退距离0.15～0.68 m，年蚀退距离呈逐年减小趋势，海平面上升是该岸段持续蚀退的重要原因之一（图5.17）。

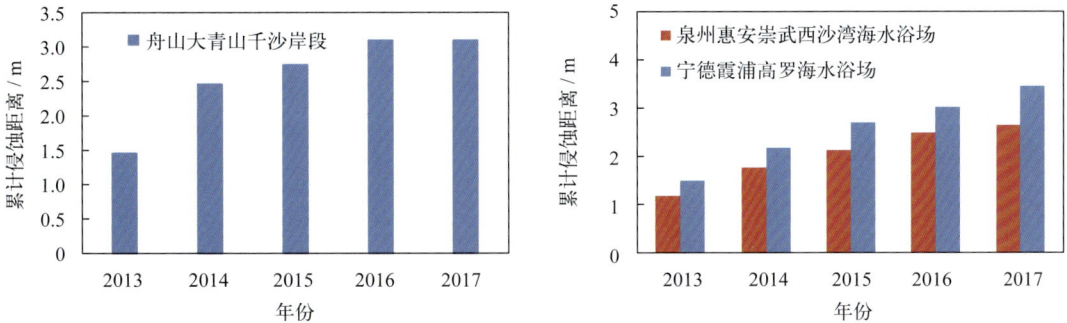

图5.17　浙江和福建典型调查岸段累计蚀退距离变化

2017年海平面变化影响调查结果表明，我国砂质海岸和粉砂淤泥质海岸侵蚀依然严重。砂质海岸侵蚀严重岸段主要分布在辽宁、山东、广东和海南，其中海南万宁乌场岸段年平均蚀退距离6.72 m，三亚亚龙湾东侧岸段年平均侵蚀距离6.16 m。江苏粉砂淤泥质岸段侵蚀严重，盐城滨海灌溉总渠南侧岸段年平均蚀退距离达35 m。与2016年相比，调查岸段中砂质海岸侵蚀总长度减少，局部侵蚀加重，粉砂淤泥质海岸侵蚀长度略有增加。

海岸侵蚀造成土地损失，损毁房屋、道路和旅游设施，影响沿海地区经济社会的可持续发展。统计显示，2016年海岸侵蚀造成辽宁、山东、广东和海南四省直接经济损失共计3.49亿元，2017年全国海岸侵蚀直接经济损失超过3.45亿元，其中海南经济损失最大，达1.82亿元。

5.3　海水入侵与土壤盐渍化

海水入侵是由于自然或人为原因，海水通过透水层渗入水位较低的陆地淡水层的现象。海水入侵使滨海地区淡水资源遭到破坏，给工农业生产和人们生活带来影响。在全球变暖背景下，海平面上升使得滨海地区咸淡水过渡区域的海水压力增强，海水挤压使得咸淡水界面向陆地方向移动，加剧了海水入侵程度。土壤盐渍化是土壤中积聚盐、碱且其含量超过正常耕种土壤水平，导致作物生长受到伤害的现象。海平面上升加剧海水入侵，地下咸水沿土壤毛细管上升进入耕作层，加剧土壤盐渍化。

我国最早于1964年在大连市发现海水入侵，1970年青岛市出现海水入侵现象，20世纪70年代后期，莱州湾也发现了海水入侵。大部分沿海城市的海水入侵出现在20世纪70年代的后期及80年代初期之后。本章节基于海平面变化影响调查成果，分析了我国沿海海水入侵与土壤盐渍化空间分布和时间变化特征。

5.3.1 海水入侵与土壤盐渍化分布特征

目前，海水入侵与土壤盐渍化在我国沿海均有发生。其中，渤海和黄海部分滨海平原地区海水入侵与土壤盐渍化范围较大；东海和南海滨海地区海水入侵范围小，土壤盐渍化程度轻（图5.18，表5.3和表5.4）。海水入侵与土壤盐渍化灾害具体情况分述如下。

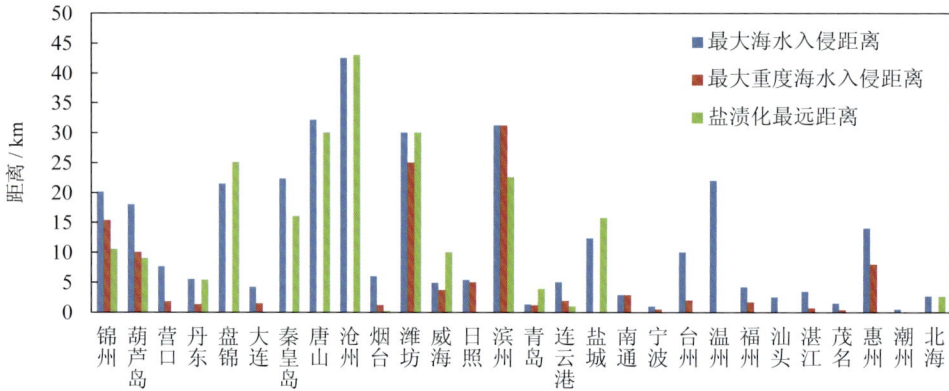

图5.18 监测区域海水入侵与土壤盐渍化距离统计

环渤海沿海是海水入侵与土壤盐渍化较为严重的地区，主要分布在辽宁营口、盘锦、锦州和葫芦岛，河北秦皇岛、唐山、沧州，山东滨州和潍坊沿岸。锦州、葫芦岛、潍坊和滨州的重度入侵（氯离子含量大于1 000 mg/L）距离均超过10 km，其中滨州入侵距离最大，达31.2 km。沧州、唐山和潍坊的轻度入侵（氯离子含量为250～1 000 mg/L）距离均超过30 km，其中沧州入侵距离达42.5 km；锦州、葫芦岛、盘锦和秦皇岛等地的轻度入侵距离在20 km左右。沧州的土壤盐渍化最远距离超过40 km，唐山、潍坊、滨州、盘锦最远距离约25～30 km，锦州、葫芦岛和秦皇岛的最远距离在10 km左右。

黄海沿海海水入侵与土壤盐渍化程度较轻，重度海水入侵最大距离一般为1～5 km，轻度海水入侵最大距离一般在10 km以内，其中江苏盐城的轻度入侵最大距离达到12.3 km。江苏盐城、山东威海和辽宁丹东的土壤盐渍化最大距离分别为15.8 km、10 km和5.4 km，其他地区一般小于1 km。

东海沿海地区的海水入侵与土壤盐渍化范围小、程度轻，主要分布在浙江宁波、台州和福建福州等地，重度入侵最大距离一般小于2 km，浙江温州和台州的轻度入侵最大距离分别为22 km和10 km，其他地区一般小于5 km。

南海沿海地区的海水入侵与土壤盐渍化范围较小，广东惠州的重度海水入侵最大距离为8 km，轻度海水入侵最大距离为14 km，其他地区的重度入侵距离一般小于1 km，轻度入侵距离一般小于4 km。广东惠州的土壤盐渍化最大距离为10 km，其他地区一般小于4 km。

表5.3　中国沿海地区海水入侵现状

区域	监测到海水入侵的沿海地区		海水入侵特点
渤海滨海地区	辽宁：大连、营口、盘锦、锦州、葫芦岛		海水入侵严重。辽东湾、滨州和莱州湾平原地区，重度入侵一般在距岸10 km左右，轻度入侵一般距岸20～30 km。辽东湾北部及两侧的滨海地区，海水入侵的面积已超过4 000 km², 其中严重入侵区的面积为1 500 km²
	河北：秦皇岛、唐山、沧州		
	山东：莱州、滨州、龙口、蓬莱、潍坊、烟台		
黄海滨海地区	辽宁：丹东		轻度入侵，海水入侵距离一般在距岸10 km以内
	山东：威海、青岛、日照		
	江苏：连云港、盐城		
东海滨海地区	浙江：温州、台州、宁波		海水入侵范围小，一般距岸2～3 km
	福建：宁德、福州、泉州、漳州		
南海滨海地区	广东：潮州、汕头、江门、茂名、揭阳、阳江、湛江		海水入侵范围小，一般距岸2～3 km
	广西：北海、钦州		
	海南：三亚		

表5.4　中国沿海地区土壤盐渍化现状

区域	监测到土壤盐渍化的沿海地区		土壤盐渍化特点
渤海沿岸	辽宁：营口、盘锦、锦州		辽宁、河北、天津和山东的滨海平原地区，盐渍化范围一般距岸20～30 km，主要类型为氯化物型和硫酸盐-氯化物型盐渍化土、重盐渍化土
	河北：秦皇岛、唐山、沧州		
	天津		
	山东：滨州、潍坊、烟台		
黄海沿岸	辽宁：丹东		盐渍化范围一般距岸5～9 km，主要类型为硫酸盐-氯化物型、硫酸盐型盐渍化土
	山东：威海		
	江苏：盐城		
东海沿岸	浙江：温州		盐渍化范围一般距岸2～3 km，为氯化物型盐渍化土和硫酸盐-氯化物型盐渍化土
	福建：漳州		
南海沿岸	广东：阳江		盐渍化范围一般距岸2～3 km
	广西：北海、钦州、防城港		
	海南：海口、三亚		

5.3.2 典型区域海水入侵变化特征

海平面上升等气候变化因素是自然因素中重要的要素之一，而过度开采地下水是最主要的人为因素。在此基础上，每个地区又有各自不同的特点，为客观评价和理解海平面上升可能对各海区海水入侵与土壤盐渍化的影响，以下选取3个典型监测点的海水入侵变化特点进行重点分析。

1）辽宁省锦州市小凌河东侧1#监测点

辽宁省锦州市小凌河部分区域海水入侵严重，对小凌河东侧1#监测点2008—2017年氯度监测记录进行分析，结果表明：枯水季（4月、5月）氯度平均值为989 mg/L，丰水季（8月、9月）氯度平均值为1 295.98 mg/L，最大氯度值为2 216 mg/L。不同月份的氯度值变化不仅受到降水的影响，可能还受到海平面的压迫作用，丰水季恰是渤海沿海的季节性高海平面期，由于受到高海平面的压迫作用，小凌河东侧1#监测点丰水季的氯度值比枯水季的氯度值高（图5.19）。

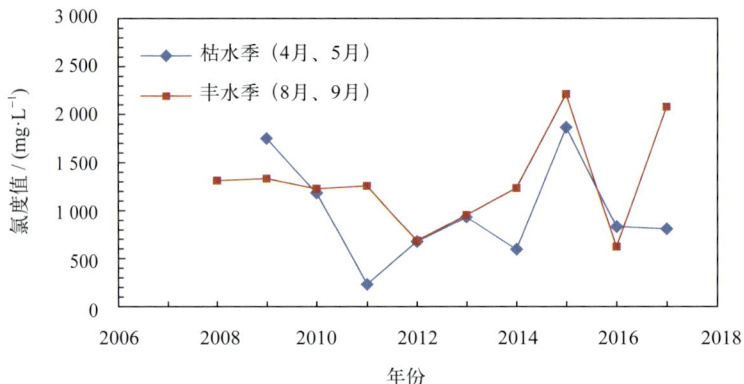

图5.19　辽宁省锦州市小凌河东侧1#监测点氯度值变化

从枯水季氯度值变化来看，氯度值有明显的年际变化趋势，2009年和2010年均超过1 000 mg/L，属于重度入侵；2011年氯度值为235 mg/L，未发生入侵；2012—2014年，氯度值为500～1 000 mg/L，属于轻度入侵；2015年，氯度值达到1 868 mg/L，属于重度入侵；2016年和2017年，氯度值下降至1 000 mg/L以下，属于轻度入侵。

从丰水季氯度值变化来看，氯度值的年际变化幅度没有枯水季的明显。2008—2011年，氯度值变化不大，在1 232～1 338 mg/L之间，属于重度入侵；2012—2015年，氯度值上升较快，从690 mg/L上升至2 216 mg/L，从轻度入侵转变为重度入侵；2016年和2017年波动较大，氯度值分别为626 mg/L和2 084 mg/L。

大部分年份枯水季和丰水季的海水入侵程度比较接近，丰水季氯度值略高于枯水季。个别年份丰、枯季氯度值差异较大，2011年枯水季氯度值较低，为235 mg/L，丰水季为1 338 mg/L，从无入侵发展为重度入侵；2017年枯水季氯度值为810 mg/L，丰水季为2 084 mg/L，由轻度入侵发展为重度入侵。

2）山东滨州无棣断面B6BT043监测点

近几年来山东滨州近岸海水养殖业迅速发展，无棣沿岸90%以上的滩涂和60%以上的潮间带被开发成养殖池塘，海水养殖人为地将海水引入内陆，致使本区发生严重海水入侵。海平面上升的影响使海水入侵有进一步加剧的趋势。

对滨州市无棣县埕口镇牛西村监测点2008—2017年氯度监测记录进行分析，结果表明：枯水季氯度平均值为1 481 mg/L，丰水季为1 529 mg/L，最大氯度值为2 251 mg/L。枯水季氯度值年际变化趋势明显，2008年和2009年，氯度值均低于1 000 mg/L，属于轻度入侵；2010—2016年，氯度值均大于1 000 mg/L，属于重度入侵；2011—2015年，氯度值下降明显，从2 251 mg/L降至1 185 mg/L；2016年，氯度值上升为1 909 mg/L。丰水季氯度值的年际变化趋势与枯水季相似。2009年氯度值最低，为560 mg/L，属于轻度入侵；2008年和2010年氯度值较高，分别为1 980 mg/L和2 032 mg/L；2011—2012年，氯度值略有下降。除2009年外，其他年份均为重度海水入侵（图5.20）。

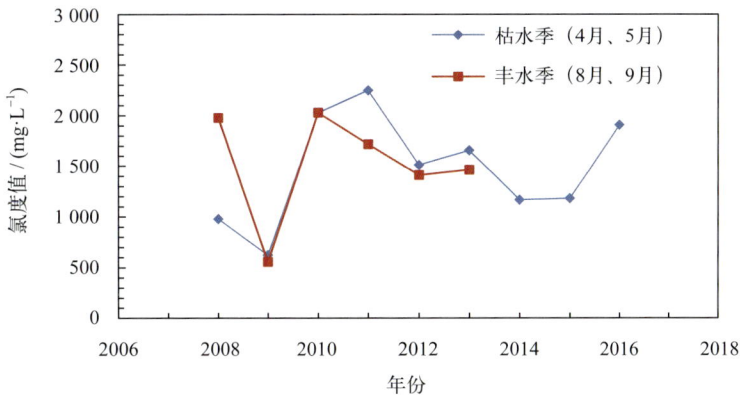

图5.20 山东省滨州市无棣县埕口镇牛西村监测点氯度值变化

3）福建漳州漳浦县旧镇梅宅村1#监测点

福建漳州部分区域海水入侵严重，主要是由于当地人为将海水引入内陆的养虾池导致的。对福建漳州漳浦县旧镇梅宅村监测点2009—2017年氯度监测记录进行分析，结果表明：枯水季氯度平均值为5 439 mg/L，丰水季为5 560 mg/L，最大氯度值为6 640 mg/L。枯水季氯度值存在明显的年际变化趋势，2009—2013年，氯度值先升后降，2011年达到6 030 mg/L，2013年降至4020 mg/L；2014年氯度值升至最大，为6 640 mg/L；2015—2016年下降；2017年氯度值回升至6 550 mg/L。丰水期监测记录相对较少，年际变化不明显。2010—2013年，丰水季氯度值总体呈下降趋势，与同期枯水季变化趋势基本一致，氯度最低值为4 860 mg/L（图5.21）。

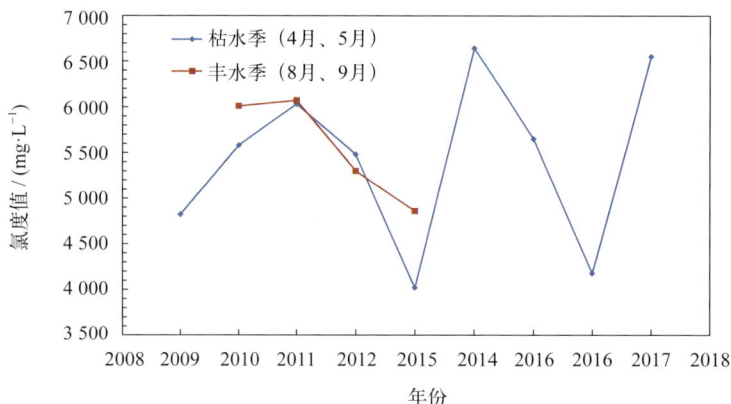

图5.21 福建省漳州市漳浦县旧镇梅宅村1#监测点氯度值变化

5.4 咸潮入侵

咸潮入侵程度与海平面、潮汐、风暴潮和上游来水等因素密切相关。海平面上升的累积作用，使沿海地区潮水沿河上溯加强，不仅会引起河道泥沙沉积的变化，也会影响沿海地区的淡水供应和饮用水水质。我国的长江口、珠江口和钱塘江口等区域受咸潮入侵影响较为严重。近年来当地有关部门通过采取流域调水、以淡压咸等措施，多角度、多层面入手，多管齐下，缓解了三角洲地区的咸潮入侵灾害，保证了城市供水安全，最大限度地减少了咸潮入侵影响。

海平面变化影响调查成果统计分析显示，2009—2017年，长江口和钱塘江口咸潮入侵程度呈下降趋势；珠江口每年度都会受到咸潮入侵的威胁，近3年咸潮入侵上溯距离及对全禄水厂等重要取水口的影响较之前有所减小。需要指出的是，根据对历史资料的统计，我国河口咸潮入侵具有一定的准周期特征，如遇连续枯水年，咸潮上溯严重，易造成较大损失。

1）长江口

近10年统计结果显示，长江口咸潮入侵季节变化特征明显。一般在每年的9月至翌年5月出现咸潮入侵的现象；6—8月无咸潮入侵现象发生（图5.22）。

2009年2月中旬，长江处于枯水期，大通站月平均径流量较常年同期少2 227 m³/s，上海沿海月平均海平面较常年偏高125 mm，2月17日长江口宝钢水库取水口出现了较强的咸潮入侵过程，最大氯度值达1 334 mg/L。2009年10月，大通站月平均径流量较常年同期少8 555 m³/s，为近10年最少，22日适逢天文大潮期，长江口宝钢水库取水口遭受秋冬季第一次咸潮入侵，时间比往年提前两个月。

2010年1—3月，上海共发生3次较严重的咸潮入侵，累计19天，径流量与常年同期基本持平。1—3月沿海海平面较常年同期偏高约80 mm，特别是2月海平面较常年同期高170 mm，达1980年以来同期第二高位。

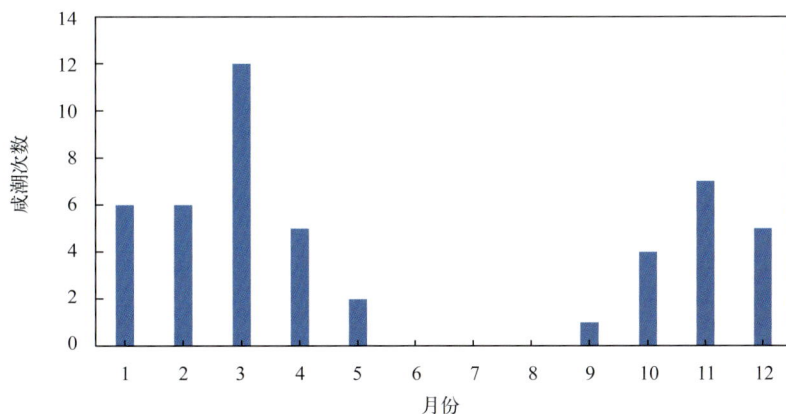

图5.22 2009—2017年长江口咸潮入侵次数季节变化

2011年，长江口径流量为2007年以来最低值，年均径流量为21 200 m³/s，除1月外，各月径流量均明显低于常年同期，3—9月的径流量均为2007年以来同期最低值。长江口共发生咸潮入侵9次，其中冬春季7次，秋冬季2次。冬春季咸潮入侵过程持续时间平均为5.3天；秋冬季咸潮入侵过程平均持续4天。咸潮入侵最严重的一次过程出现在3月22—30日，其间径流量为13 100 m³/s，长江口宝钢水库3月25日氯度值最高达1 079 mg/L。持续时间最长的一次咸潮入侵过程出现在4月19—28日，持续时间为9天。

2012年，长江口沿海海平面处于1980年以来第二高位，海平面比常年高74 mm。但是，该年度长江口入海径流量也较大，为近10年的第三高位。除1月和3月外，各月径流量均明显高于常年同期，5月和8月径流量分别高于常年同期10 573 m³/s和10 518 m³/s，年度共发生3次咸潮入侵，为近10年来第二少。11月，长江口沿海海平面较常年同期高99 mm，径流量较常年同期大1 391 m³/s，宝钢水库发生咸潮入侵1次，最大氯度值为304 mg/L。

2013年，长江口入海径流量明显偏少，较常年少2 808 m³/s。其中，7—12月径流量很少，较常年同期偏少4 355～8 482 m³/s，下半年径流量接近近10年最低（仅次于2011年）。受潮汐、海平面和上游来水影响，长江口在宝钢水库和青草沙水库共出现8次咸潮入侵过程，其中3月出现3次，9—12月出现5次。

2014年2月，长江口沿海海平面异常偏高，比常年同期高225 mm，达1980年以来同期最高。从4日开始发生咸潮入侵，持续入侵时间超过23天，是1993年以来最长的一次，青草沙水库和宝钢水库取水口最大氯度值分别达到5 000 mg/L和1 129 mg/L，上海城市供水受到影响。

2015年2月23日，咸潮入侵长江口，持续入侵时间7天，最大氯度值708 mg/L，影响长江口宝钢水库和青草沙水库取水。

2016年，长江口沿海海平面为近10年最高，较常年偏高154 mm。但是，该年度长江口的径流量也较大，年径流量为近10年最多，较常年多528 m³/s，年度共发生3次咸潮入

侵，为近10年来第二少。

2017年3月，长江口海平面较常年同期高124 mm，为近10年高位，其间长江口出现两次咸潮过程，分别持续83小时和72小时，最大氯度值为442 mg/L。

2）珠江口

珠江口咸潮入侵季节变化特征明显，一般从9—10月咸潮开始入侵，翌年3—4月退出三角洲（图5.23）。

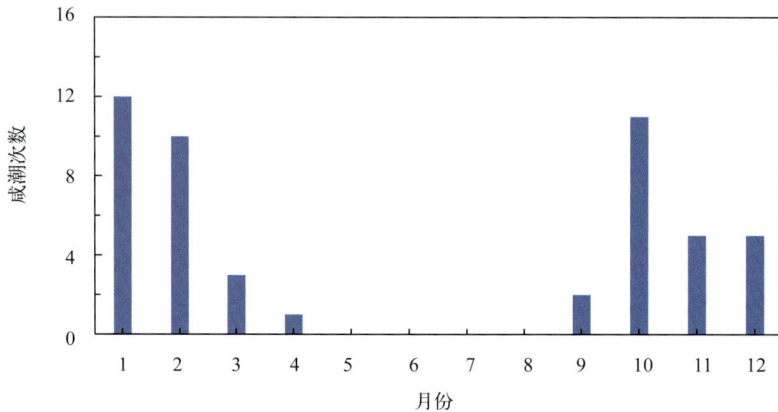

图5.23 2009—2017年珠江口咸潮入侵次数季节变化

2009年9月，珠江流域干旱少雨，沿海又处于季节性高海平面期，海平面较常年（1975—1993年的平均海平面）高240 mm，较常年同期异常偏高154 mm，达历史同期最高值。异常偏高的海平面加剧了咸潮入侵，与常年相比，入侵时间提前两个月，入侵距离增加约10 km，氯化物浓度加大，给珠江口沿岸城市的居民生活和工农业生产造成严重影响。

2010年4月，广东沿海海平面较常年同期偏高88 mm，我国西南地区大旱使珠江上游来水减少，珠江口遭遇严重的咸潮入侵，最大氯度值超过5 200 mg/L，严重影响了当地的工农业生产和人民生活。

2011年8月5日，中山出现秋季第一轮咸潮，比2010年提前72天；9月，珠江流域干旱少雨，沿海处于季节性高海平面期，海平面较常年高180 mm，较常年同期异常偏高87 mm，为历史同期第三高值。异常偏高的海平面加剧了咸潮入侵，9月22日大涌口水闸最高氯度值为5 098 mg/L，高于历史同期，咸潮影响水厂供水，对居民生活和工农业生产造成较大影响。秋季咸潮入侵期间，湛江有3.5万多亩[①]的养殖业遭受损失，近50个沿海自然村的村民生活受到影响。

2012年1—3月，珠江口沿海海平面较常年同期偏高200 mm，达历史同期第二高位。同期，上游来水偏少，广东中山连续受到咸潮影响，天文大潮前后的氯度值异常偏高。

---

① 1亩≈666.67平方米。

其中，南镇水厂和全禄水厂附近的最大氯度值分别为9 960 mg/L和6 929 mg/L。

2013年1—2月，珠江口沿海海平面明显偏高，较常年同期偏高130 mm，其间上游来水偏少，珠江口持续受到咸潮影响，咸潮最大上溯距离超过50 km，影响中山南镇水厂和全禄水厂供水时间分别为15天和6天。

2014年2月，珠江口沿海海平面明显偏高，比常年同期高146 mm，达历史同期第二高位。5日珠江口发生严重咸潮入侵，最大上溯距离超过60 km，影响广东中山多个水厂取水，稳益水厂附近的最大氯度值达1 996 mg/L。

2015年1月，珠江口海平面相对偏高，比常年同期高130 mm。从27日开始，咸潮入侵中山横门水道，最大上溯距离超过33 km，影响南镇等水厂取水。

2016年10月，珠江流域干旱少雨，沿海处于季节性高海平面期，海平面较常年高277 mm，较常年同期高173 mm，为历史同期第三高值。9日珠江口发生咸潮入侵，持续时间45天，最大上溯距离超过33 km，影响多个水厂供水，全禄水厂附近氯度最大值为1 703 mg/L。

2017年1—3月，珠江口沿海海平面较常年同期偏高约200 mm，其间共出现5次咸潮过程，最大上溯距离超过50 km。其中，影响南镇水厂时间30天，氯度最大值为2 388 mg/L；影响全禄水厂时间为6天，氯度最大值为1 609 mg/L。1—3月是一年中径流量最少的时期，珠江口沿海海平面处于低海平面期，但海平面自1980年以来呈现明显的上升趋势，上升速率达5 mm/a，高于全国沿海平均水平（图5.24）。

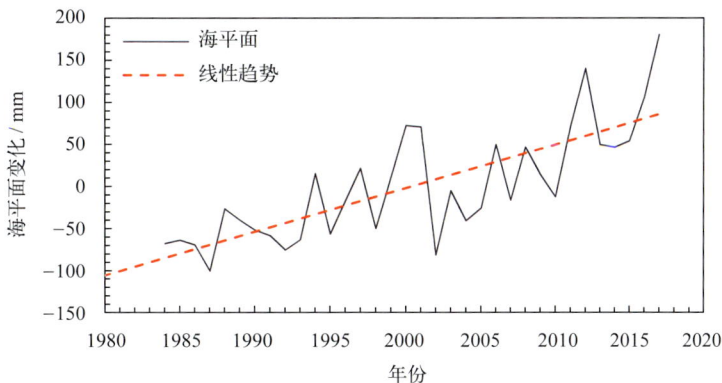

图5.24　珠江口1—3月平均海平面变化

3）钱塘江口

钱塘江河口是典型的强潮河口，调查分析结果显示，12月至翌年3月为季节性低海平面期且河道淤积，4—7月上旬径流量较大，上述两个时期钱塘江口受咸潮入侵的影响均较小；7月下旬至11月上旬，处于季节性高海平面期，此时径流量较小，是钱塘江口受咸潮影响的集中时段（图5.25）。

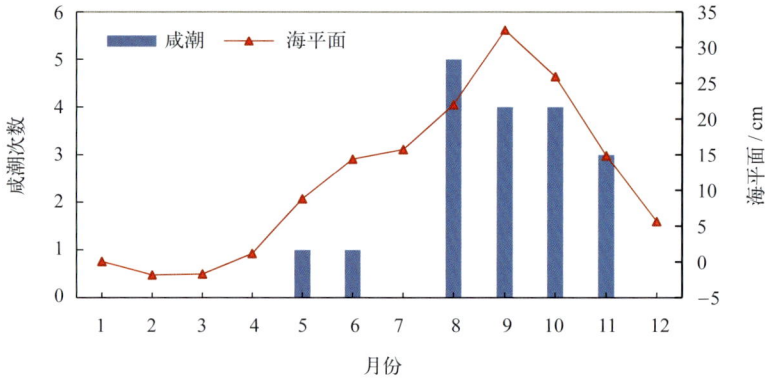

图5.25　2009—2017年钱塘江口咸潮入侵次数季节变化

2013年8—10月，浙江沿海处于季节性高海平面期，其间发生了两次较严重的咸潮入侵过程，均出现在天文大潮期，其中，在8月下旬和10月上旬出现的两次咸潮过程恰逢台风"潭美"和"菲特"影响期间，增水持续时间分别为28小时和36小时；同时，10月杭州湾海平面较常年高345 mm，较常年同期高190 mm，达历史同期高位；咸潮发生期间，最大氯度值分别达到920 mg/L和870 mg/L，影响了杭州南星水厂的取水。

2016年8—11月，浙江沿海海平面异常偏高，8月、9月、10月和11月海平面分别较常年高337 mm、436 mm、400 mm和200 mm，均处于历史同期高位，其中9月和11月海平面处于历史同期最高位，发生了8次咸潮入侵过程，为近10年发生咸潮次数最多的年份。

2017年9—11月，浙江沿海海平面偏高，9月、10月和11月分别较常年高363 mm、409 mm和125 mm，其中10月海平面达历史同期最高位，较常年同期高近200 mm。其间，钱塘江口共发生了4次咸潮入侵过程，其中，9月8—9日和11月4—10日两次影响期间，停止取水时间分别超过28小时、44小时，影响杭州南星水厂的取水。

分析结果表明，钱塘江口10月发生咸潮的次数较多，且程度较重。杭州湾沿海海平面自1980年以来呈现明显的上升趋势，上升速率达5 mm/a，高于中国沿海平均水平，是我国沿海海平面上升速率较高的区域。咸潮发生的2013年10月、2016年10月和2017年10月，沿海海平面均处于历史同期高位，且该月份又是杭州湾沿海的季节性高海平面期，海平面较常年高345～409 mm，高海平面加剧了钱塘江口的咸潮入侵。

5.5　滨海城市洪涝

沿海城市排水因海水顶托而受到影响，海平面上升后，使城市排水状况进一步恶化，特别在台风、暴雨期间，高海平面和风暴增水叠加，排水受阻，形成严重的内涝灾害。一些沿海城市地面高程仅3～5 m，与当地高潮位接近，随着海平面的持续上升，风暴潮影响期间很容易产生海水倒灌现象。部分地区甚至完全失去自排能力，导致污水长期回荡或倒灌。

海平面变化影响调查成果分析显示，2009—2017年，沿海洪涝灾害主要集中发生在浙江、广东和广西等地区。我国沿海地区的洪涝灾害主要集中发生在5—11月，其中8月发生洪涝灾害次数最多（图5.26和图5.27）。

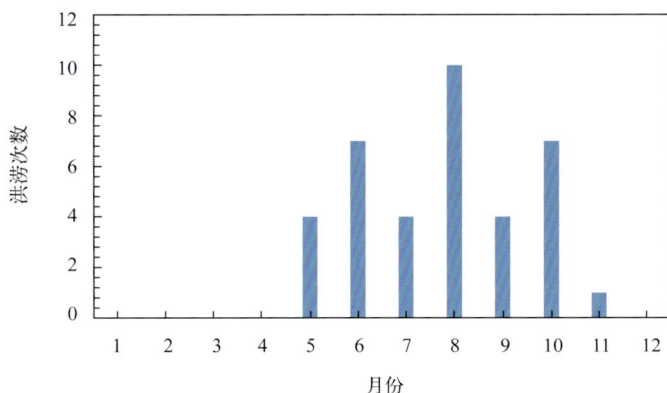

图5.26　2009—2017年洪涝灾害发生次数季节变化

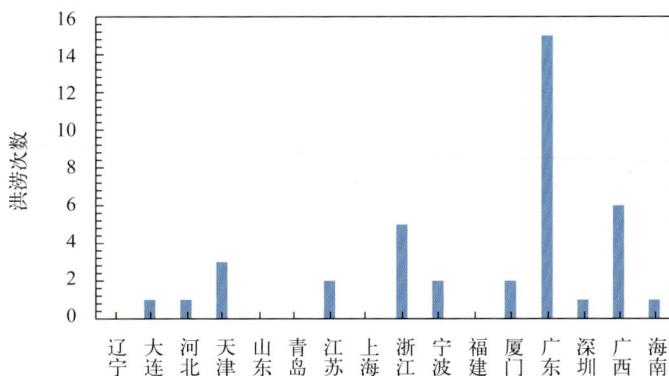

图5.27　2009—2017年洪涝灾害发生次数分省市统计

沿海地区洪涝灾害发生期间，高海平面顶托排海通道的下泄洪水，加大沿海城市泄洪和排涝的难度，导致行洪不畅，加重风暴洪水和强降雨带来的洪涝灾害。近5年发生在我国沿海地区的典型洪涝灾害案例总结如下。

2012年7月25—26日，天津普降大到暴雨，局部地区大暴雨。其间，天津沿海处于季节性高海平面和天文大潮期，严重影响城市的行洪排涝。洪涝导致房屋受损，农作物减产，受灾人口超过20万，直接经济损失13.5亿元（图5.28）。

2013年10月，浙江沿海海平面较常年异常偏高近400 mm，达1980年以来同期最高，强台风"菲特"在7日影响浙江沿海，高海平面、天文大潮和风暴增水三者叠加，造成浙

江沿海地区行洪困难，内涝严重，经济损失约449亿元，受灾人口近666万人（图5.29）。

图5.28　天津新港船闸洪涝受灾情况
（拍摄时间：2012年7月26日）

图5.29　台风"菲特"影响后的余姚洪涝
（拍摄时间：2013年10月7日）

2016年7月19—21日，温带气旋影响天津沿海，局部地区出现特大暴雨，在季节性高海平面、天文大潮和风暴增水的共同作用下，行洪排涝困难，内涝严重，农业生产和交通设施等遭受损失，直接经济损失超过3亿元（图5.30）。

图5.30　天津海河船闸灾后调查现场
（拍摄时间：2016年7月20日）

2016年9月，厦门沿海处于季节性高海平面期，海平面比常年同期高123 mm，15日台风"莫兰蒂"登陆，暴雨和洪涝给厦门带来严重灾害。

2017年8—10月，浙江沿海处于季节性高海平面期，其中10月海平面较常年同期高340 mm，达1980年以来同期最高，台风"卡努"影响浙江沿海期间，高海平面、台风、强降雨和洪涝等给浙江沿海带来严重灾害。

第 6 章

海岸防护工程

在气候变暖大背景下，海平面上升和极端天气气候事件（风暴潮、洪涝等）给沿海自然生态环境和社会经济带来严重影响。近年来由于沿海人口、资产密度剧增致使风暴潮等灾害损失加大，必须认识加强海岸防护对发展区域经济的重要性。本章简要介绍了我国沿海海堤建设及防护能力现状，以及为了有效抵御海平面上升而提高海堤防护能力的必要性。

6.1 我国海堤现状

海堤等海岸防护工程可有效抵御风暴潮、海浪、海平面上升等海洋灾害，降低了海洋灾害造成的社会经济损失。我国的海堤建设已有2 000多年的历史，历史上最早有记录的海堤是秦朝的"钱塘"。中华人民共和国成立后，国家和沿海地方政府都十分重视海堤建设，改革开放后我国海堤建设进入新的时期，沿海地区开展了大规模的海堤达标建设工程，极大地提高了海堤的防护能力。进入21世纪后，伴随国家相关规划的实施，我国进入全国性、大规模、高标准的海堤建设和升级时期（俞元洪等，2010）。截至2015年年底，我国已建成海堤14 500 km，沿海主要城市基本形成了防御20年一遇以上台风风暴潮的抗灾保障体系（全国海堤建设方案，2017）。

6.1.1 我国海堤现状

2009—2018年，海平面变化影响调查工作搜集到超过9 700 km的海堤信息，开展了6 670多个测点的实地测量工作，获取了海堤位置、长度、高程和防护标准等数据。

1）海堤防护能力现状

调查结果显示，上海市、天津市、广东省珠江口地区海堤防护能力较强，多为100年一遇及以上等级；广西壮族自治区和海南省沿海海堤防护能力相对较低，多处防护能力低于20年一遇。全国海堤防护能力见图6.1和图6.2。

辽宁省

辽宁省近年来逐步完善丹东、大连、盘锦、营口、锦州、葫芦岛等市海堤工程建设。截至2017年，辽宁省共建成海堤工程总长305 km，其中121 km海堤防洪标准基本达

到20年一遇以上，重点岸段达到50～100年一遇（辽宁省人民政府，2017）。

河北省

河北省建有内海堤413处，堤防长度为404.57 km。海堤主要有浆砌石挡土墙、土堤、浆砌石护坡、土堤抛石护脚、干砌石护坡几种类型。浆砌石挡土墙海堤主要分布于新开口以北海岸，浆砌石护坡、土堤分布于新开口以南，浆砌石护坡、土堤抛石护脚、干砌石护坡间或分布于土堤分布区。秦皇岛市沿海有各种海堤37.19 km，唐山市沿海有各种海堤295.53 km，沧州市沿海有各种海堤71.85 km。总体防护能力达20～50年一遇的水平。

天津市

天津市海岸线长约153 km，海堤工程总长139.62 km（天津市滨海新区人民政府，2016）。海堤北起河北涧河口，经滨海新区（汉沽、塘沽、大港），南至大港沧浪渠入海口北堤。其中独流减河左堤至永定新河右堤65.57 km海堤是城市防洪圈的重要组成部分。1997—2006年，天津按照一般堤段20年一遇、重点堤段50年一遇标准对海堤进行全面加固治理。根据2013年天津市政府批复的《天津市滨海新区防潮规划（2010—2020年）》，规划到2015年年底，建成永定新河口—海河口、临港经济区津晋高速以北及南港工业区达到200年一遇防潮标准，其他建成区达到50年一遇防潮标准。规划到2020年年底，滨海新区全部建成区达到100～200年一遇防潮标准，形成工程措施与非工程措施相结合的综合防潮体系。

山东省

山东省海岸线长3 345 km，已建海堤长度为1 217.4 km，达标海堤长度587.7 km（关科等，2017）。在海平面变化影响调查中，山东省调查海堤长度共计320.9 km，其中防护能力20年一遇的海堤长度为11.85 km，50年一遇的长度为152.56 km。

江苏省

江苏省海堤北起赣榆县绣针河口，南至长江口启东嘴。现有海岸线长954km，主海堤775 km，其中侵蚀性堤段长338 km（含严重侵蚀段长100 km，主要分布在沿海北部）。一般堤顶宽5～10 m，堤顶高程约+5.5～+9.0 m（废黄河零点）。侵蚀强烈的岸段，海堤大多为块石护坡；稳定或淤长岸段，均为土质海堤（周正萍等，2011）。在海平面变化影响调查中，江苏省调查海堤长度631.8 km，其中防护能力达到50年一遇的海堤长度为239.2 km，达到50年一遇以上的海堤长度为351 km。

上海市

上海市一线海堤总长约523.0 km（其中大陆210.7 km，占40.3%，三岛312.3 km，占59.7%）。一线海堤中按200年一遇潮位加12级风标准设防的海堤123.1 km，占23.5%，按100年一遇潮位加12级风的海堤282.7 km，占54.1%，不足100年一遇加11级风标准设防海堤117.2 km，占22.4%（陈勇等，2016）。2017年发布的《上海市水资源保护利用和防汛"十三五"规划》中，到2020年上海市大陆及长兴岛海塘防御全面达到200年一遇标准，其他地区不低于100年一遇标准。

浙江省

浙江省地处我国东南沿海长江三角洲南翼，东临东海，省内沿海地区多港湾、河口，岸线曲折，海堤全长约2 200 km（陈炜昀等，2010）。在海平面变化影响调查中，浙江省调查海堤长度为1 281.2 km，其中防护能力在20年一遇以下的65.3 km，20年一遇的105.5 km，20～50年一遇的343.7 km，50年一遇的649.4 km，100年一遇的117.3 km。

福建省

为防御连年不断风暴潮的袭击及有效开发利用滩涂资源，历年来福建沿海人民修建了1 603 km海堤，其中保护面积在千亩以上的海堤有1 136 km；建成大小围垦1 040处，围垦总面积达153万亩，相当于福建沿海各县市现有耕地面积的20%，所围滩涂90%以上都已开发利用，取得了显著的社会、经济、生态效益（张裕平等，2010）。在海平面变化影响调查中，福建省调查海堤长度为58.3 km，大多是城市重点堤防，不包括围垦造田海堤，其中防护能力达到50年一遇的31.9 km，达到53.5%。

广东省

广东省现有海堤1 020条，总长4 032 km，从东到西分为粤东岸段（潮州到汕尾之间）、珠江三角洲岸段（惠州到江门之间）、粤西岸段（阳江到湛江之间）（广东省水利厅，2008）。在海平面变化影响调查中，广东省调查海堤长度为3 256.3 km，粤东、粤西防护能力达到50年一遇，珠江口地区可达到100年一遇标准。

广西壮族自治区

广西壮族自治区建成海堤721 km，达标长度295 km，海堤建设严重滞后，抗御风暴潮的能力十分薄弱（广西壮族自治区人民政府，2016年12月）。在海平面变化影响调查中，广西壮族自治区调查海堤长度为323.6 km，防护能力普遍较低，基本上不超过20年一遇，部分海堤不足10年一遇。

海南省

至2009年年底，海南省全省海堤已建与在建海堤299.86 km，其中达标海堤89.99 km［《海南省志·水务志（2001—2010）》］。在海平面变化影响调查中，海南省调查海堤长度约为179 km，防护能力基本在20年一遇，最低的仅为10年一遇，少数海堤防护能力达到了50年一遇。

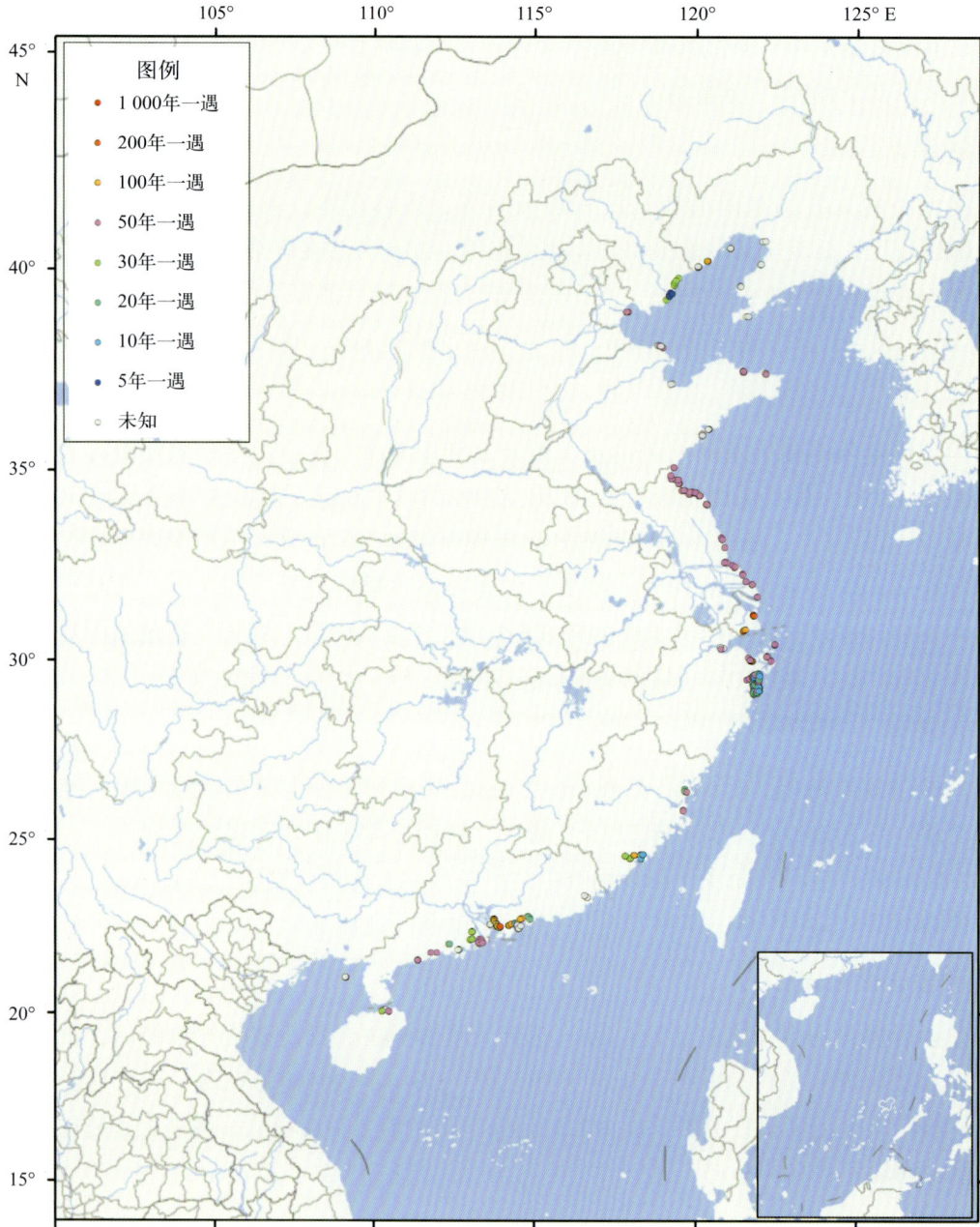

图6.1　全国海堤防护能力

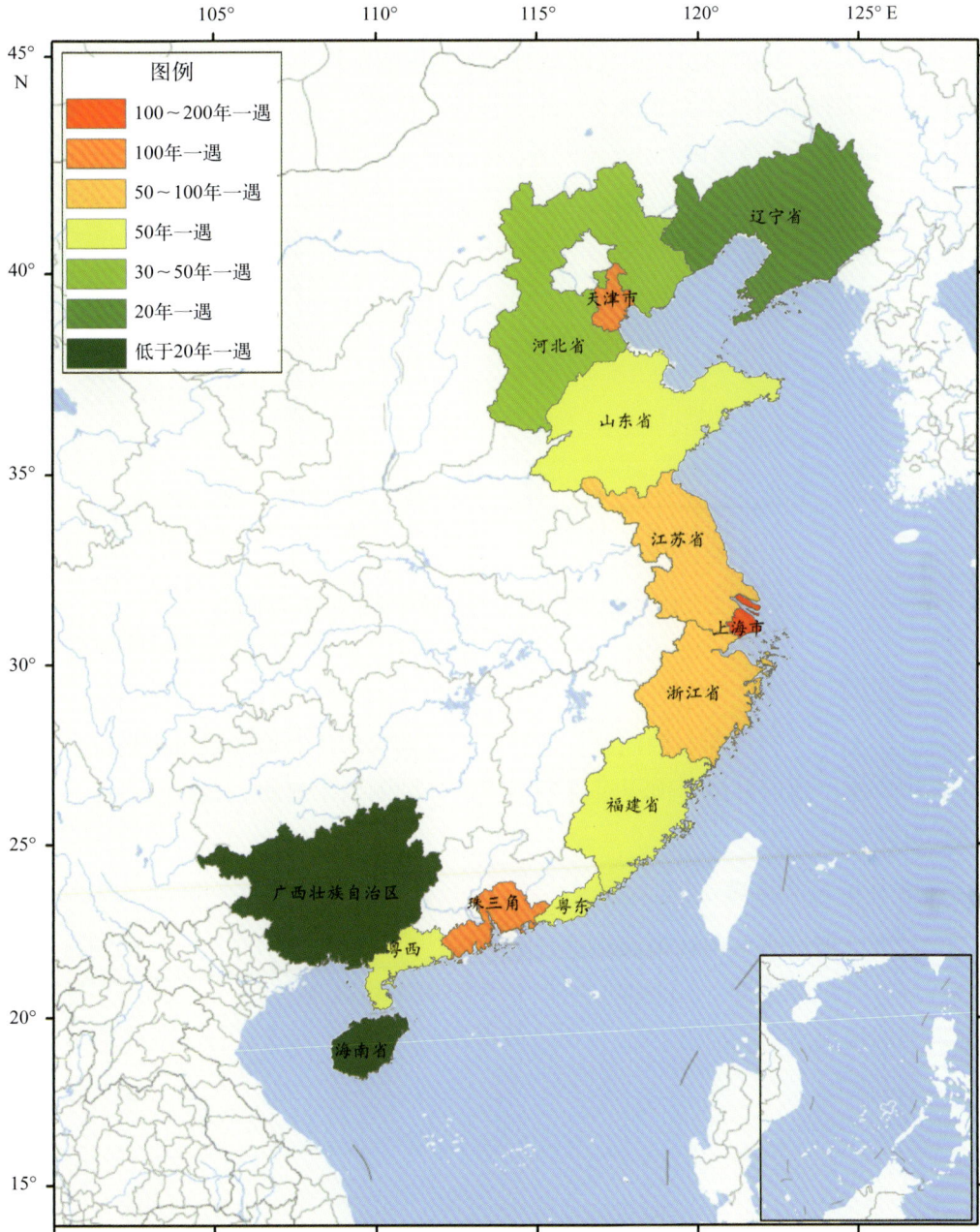

图6.2 全国海堤防护标准示意

2）海堤受影响情况

调查结果显示，2009—2017年我国沿海堤防受影响次数为405次，各地海堤受影响情况见图6.3。海堤损毁情况主要发生在广东、江苏、广西、浙江、福建和海南等地，这些地区也是我国海洋灾害高发区。

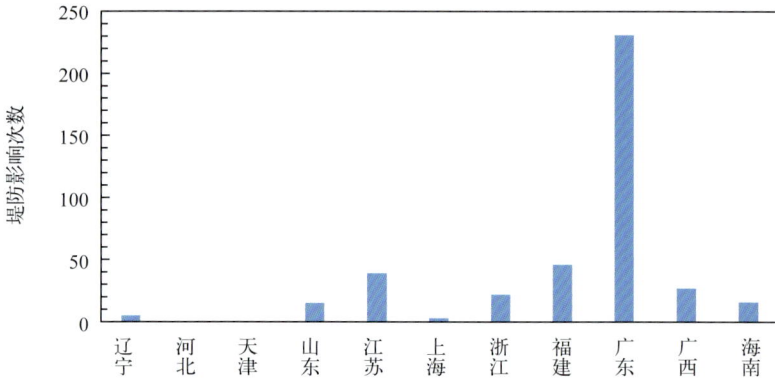

图6.3　2009—2017年我国沿海各地海堤受影响次数统计

3）海堤沉降情况

海堤沉降是一个客观存在的问题，通过长期定点观测可获取海堤沉降情况。在海堤调查工作中，多个地区开展了海堤沉降勘测工作。勘测结果显示，我国个别海堤存在不同程度的沉降情况。

浙江省舟山钓浪海堤

2015年在对浙江省舟山钓浪海堤进行测量后，对比海堤2007年验收时的测量数据，发现该海堤存在沉降情况。2007年建成时该段海堤平均高程为4.5 m，2015年进行海堤调查时勘测的堤顶高程平均为3.7 m，该段海堤在8年时间内沉降了0.8 m，沉降速率约为10 cm/a（图6.4）。

图6.4　浙江舟山钓浪海堤

上海市海堤

上海市长期遭受地面沉降灾害的威胁，海堤等海岸防护设施也存在沉降情况（图6.5）。2009—2015年海堤沉降监测分析显示，上海市海堤平均沉降量为1.2～30.7 mm/a，最大沉降量为39.3～162.1 mm/a，最大沉降区主要分布在浦东机场外侧、南汇嘴及奉贤部分岸段。最大沉降速率达到65 mm/a，沉降岸段占比为87%（陈勇等，2016）。从2019年海平面变化影响调查数据来看，相较于2016年，临港大堤、世纪塘和东滩四期大堤没有出现明显沉降，浦东机场外3号和人民塘（外高桥）大堤出现沉降，3年间坐高沉降分别为5.4 cm和13.3 cm。

图6.5　上海市海堤

6.1.2　海平面上升与海堤

1）海堤可有效抵御海平面上升

海堤不仅可抵御风暴潮（洪）水和波浪对防护区的危害，还可有效防御海平面上升对防护区带来的影响和危害。海平面变化对天津临港经济区的影响评估结果显示，高防护等级的堤防直接决定了海平面上升影响范围。在考虑堤防时，未来10年海平面上升叠加100年一遇高潮位后影响区域面积约为0.000 6 km²，占临港经济区总面积百分比几乎为0；同样状况下在不考虑堤防时，影响区域面积约为75 km²，达到临港经济区总面积的86%。考虑堤防和不考虑堤防两种条件下海平面上升对天津临港经济区的影响区域如图6.6所示。

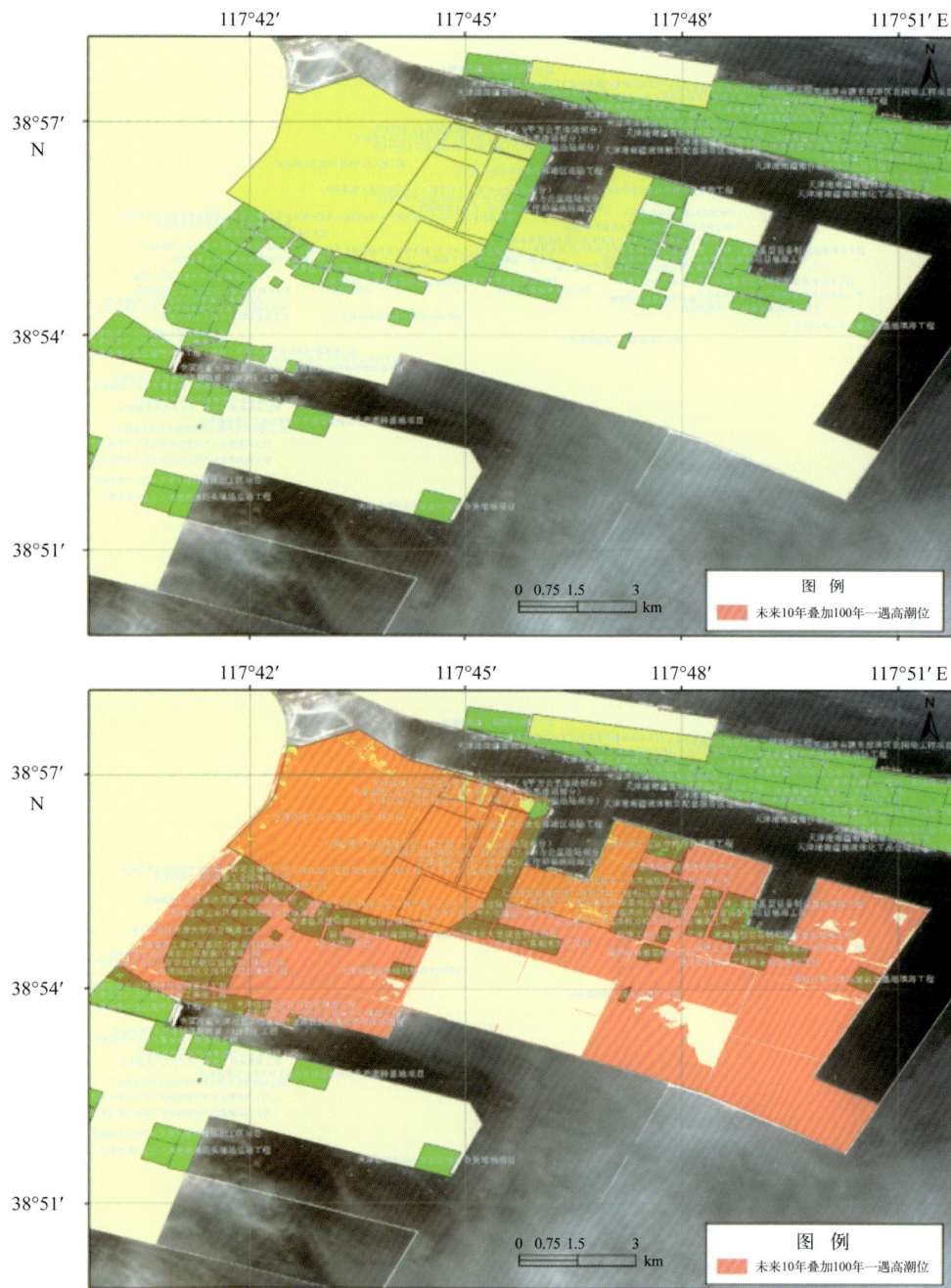

图6.6　考虑堤防时（左）和不考虑堤防时（右）海平面变化影响范围

海平面上升对上海影响评估结果显示，在上海现有堤防防护能力下，2100年海平面上升淹没风险较小，但海平面上升显著降低堤防防护能力。上海地势偏低，随着海平面的持续上升，部分低洼地区将位于海平面之下，一旦发生溃堤，将会被淹没。在2100年高海平面上升情景下，若出现特大风暴潮引发的灾害性高水位，将达到或超过部分海堤的防护能力极限，发生海水越堤漫滩和倒灌（表6.1）。若不考虑上海现有堤防防护，

2100年海平面上升0.8 m情景下，上海淹没风险区面积约为90.3 km²（图6.7）。地面沉降将加大相对海平面上升幅度和灾害风险。

表6.1　海平面上升0.8 m时与部分海堤堤顶高程差值　　　　（单位：m）

海堤名称	堤顶高程与海平面差值	
	海平面上升0.8 m	海平面上升0.8 m + 500年一遇水位
化工新塘	6.69	2.06
柘林塘圈围大堤	6.25	1.62
灰坝东圈围大堤	6.06	1.43
世纪塘	5.57	0.94

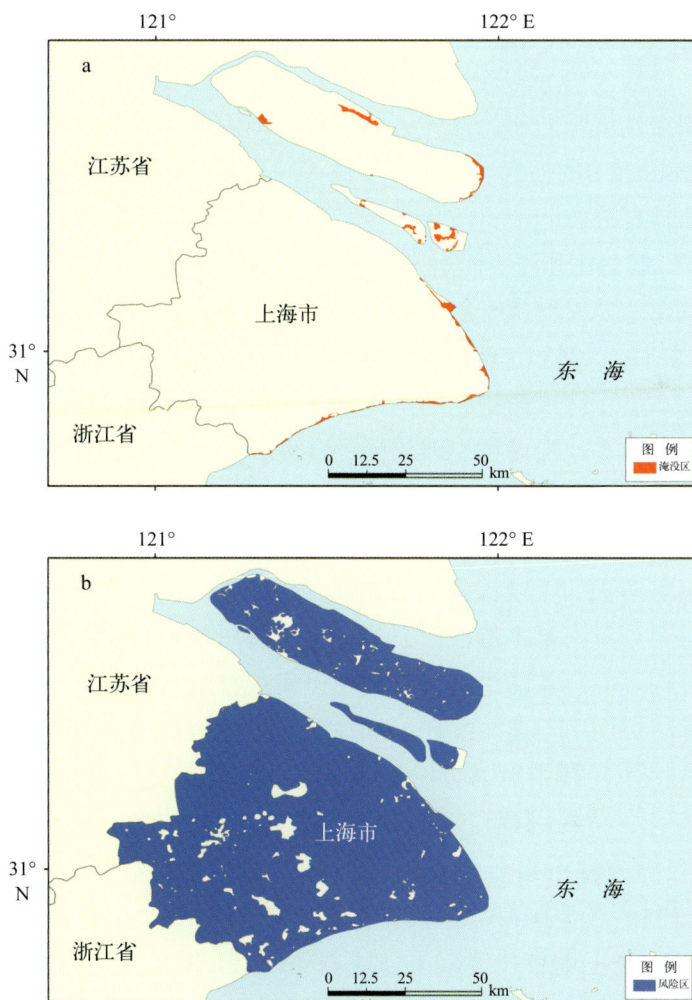

图6.7　2100年海平面上升0.8 m情景下淹没区（a）以及海平面上升0.8 m
叠加100年一遇极值水位时风险区（b）分布（不考虑堤防防护）

2）海平面上升将降低现有海堤防护能力

海平面上升将抬升海水水位，可加剧风暴潮等灾害的致灾程度，降低海堤的有效防护能力。近年来我国沿海海平面呈持续上升趋势，在沿海海堤建设和维护时，应充分考虑海平面上升因素。2017年7月27日国家发展改革委员会、水利部联合印发的《全国海堤建设方案》中明确指出，"近年来，在气候持续变化和极端天气频发的影响下，我国沿海台风风暴潮灾害强度有增加的趋势，气候变化导致的海平面上升将抬升台风风暴潮发生时的基础水位，使得超设计水位可能性增大，进一步加剧台风风暴潮的致灾程度。在沿海地区新建和布局各类重大经济项目及基础设施时，需充分考虑海平面上升和台风风暴潮灾害增强等因素，提高海堤工程标准，加强海堤建设，提升抗御台风风暴潮冲刷和破坏的能力"。

6.2 我国生态海堤现状

近年来，利用自然屏障防御海洋灾害的理念在国内外得到普遍重视，催生出了生态海岸（Living Shorelines）的概念。生态海岸属于一种绿色的防护措施，与传统的防护措施相比生态海岸除具有消波防浪、改善水质、保护生物多样性的功能外，还可以起到固碳作用，这对应对气候变化和海平面上升具有重要意义。

自1998年起，在NOAA及其他合作单位的资助下，全美国已经建设了超过120个生态海岸项目，如图6.8所示。例如，缅因州萨科以及罗得岛州纳拉甘塞特等地区的海岸主要采用沙丘修复的方式进行海岸防护；马萨诸塞州的海岸以海滩养护、岸坡防护为主；伊利诺斯州米德尔顿海岸等地提高了岸滩沼泽的高度，并在海岸种植不同类型的沼泽植被以应对海平面上升和风暴潮带来的影响；康涅狄格州斯特拉特德在海滩建造人工鱼礁作为生态防波堤以达到消波促淤的效果。

我国对海岸生态防护的重视程度不断加深，1989年，国家林业部启动了沿海防护林体系建设工程，时至今日已基本形成由消浪林带、海岸基干林带、内陆纵深防护林带组成的多层次防护结构。但目前的沿海人工林建设集中在最高潮位以上，且树种单一、结构简单，导致总体防护作用不高。2010—2013年，沿海省市借助专项资金开展了海域海岸带整治修复保护工作，其中对部分海堤进行了生态化改造。十八大以来，随着生态文明建设的不断深化，传统海堤已不能满足沿海地区生态保护特别是滨海湿地保护的要求，因此国家和部分省市出台了有关生态海堤的相关指导意见。2017年国家发改委、水利部组织编制的《全国海堤建设方案》中明确提出"在充分考虑自然条件和防潮安全基础上，以传统土堤替代混凝土、块石等刚性结构，营造植物护岸、湿地等海岸生态系统，形成以抗御台风风暴潮为主，兼顾绿化、湿地及生物多样性保护等多目标的生态海堤模式"。

类型	工程示意图	案例
沙丘修复	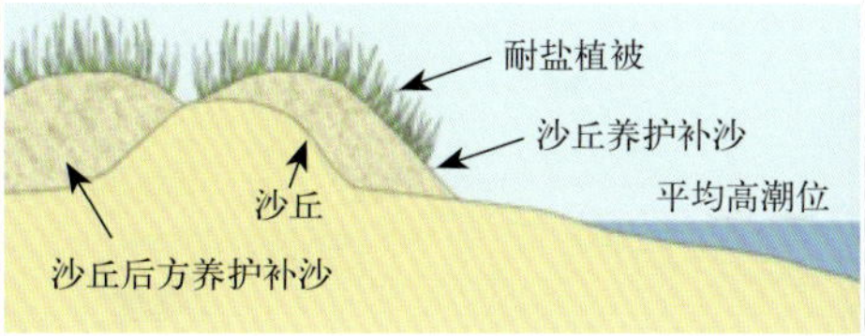 耐盐植被；沙丘养护补沙；沙丘；沙丘后方养护补沙；平均高潮位	罗得岛州纳拉甘塞特耶路撒冷沙丘（修复中 / 修复后） 
海滩养护	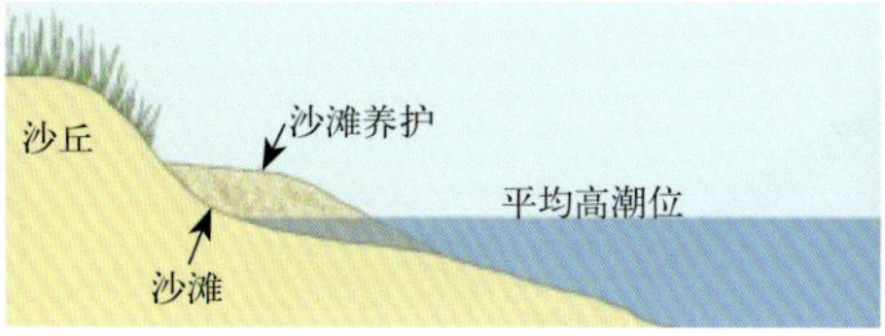 沙丘；沙滩养护；平均高潮位；沙滩	马萨诸塞州温斯洛普海岸（修复后 / 修复前） 
岸坡防护	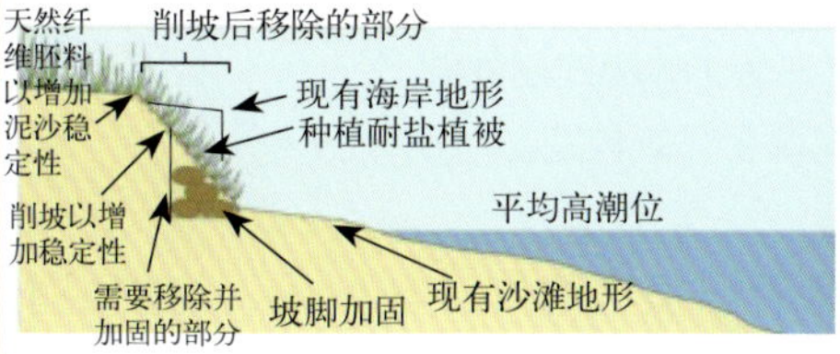 天然纤维坯料以增加泥沙稳定性；削坡后移除的部分；现有海岸地形种植耐盐植被；平均高潮位；削坡以增加稳定性；需要移除并加固的部分；坡脚加固；现有沙滩地形	罗得岛州克兰斯顿（修复中 / 修复后） 
修复沼泽	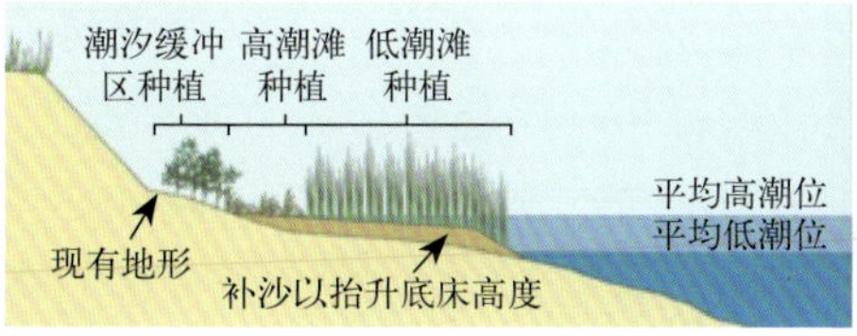 潮汐缓冲区种植 高潮滩种植 低潮滩种植；平均高潮位；平均低潮位；现有地形；补沙以抬升底床高度	马萨诸塞州杏塔姆坡脚（修复后 / 修复前） 
建防波堤	 人工鱼礁、岩石等构成的生态防波堤；平均高潮位；平均低潮位；现有地形	康涅狄格州斯特拉特德防波堤（修复中 / 修复后） 

图6.8　美国生态海岸案例（大自然保护协会，The Nature Conservancy, 2017）

　　生态海堤一般由离岸堤、岸滩植被和海堤三部分组成。离岸堤消波防浪，减少近岸沉积物流失；岸滩植被防风促淤、护岸护堤，形成堤前天然缓冲带；在海堤护坡和堤顶种植藤本与灌木类等滨海植物，实现海堤防护与生态景观的有机结合。生态海堤在优先考虑防潮安全的基础上，充分利用滨海植被的生态防护作用，形成以抵御风暴潮、海岸侵蚀等灾害为主，兼顾景观绿化、生物多样性保护和休闲旅游等需求的立体海岸防护模式。广西、上海等地相继开展了生态海堤的试点工程建设（图6.9）。

图6.9　广西红沙环生态海堤主体模式剖面图

（资料来源：范航清等，2017）

广西防城港红沙环生态海堤位于该市西湾海域顶部的红沙环岸段，海堤最前端的潜坝显著地降低了潮沟中水流速率，促进了水体中悬浮物沉积和局部区域滩涂高程提升，为原先无林滩涂上红树种苗的定植与群落重建创造了条件。红沙环生态海堤建成以来已经受了5次台风，包括2014年在防城港市正面登陆的百年一遇超强台风"威马逊"，海堤+红树林、海堤物理结构+植物护坡提高了海堤的防护功能。项目实施后，红沙环海堤护坡得到全面绿植化、生态化。部分岸段实现缓坡入海，提供了旧海堤中不具备的公众亲水通道。海上栈道和海堤步道将海堤、红树林、滩涂、储水湿地、市政道路等景观要素有机结合，增加了区域的景观价值，成为我国生态海堤建设的一个成功范例（图6.10）。

图6.10　防城港红沙环生态海堤现场照片

上海崇明岛生态海堤采用混凝土护坡，通过涵闸工程与主海堤构成一体。堤外是生态滩涂，由滩涂芦苇、滩涂水草、滩涂多样性生物和滩涂水生花草等组成（图6.11）。滩涂芦苇拦沙淀泥效果明显，每年能促使滩涂淤涨厚度10～20 cm、宽度150～300 cm。滩涂芦苇既能防风又能消浪，其消浪效果达36.0%～52.9%，当芦苇滩面宽度达500 cm时，波浪传递到堤脚就会基本消失（沙文达等，2008）。同时，滩涂芦苇、水草等为鸟类等提供生境，极大地保护了滩涂生物多样性。

图6.11　上海崇明岛生态海堤

第 7 章

滨海生态系统

海平面上升淹没沿海低地，破坏海洋生态环境，导致滨海湿地、红树林、海草床的生境恶化。特别是对于滨海湿地和和红树林生态系统，由于其后方大多有人工海堤防护设施，海平面上升后基本没有后退迁移的空间，生态系统的保持和发展受到抑制。

7.1　滨海湿地

滨海湿地是介于陆地和海洋生态系统间复杂的自然综合体，通常是指海陆交互作用下经常被静止或流动的水体所浸淹的沿海低地、潮间带滩地及低潮时水深不超过6 m的浅水水域，是一个高度动态又敏感脆弱的生态系统。海平面上升、波浪、潮汐、海水盐度和海岸地貌等都对滨海湿地的形成和发育有重要影响。

7.1.1　我国滨海湿地分布概况

我国滨海湿地在沿海各省（自治区、直辖市）均有分布。海域沿岸有1 500多条大、中河流入海，形成了浅海滩涂、珊瑚礁、河口水域、三角洲、红树林等湿地生态系统。我国滨海湿地以杭州湾为界，分成杭州湾以北和杭州湾以南两个部分。

杭州湾以北的滨海湿地，除山东半岛和辽东半岛的部分地区为基岩性海滩外，多为砂质和淤泥质海滩，由环渤海滨海湿地和江苏滨海湿地组成。环渤海滨海湿地主要由辽河三角洲和黄河三角洲组成。辽河三角洲有集中分布的世界第二大苇田——盘锦苇田。黄河三角洲是中国暖温带保存最完整、面积最大的新生湿地。环渤海滨海湿地还有莱州湾湿地、北大港湿地等，总面积600×10^4 hm^2。江苏滨海湿地主要由长江三角洲和废黄河三角洲组成，仅海滩面积就达55×10^4 hm^2，主要有盐城、南通、连云港地区的湿地。

杭州湾以南的近海与海岸湿地以岩石性海滩为主。其主要河口及海湾有钱塘江—杭州湾、晋江口—泉州湾、珠江口河口湾和北部湾等。在河口及海湾的淤泥质海滩上分布有红树林，从海南至福建北部沿海滩涂及台湾西海岸的海湾、河口的淤泥质海滩上都有天然红树林分布。在西沙群岛、南沙群岛及台湾、海南沿海分布有热带珊瑚礁。

1）盐沼湿地

盐沼是指含有大量盐分的湿地，通常位于中、高纬度盐度较高的河口或靠近河口的

沿海潮间带，由海水浸渍或潮汐交替作用而成，植被覆盖度大于等于30%，具有抵御风暴潮灾害、净化污染物、固沙促淤、为野生动植物提供适宜生境等多种重要的生态功能。盐沼在我国11个沿海省市均有分布，其中90%以上分布于山东、江苏、上海、浙江和福建。

我国盐沼主要优势植物有柽柳、碱蓬、芦苇、互花米草、海三棱藨草、短叶茳芏等（图7.1），呈明显的带状分布特征。其中，互花米草占全国盐沼面积的63.3%，喜盐性较高，分布广泛；芦苇占18.8%，主要分布于高、中潮带；碱蓬占4.9%，主要分布于辽宁、山东和江苏；柽柳占2.4%，主要分布于黄河口湿地；海三棱藨草、短叶茳芏等其他植被类型占全国盐沼面积的10.5%，主要分布于上海和浙江。

图7.1　常见盐沼植被类型
a.柽柳；b.碱蓬；c.芦苇；d.互花米草；e.海三棱藨草；f.短叶茳芏

受气候变化、海平面上升、海岸侵蚀、互花米草入侵等自然因素和围填海、滩涂养殖、石油勘探与开采、海岸带工程等人类活动影响，我国部分区域盐沼呈退化趋势，主要表现为面积减少、自然景观丧失、生态质量下降、生态系统结构和功能降低、生物多样性减少等。其中，江苏盐城、上海崇明东滩北侧、杭州湾北侧和广东芒洲等区域处于受损状态。

近10年来，辽宁盘锦盐沼生态系统（图7.2）基本处于稳定状态，碱蓬面积虽然年际间波动起伏较大，但总体呈增长态势。沉积物pH值、有机碳等环境要素状态均适宜盐沼植被的生长。

上海南汇盐沼生态系统基本稳定。与2008年相比，盐沼面积大幅增加，植被长势良好，不断向外扩展，沉积物pH值、有机碳等环境要素状态较适宜盐沼植被生长，但底栖生物密度有所减少。盐沼植被类型主要包括芦苇、互花米草和海三棱藨草3种，从北到南植被带长度约40 km，植被总覆盖度为33.4%，各植被分带明显。

图7.2 辽宁盘锦盐沼生态系统（碱蓬）

南汇盐沼历史上受围垦影响较大，近几年的主要威胁因素是互花米草入侵（图7.3）。此外，风暴潮、渔业捕捞及旅游等也是南汇盐沼面临的主要威胁（图7.4）。

图7.3 上海南汇互花米草入侵

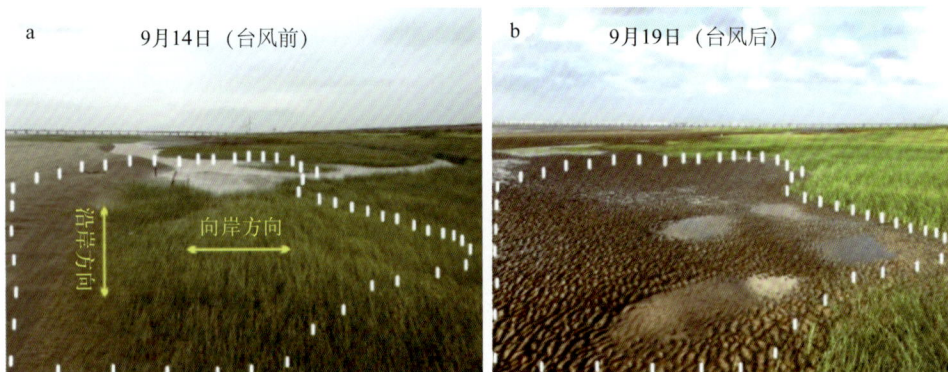

图7.4 2016年"莫兰蒂"与"马勒卡"过后南汇盐沼植被被泥沙覆盖

珠海横琴盐沼生态系统基本稳定，植被盖度普遍达到80%以上，长势较好。与历史相比，芒洲、鹤洲东和横洲头东盐沼面积均有所下降，底栖生物优势种出现更替现象，部分区域底栖生物密度和生物量减少，海域无机氮浓度超第四类海水水质标准。

2）滩涂湿地

滩涂湿地是我国重要的国土资源和自然资源，具有调蓄洪水、调节气候、净化水体、维持生物多样性等多种生态功能，其丰富的鱼、虾、蟹、贝类等资源为鸟类的栖息与繁衍提供了充足的食物条件，成为其迁徙、停歇、取食的重要区域。我国滩涂湿地维系着世界上超过230种、5 000万野生水鸟的生存。

受人为活动与自然因素影响，我国沿海部分滩涂湿地生态系统呈退化趋势，主要表现为破碎化严重、生物多样性下降、外来物种入侵加剧等。近10年来全国滩涂湿地面积总体减少，其中，江苏、上海、浙江面积增长，其他省份面积均减少。监测显示，江苏南通与河北滦南滩涂湿地生态系统均呈受损状态，主要表现为互花米草入侵加剧。

滦南滩涂湿地主要分布在唐山市滦南县，地理位置介于曹妃甸工业园和天津滨海新区之间，面积约39.17 km²，是渤海湾北部较为完整连续的滨海湿地，湿地面积广阔，食物资源丰富，每年吸引数十万只迁徙水鸟在此停歇、繁殖和越冬。滦南湿地面临较大的外来生物入侵威胁。过去5年，滦南湿地互花米草增长了约5倍，且生长密集，根系发达，已经形成了单一的物种群落，严重侵占了潮间带生物生境和湿地滩涂面积（图7.5）。

图7.5 滦南湿地互花米草入侵

南通滩涂湿地地处南黄海辐射沙脊群核部南侧，从海安与东台分界的"安台线"至长江口北支，面积约695.6 km²，但存在动态变化。南通滩涂湿地浮游植物、浮游动物群落结构均较为稳定，其中浮游植物以硅藻门为主，近5年来外来物种入侵加剧，互花米草面积增加1倍以上。

7.1.2 海平面上升对滨海湿地的影响

随着全球气候变化与海平面上升以及沿海社会经济的高速发展，滨海湿地所受到的

干扰越来越大，已经成为全球性的高脆弱性生态系统。海平面上升将淹没低洼的滨海湿地，并通过改变海岸地形地貌、波浪、潮汐、潮流、地下水等自然条件，影响到滨海湿地生态系统原有的环境体系，引发海岸侵蚀后退，土壤性状恶化，导致滨海湿地生物群落发生演替，景观格局发生演变。以盐城滩涂沼泽湿地为例，海平面上升、局地水动力环境变化以及人类活动等因素对滨海湿地产生较大影响。

（1）灌河口至射阳河口岸段：海平面上升和局部水动力环境变化导致湿地侵蚀严重；此外，该岸段的岸线基本为人工岸线，堤外滨海湿地在海平面上升影响下内移幅度有限，将逐渐走向消亡。

（2）射阳河口至斗龙港岸段：该岸段属于侵蚀海岸向淤积海岸的过渡类型，近年来，在海平面上升等因素影响下，侵蚀与淤积分界点逐渐南移。另外，由于潮上带互花米草的促淤作用，高潮线附近的滩面继续淤长，而海平面持续上升及低潮位抬升使低潮线附近的滩面侵蚀加剧，导致岸滩陡化、光滩湿地被海水淹没，进而危及近岸沼泽湿地。

（3）斗龙港至弶港岸段：该岸段属于淤积型海岸，同时也是围垦力度最大的海岸，潮上带已经基本被围垦殆尽。该段海岸虽受到辐射沙洲掩护，但是由于海平面上升较快，波浪作用加强，辐射沙洲动态调整，影响到近岸滨海湿地。

随着海平面的上升，滨海湿地会通过垂向上加积沉积物和有机质来适应海平面的变化。如果海平面上升速率超过湿地的垂向加积速度，湿地会逐渐被海水淹没。无序的围海造田、围垦养殖等剧烈的海岸开发行为，破坏了海岸带物质能量的基本平衡，滨海湿地沉积物加积增长缓慢，将不能适应海平面的上升速度，于是滨海湿地面积减少，而且生态系统结构、过程均发生改变，环境不断恶化。以海南为例，2003—2013年，海南沿海海平面上升约8 cm，潮间淤泥海岸、潮间盐水沼泽、海岸性咸水湖和三角洲湿地面积均有不同程度减少，其中三角洲湿地面积由4 124 hm^2 减少至22.82 hm^2，共减少了4 101.18 hm^2（表7.1）。

表7.1 2003—2013年海南省海岸湿地面积变化 （单位：hm^2）

湿地型	2003年	2013年	变化量
岩石性海岸	4 503	4 355.27	−147.73
潮间沙石海岸	14 373	26 405.51	12 032.51
潮间淤泥海岸	1 050	992.55	−57.45
潮间盐水沼泽	28 808	—	—
海岸性咸水湖	26 322	7 704.32	−18 617.68
海岸性淡水湖	155	—	—
三角洲湿地	4 124	22.82	−4 101.18

"—"表示没有数据。

资料来源：2003年数据来自《2003年中国林业统计年鉴》；2013年数据来自全国海平面变化影响调查成果。

7.2　红树林

我国红树林主要分布于东南沿海的江河入海口及沿海岸线的海湾内，具有稳定和保护海岸的重要作用，为许多海生和陆生生物提供栖息地和食物，还是一些海洋鱼类的重要繁育场所。海平面上升增大红树林的受淹频率和强度，改变近岸动力环境和营养物的输送，对红树林的生存产生不利影响。

7.2.1　我国红树林分布概况

第二次全国湿地资源调查结果显示，我国红树林分布范围北起浙江温州乐清湾，西至广西中越边境的北仑河口，南至海南三亚，海岸线超过14 000 km，行政区划涉及浙江、福建、广东、广西和海南五省区的50多个县级单位。自然资源部最新调查显示，我国现有红树林面积约2.9×104 hm^2。

7.2.2　海平面上升对红树林的影响

海平面上升增大红树林的受淹频率和强度，改变近岸动力环境和营养物的输送，对红树林的生存产生不利影响，潮滩沉积速率低、潮差较小的红树林分布区域更易受到影响。海南东部和南部海岸，潮差较小，有的地方甚至不足1 m，红树林更加容易发生退化。广西北部湾的红树林绝大部分为海湾红树林，部分为开阔海岸红树林，且沉积物来源较少，对未来海平面上升的响应比较敏感。

通常情况下，红树林可通过向陆一侧迁移来适应海平面的变化。然而，我国沿海地区80%以上的红树林后方设有堤防，限制了红树林向陆地方向的迁移。海平面持续上升将导致局部区域红树林的消亡。以广西为例，堤前红树林占比达到54.9%，特别是在北海市和防城港市，堤前红树林的面积分别占全市红树林面积的71.4%和84.3%（图7.6）。

海平面变化影响调查结果显示，海平面上升对红树林可能造成的负面影响在几处红树林衰退案例中得到了一定程度的体现。

1）广西防城港市企沙半岛银叶树红树林

在广西防城港市的企沙海岸，生长着广西沿海最古老的半红树植物银叶树。根据遥感图像显示，自20世纪80年代以来，该地区海平面上升约9 cm，海岸线后退了120～150 m，海岸侵蚀面积达305 820 m^2，受侵蚀的岸线长度达3 737.84 m，严重的海岸侵蚀导致银叶树生境被破坏（图7.7）。

图7.6　广西沿海红树林生存环境缩影

a. 被沿海公路阻挡后退的红树林；b. 被养殖围垦的海堤阻挡后退的红树林；

c. 海岸地貌改变，被沙滩覆盖的红树林；d. 遭受海岸侵蚀的银叶树（半红树植物）

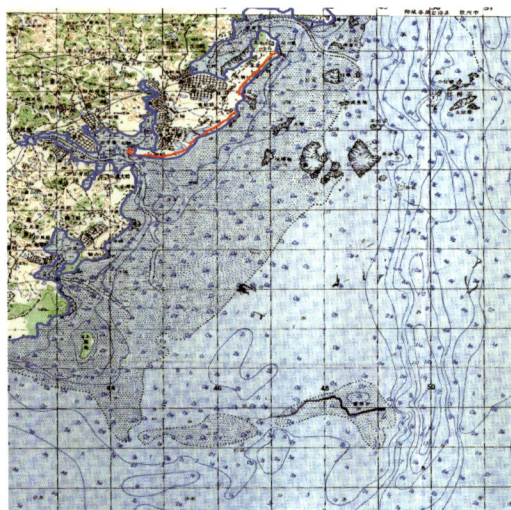

图7.7　防城港市企沙半岛一带红树林海岸后退情况

（蓝线为20世纪80年代海岸线，红线为2004年海岸线）

2）广西北海市大冠沙红树林

广西北海市大冠沙红树林是典型的沙滩红树林，海平面变化、海岸开发建设都可能引起浅海沙坝上移形成沙丘，引起红树林地沙化，导致红树植物的迅速死亡和群落的稀疏化。该地区大约从1958年开始出现沙丘侵入红树林现象（图7.8），造成红树林和底栖动物显著退化。实地调查数据表明，该区域内底栖动物群落的种数、密度和生物量分别下降35%、75%和90%（范航清，2000）。

图7.8 广西北海市大冠沙红树林内的沙丘

7.3 海草床

海草是一种根茎植物，生长于近海海岸淤泥质或砂质沉积物上，大面积的连片海草被称为海草床。海草床具有极高的生产力和生物多样性，在净化海底水质、提供生物栖息地、削减波浪和潮流能量，以及维持海底底质稳定和稳固海岸线等方面具有重要作用。

中国海草分布区可划分为两个大区：南海海草分布区和黄渤海海草分布区。前者包括海南、广西、广东和福建沿海，共有海草9属15种，以喜盐草（*Halophila ovalis*）分布最广；后者包括山东、河北、天津和辽宁沿海，分布有3属9种，以大叶藻（*Zostera marina*）分布最广，南海区海草床在数量和面积上明显大于黄渤海区（郑凤英等，2013）。海平面变化影响调查显示，2019年我国海草床的总面积约100 km^2，其中大于10 km^{2}的主要分布在河北曹妃甸和海南文昌（高龙湾—长圮港）周边海域。

1）曹妃甸海草床生态系统

曹妃甸海草床面积约41 km^2，主要分布在曹妃甸龙岛西北侧浅水海域，被中间深水航道划分为南北两个片区，其中北片面积约30 km^2，南片面积约11 km^2。海草床所在海域水深较浅，变化范围为0.8～1.5 m，水体透明度较高，海水水质较好，沉积物类型以砂质粉砂和中细砂为主。曹妃甸海草床为鳗草单一种类海草生态系统，盖度约为40%，海草平均密度为每平方米119株，平均生物量（干重）处于中等水平。底栖生物种类较丰富，共65种，其中种类数较多的类群为环节动物25种、节肢动物24种、软体动物12种。

近年来，受周边区域环境变化、渔业捕捞等影响，曹妃甸海草床生态系统面临生存空间减少、海草植被遭受破坏、海草床底质环境稳定性变差等风险。

2）文昌海草床生态系统

文昌（高隆湾—长圯港）海草床主要分布在海南省文昌市高隆湾至长圯港一带近岸海域，面积约18 km²。海草床所在海域水深较浅，变化范围为0.05～0.15 m，水体透明度较高。海草植被主要种类为海菖蒲、泰来草和卵叶喜盐草。相比2009年，海草盖度和密度显著下降，海草盖度由约43%降至约21%，海草密度由每平方米800株降至每平方米171株。底栖生物群落相对稳定，底栖生物以软体动物、环节动物为主。

近年来，周边渔业养殖污染物排放导致浒苔等大型藻类迅速繁殖，严重侵占海草床生存空间，同时台风侵袭及拖网捕捞等渔业作业对海草植被也有较大破坏（图7.9）。

受自然因素和人类活动的双重影响，我国部分地区海草床生态系统呈现退化趋势，主要表现为海草覆盖度降低、海草物种多样性下降、大型藻类入侵严重、附着生物大量生长等。海平面上升对海草床的直接影响是海水深度的提高和海底可利用光的降低，已有研究表明，海平面上升将引起海草分布区域减少，生态系统结构改变，生态系统服务功能降低。同时，海平面上升加剧洪涝灾害、风暴潮灾害，将间接对海草床造成影响。洪水径流携带大量的悬浮物覆盖海草，以及赤潮、绿潮等的发生也会影响海草生长。

图7.9　海南省文昌市海草床区域大量高位养殖池塘（a）和渔业采捕活动（b）

第三篇
海平面上升影响专题评估

综　述

中国沿海海拔低于10 m的区域面积约为12.6×10^4 km²，且经济发达、人口密集，是易受海平面上升影响的脆弱区。海平面持续上升将淹没沿海低地，加剧风暴潮和洪涝灾害，引发海岸侵蚀和海水入侵，降低堤防防护标准，影响沿海地区自然环境、社会经济和人民生产生活。科学评估全球气候变暖情景下未来中国海平面上升的可能影响范围及程度，对中国沿海海平面上升脆弱性进行评估及区划，可为沿海发展规划、海岸带综合管理和海洋防灾减灾提供科学支撑。

在未来不同的海平面上升情景下，天津、河北南部、长江三角洲和珠江三角洲地区受影响较为显著，若遇极端风暴潮过程，淹没风险增加。基于自然环境和社会经济两类指标因子，以县级为区域单元对中国沿海海平面上升影响脆弱性进行评估，结果显示：天津的滨海新区，上海的浦东新区、金山区和宝山区，以及广东的东莞市、中山市和广州的番禺区是海平面上升影响的高脆弱区。

综合考虑海平面变化、潮差、波高、地貌以及海岸侵蚀速率五种因素定量评估中国沿海海岸侵蚀的脆弱性，海岸侵蚀脆弱性相对较大的区域包括辽东湾两岸部分岸段、华南福建部分岸段、广东西南部部分岸段以及海南岛北部、东部和西南部部分岸段。2010—2100年，辽东湾沿海砂质海岸侵蚀面积将持续增加，若海平面上升41～74 cm，引发的海岸侵蚀面积为19.36～32.14 km²，经济损失占当地GDP比重最大达到4.76‰。

长江三角洲与珠江三角洲是全国海堤防御标准相对较高的地区。上海沿海堤防标准多为200年一遇，若2100年海平面上升56 cm，则其堤防标准将降为10～20年一遇。珠江三角洲地区目前堤防防御标准多为100年一遇，若2100年海平面上升54 cm，则其堤防标准将变成10～20年一遇，抗灾能力将显著降低。

在未来海平面上升情景下，风暴潮增水基础水位进一步抬升，致灾程度加大。极端风暴潮增水叠加天文大潮易发生海水越堤和漫滩，若2100年海平面上升54 cm，深圳沿海将会有156.5 km²的土地可能受到影响，位于海平面上升风险区内的机关单位、城市基础设施、居民区等将会受到不同程度的影响。

第8章

海平面上升淹没风险评估

8.1 数据来源

在海平面上升淹没风险评估中采用了地理信息数据、地形数据、社会经济数据（人口、GDP和土地利用）和潮位数据。

1）地理信息数据

地理信息数据主要来源于中国测绘部门共享数据，包括：

中国省级行政区划图层：比例尺为1∶100万，shp格式；

陆地图层：比例尺为1∶400万，shp格式，空间范围为全球；

海洋图层：比例尺为1∶100万，shp格式，空间范围为全球。

2）地形数据

地形数据主要来源于我国沿海省（自治区、直辖市）地形专项调查数据，数据通过专业化处理生成数字高程模型数据（DEM），数据格式为栅格格式，空间范围为中国沿海地带，不同的省份分辨率不同。

3）社会经济数据

社会经济数据来源于"中国科学院资源环境科学数据中心"，包括：

人口数据：空间分辨率为1 km，数据格式为GeoTIFF格式，空间范围为中国沿海地区，时相为2010年；

GDP数据：空间分辨率为1 km，数据格式为GeoTIFF格式，空间范围为中国沿海地区，时相为2010年；

土地利用数据：空间分辨率为1 km，数据格式为GeoTIFF格式，空间范围为中国沿海地区，时相为2015年。

4）潮位数据

中国沿海11个省（自治区、直辖市）和5个计划单列市沿海代表性较强的28个验潮站的长期（1980—2016年）潮位观测数据。

8.2 评估方法

在不考虑堤防设施的条件下，基于地面高程数据，评估不同海平面上升情景下的淹

没范围及其对沿海人口、GDP和土地利用等造成的影响。流程如下：

（1）根据不同的海平面上升情景和重现期水位值，设定评估区域的水位高度H；

（2）根据水位高度H对DEM数据进行分类（大于H和小于等于H）；

（3）将小于等于H的数据转换成矢量数据，并进行空间分析；

（4）剔除孤岛，提取最大可能影响范围；

（5）合并影响区域，计算淹没面积；

（6）分析暴露在淹没区的人口、GDP和土地利用状况；

（7）制作影响区范围专题图。

8.3　评估场景

考虑到海平面和重现期水位因素，采用RCP2.6和RCP8.5情景下2100年海平面上升集合预测结果（见2.2.4节）以及不同重现期（10年、50年、100年、1 000年）水位预测结果（见4.1.2节），构建评估场景。

1）省级行政区2100年海平面变化

在海平面变化影响分析中省级行政区是基础单元，因此需要按照空间位置来确定每个省级行政区海平面变化预测值（表8.1）。

表8.1　各省级行政区2100年海平面变化预测值　　　　　　（单位：m）

行政区	RCP2.6	RCP8.5
辽宁省	0.41	0.74
河北省	0.41	0.74
天津市	0.41	0.74
山东省（北）	0.41	0.74
山东省（南）	0.41	0.74
江苏省（北）	0.41	0.74
江苏省（南）	0.41	0.74
上海市	0.48	0.80
浙江省	0.48	0.80
福建省	0.48	0.80
广东省	0.46	0.75
广西壮族自治区	0.46	0.75
海南省	0.46	0.75

注：海平面高度预测值为相对于1986—2005年平均海平面的高度。

2）海平面变化风险分析情景设置

考虑不同海平面上升幅度因素和不同重现期水位因素后，设置海平面变化风险分析情景，构建了S1～S5共5种场景，S1和S2分析同一重现期水位时不同海平面上升幅度的影

响情况，S2~S5分析海平面变化相同时不同重现期水位下的影响情况，具体如下：

场景1（S1）：RCP2.6情景海平面上升预测值叠加10年一遇水位；

场景2（S2）：RCP8.5情景海平面上升预测值叠加10年一遇水位；

场景3（S3）：RCP8.5情景海平面上升预测值叠加50年一遇水位；

场景4（S4）：RCP8.5情景海平面上升预测值叠加100年一遇水位；

场景5（S5）：RCP8.5情景海平面上升预测值叠加1 000年一遇水位。

沿海各省级行政区不同场景评估采用的水位值见表8.2，用以分析海平面变化最大可能淹没范围。

表8.2　不同场景下各省级行政区水位高度　　　　　　　　　　　（单位：m）

行政区	S1	S2	S3	S4	S5
辽宁省	3.05	3.54	3.76	3.85	4.16
河北省	2.95	3.44	3.81	3.96	4.48
天津市	2.95	3.44	3.81	3.96	4.48
山东省（北）	2.31	2.80	3.11	3.24	3.68
山东省（南）	3.13	3.62	3.84	3.94	4.25
江苏省（北）	3.54	4.03	4.33	4.45	4.87
江苏省（南）	4.37	4.86	5.26	5.43	6.00
上海市	3.76	4.28	4.54	4.65	5.02
浙江省	3.75	4.27	4.54	4.65	5.03
福建省	4.26	4.78	5.11	5.26	5.73
广东省	3.33	3.83	4.17	4.31	4.78
广西壮族自治区	4.00	4.50	4.80	4.93	5.36
海南省	2.81	3.31	3.82	4.04	4.75

注：表中的水位高度值均统一至1985国家高程基准。

8.4　影响评估

8.4.1　影响区域

海平面上升影响评估结果表明，2100年，RCP2.6情景下海平面上升预测值叠加10年一遇水位的影响区域面积为84 109 km²；RCP8.5情景下海平面上升预测值叠加10年一遇水位的影响区域面积为89 430 km²；RCP8.5情景下海平面上升预测值叠加50年一遇水位的影响区域面积为99 002 km²；RCP8.5情景下海平面上升预测值叠加100年一遇水位的影响区域面积为101 413 km²；RCP8.5情景下海平面上升预测值叠加1 000年一遇水位的影响区域面积为110 595 km²。

对比S1和S2可见，当海平面上升幅度增加30 cm时，影响区域的面积增加了5 321 km²。对比S2~S5，分析不同重现期水位的影响可以看出，10年一遇变为50年一遇时最大，面

积增加9 570 km²；其次为100年一遇变为1 000年一遇时，面积增加9 180 km²；最小的为50年一遇变为100年一遇，面积增加2 410 km²（图8.1）。

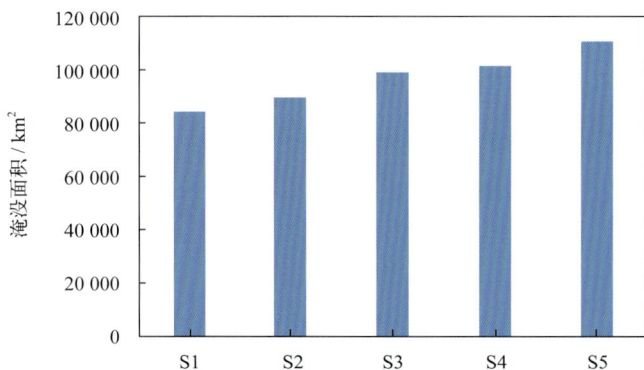

图8.1　不同场景下海平面变化影响区域面积统计

不同海平面上升情景下最大可能淹没风险区空间分布见图8.2至图8.6。从空间来看，海平面上升淹没风险区在我国沿海地区均有分布，主要分布区域为环渤海、长江三角洲和珠江三角洲地区，其他区域则零星分布。从各沿海省（自治区、直辖市）来看，江苏省沿海地区、天津市大部分地区、上海市几乎全部地区、广东省珠江口地区均位于海平面上升淹没风险区内。

按照省级行政区对最大可能淹没风险区面积进行统计，统计结果（表8.3）显示，江苏省、广东省、天津市、浙江省、上海市较多，均超过6 000 km²；广西壮族自治区、海南省、福建省最小，均不足1 500 km²。在所有沿海省级行政区中，江苏省存在淹没风险的面积最大，不同情景下最小面积（S1）为42 048 km²，最大面积（S5）为55 874 km²。同时，江苏省也是5种情景中面积增加最多的，其中S5比S1情景增加了13 826 km²。

表8.3　淹没风险区面积分区统计信息

行政区	风险区面积 / km²				
	S1	S2	S3	S4	S5
辽宁省	3 389	4 262	4 791	4 939	5 626
河北省	4 172	4 418	4 856	5 682	6 297
天津市	7 847	8 109	8 351	8 468	8 896
山东省	3 257	3 817	4 861	5 050	5 857
江苏省	42 048	44 401	50 567	51 185	55 874
上海市	6 152	6 173	6 187	6 192	6 211
浙江省	6 683	7 137	7 452	7 570	8 639
福建省	937	991	1 112	1 138	1 213
广东省	8 576	8 965	9 520	9 782	10 316
广西壮族自治区	452	474	519	529	618
海南省	596	682	786	879	1 048

淹没风险区面积占行政区总面积的百分比可表征海平面上升风险影响程度，通过数据计算可知，S5场景下上海市占比为97.9%，天津市为74.5%，江苏省为52.1%，是受海平面变化影响比较严重的省市。

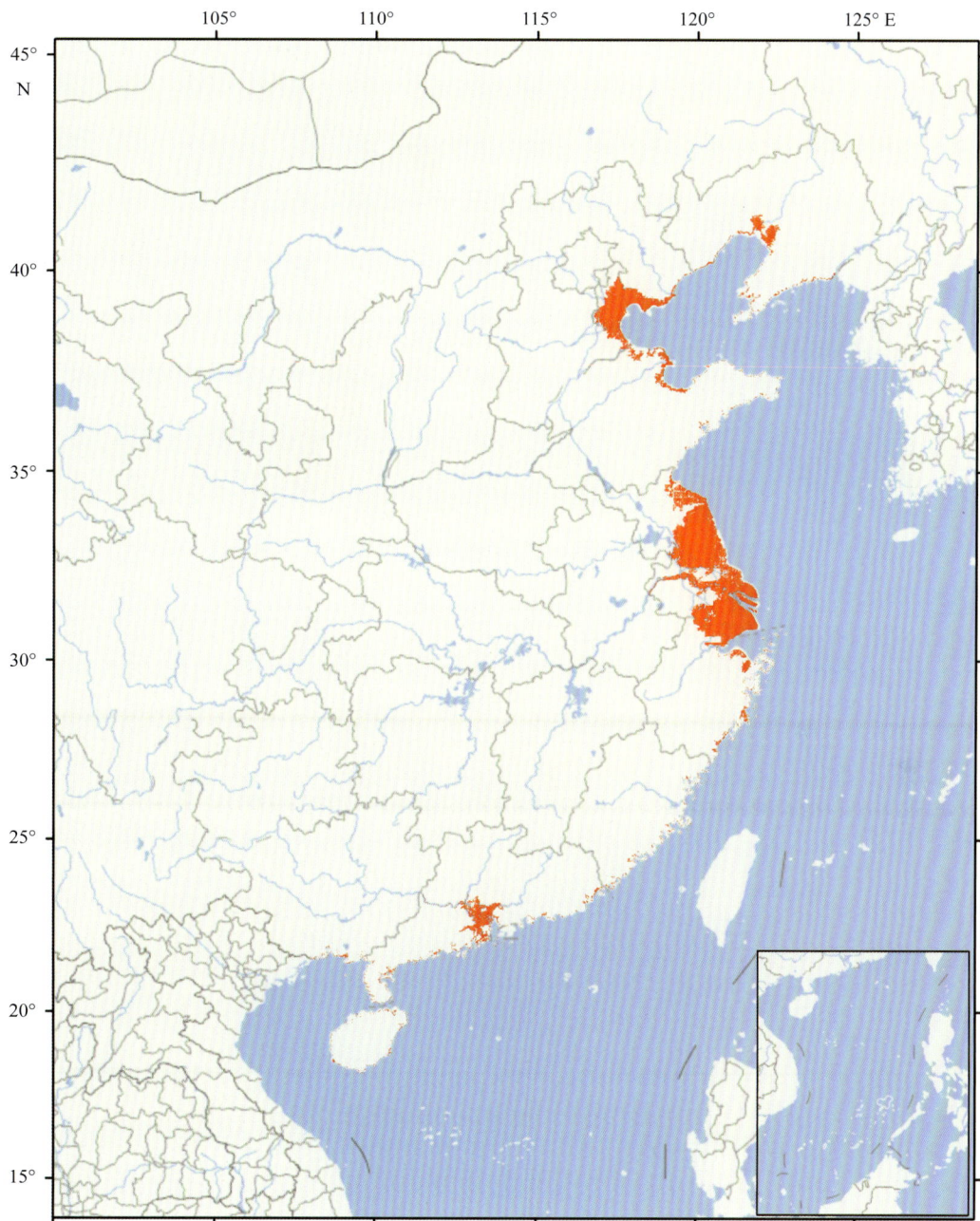

图8.2 场景1下影响区域空间范围

图8.3　场景2下影响区域空间范围

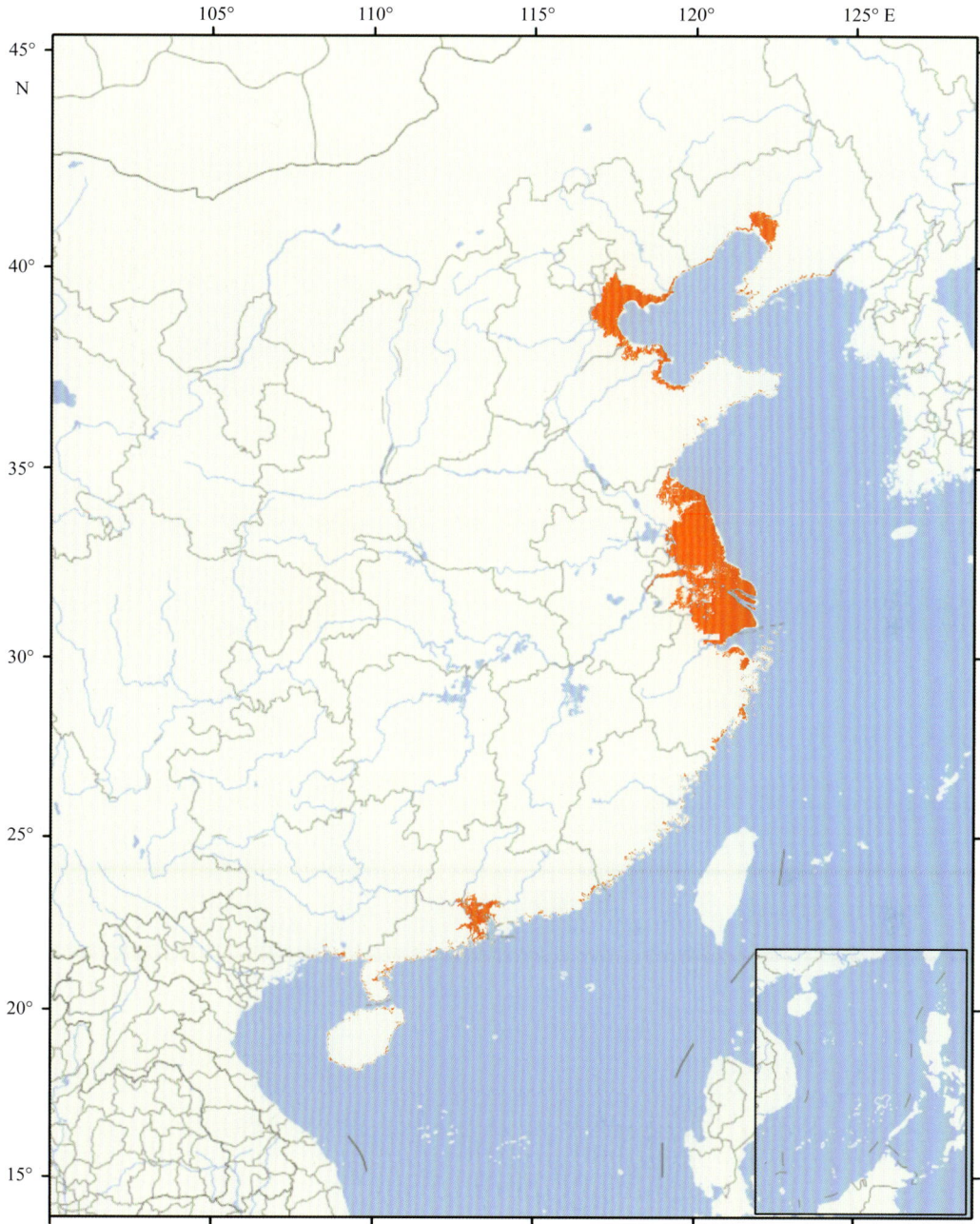

图8.4　场景3下影响区域空间范围

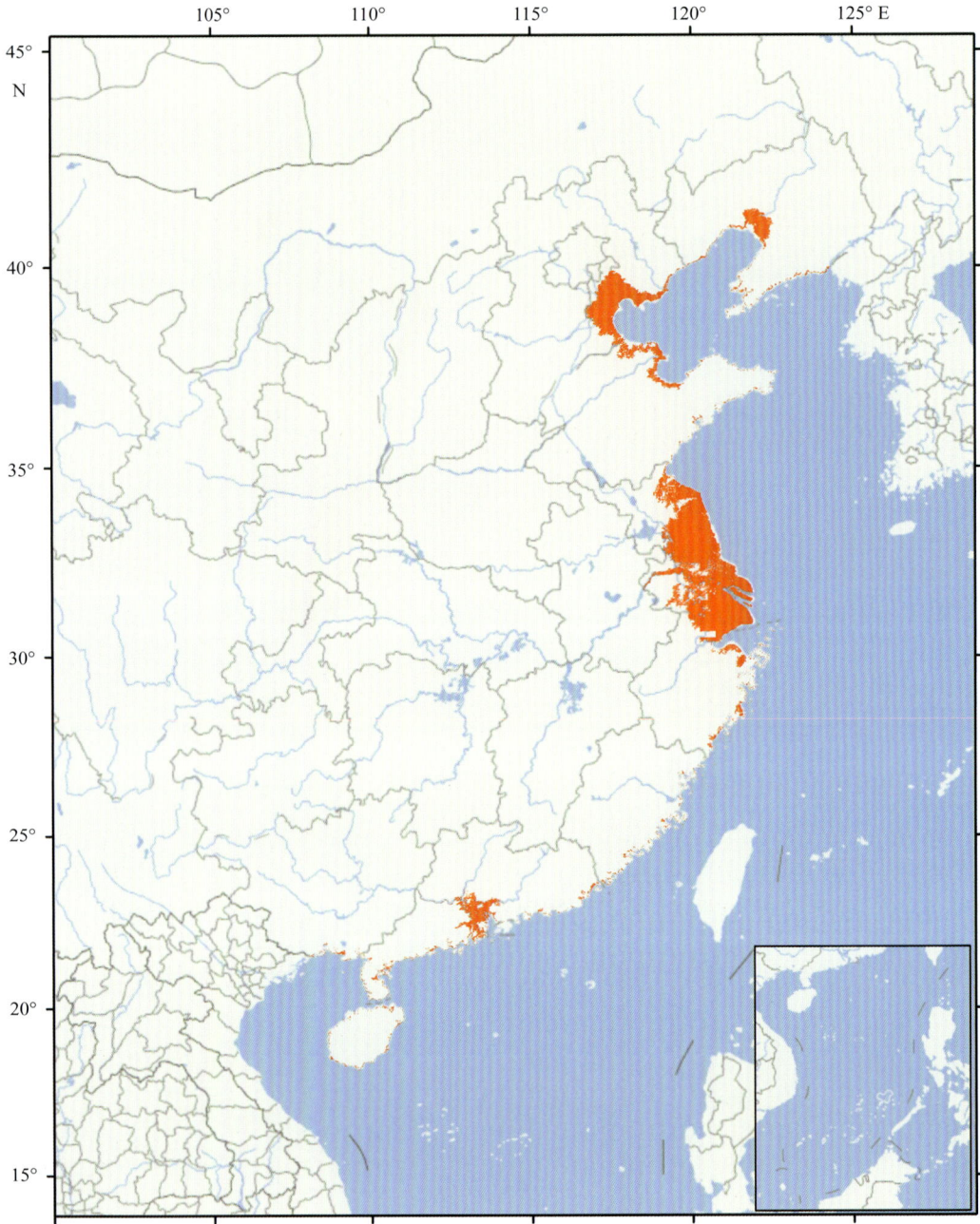

图8.5　场景4下影响区域空间范围

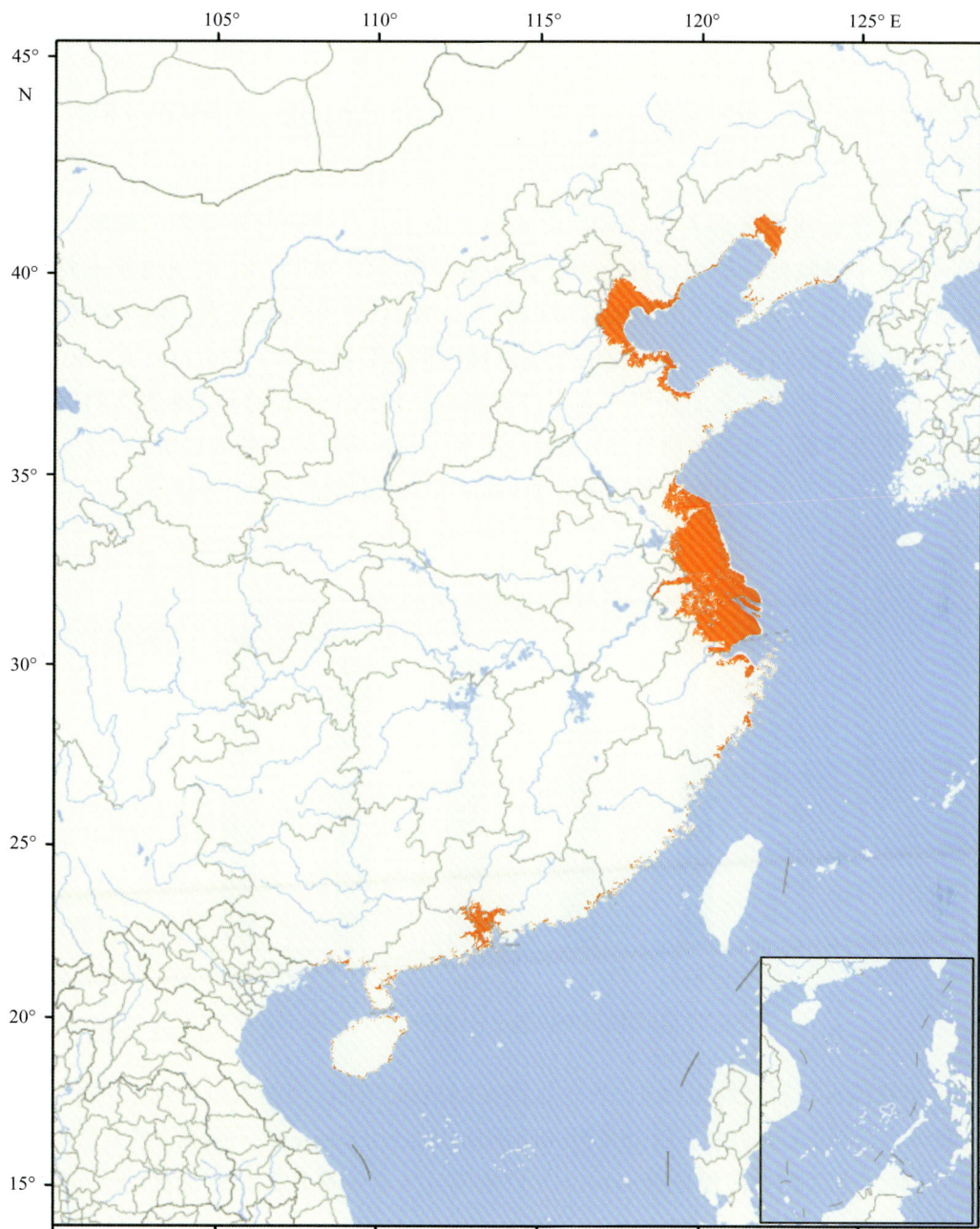

图8.6 场景5下影响区域空间范围

8.4.2 社会经济影响

5种场景下海平面上升对沿海地区人口[①]、GDP[②]和土地利用的影响状况分析如下。

1）对人口的影响

分布于沿海低洼地区的人口，容易受到海平面上升及其他海洋灾害的影响。对生活在不同场景中风险区内的人口进行统计，结果显示，2100年，RCP2.6情景下海平面上升预测值叠加10年一遇水位的影响区域内的人口数量为7 043.22万人；RCP8.5情景下海平面上升预测值叠加10年一遇水位的影响区域内的人口数量为7 434.35万人；RCP8.5情景下海平面上升预测值叠加50年一遇水位的影响区域内的人口数量为8 277.77万人；RCP8.5情景下海平面上升预测值叠加100年一遇水位的影响区域内的人口数量为8 443.26万人；RCP8.5情景下海平面上升预测值叠加1 000年一遇水位的影响区域内的人口数量为9 219.87万人（图8.7）。

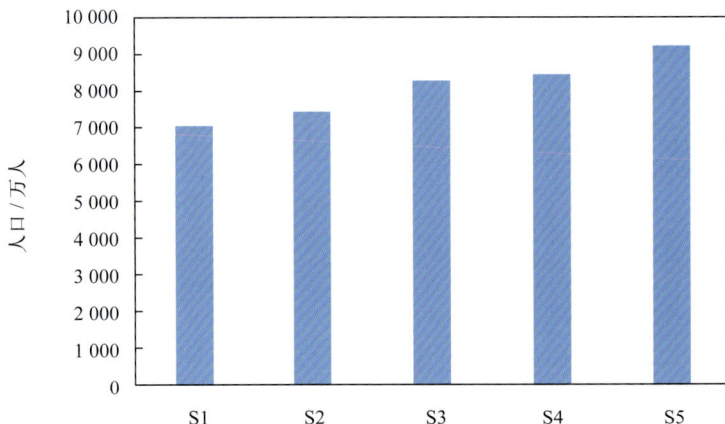

图8.7 不同场景中暴露在风险区内的人口统计

2010年我国人口总数约为13.4亿人，生活在S5淹没风险区内的人口达到了9 219.87万人，占我国人口总数的6.88%。而S5淹没风险区面积为110 595 km^2，占我国领土总面积的1.15%。因此，生活在S5淹没风险区内的人口密度约为我国平均人口密度的6倍。不同场景下，生活在淹没风险区内的人口密度如图8.8至图8.12所示。从空间分布来看，人口最稠密的地区为上海、天津、广州、深圳、珠海等地区，人口密度最高可达48 100人/km^2。

---

① 对人口的影响状况分析采用2010年人口数据进行统计。
② 对GDP的影响状况分析采用2010年GDP数据进行统计。

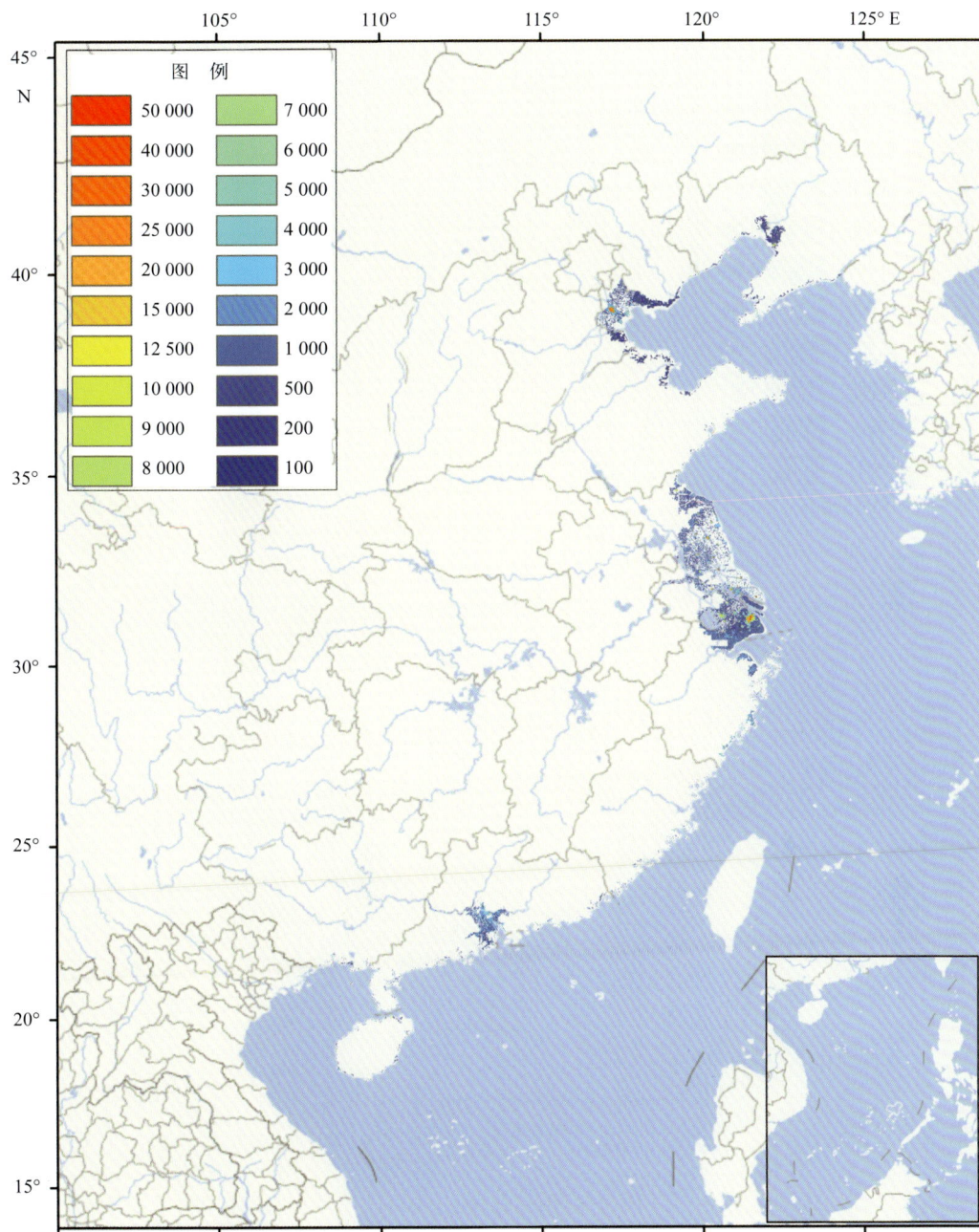

图8.8 生活在S1场景中风险区内的人口空间分布（人/km²）

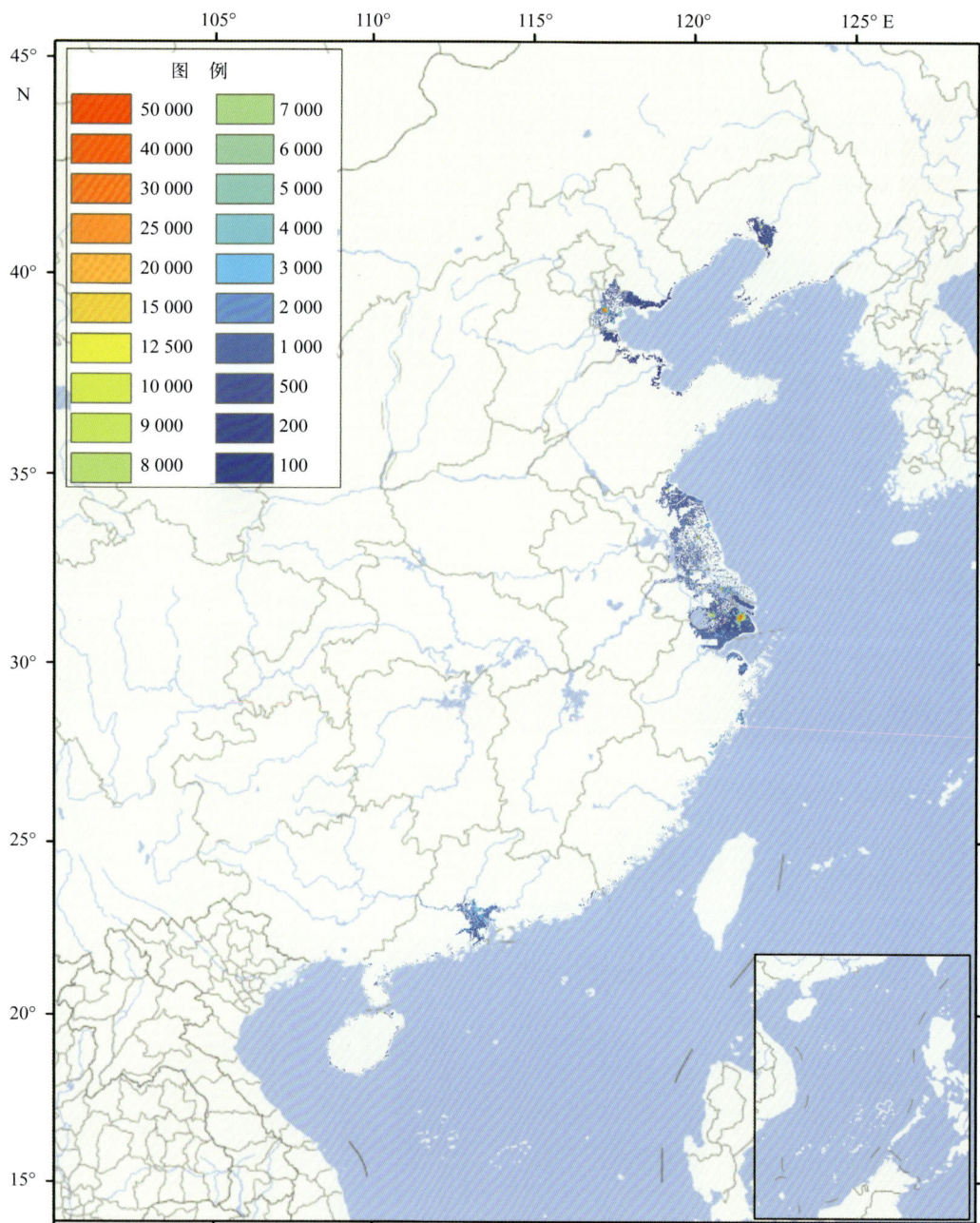

图8.9　生活在S2场景中风险区内的人口空间分布（人/km²）

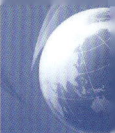

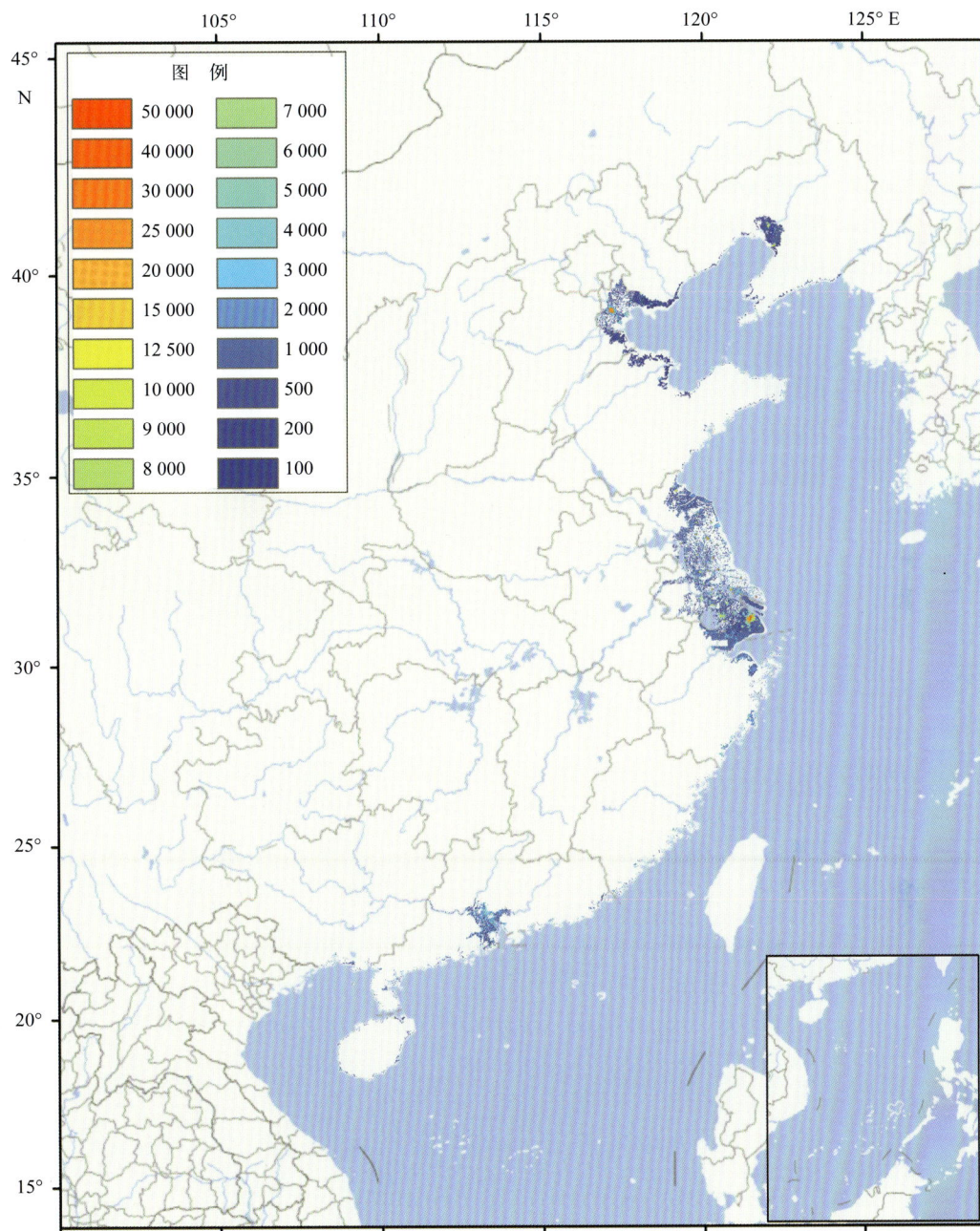

图8.10　生活在S3场景中风险区内的人口空间分布（人/km²）

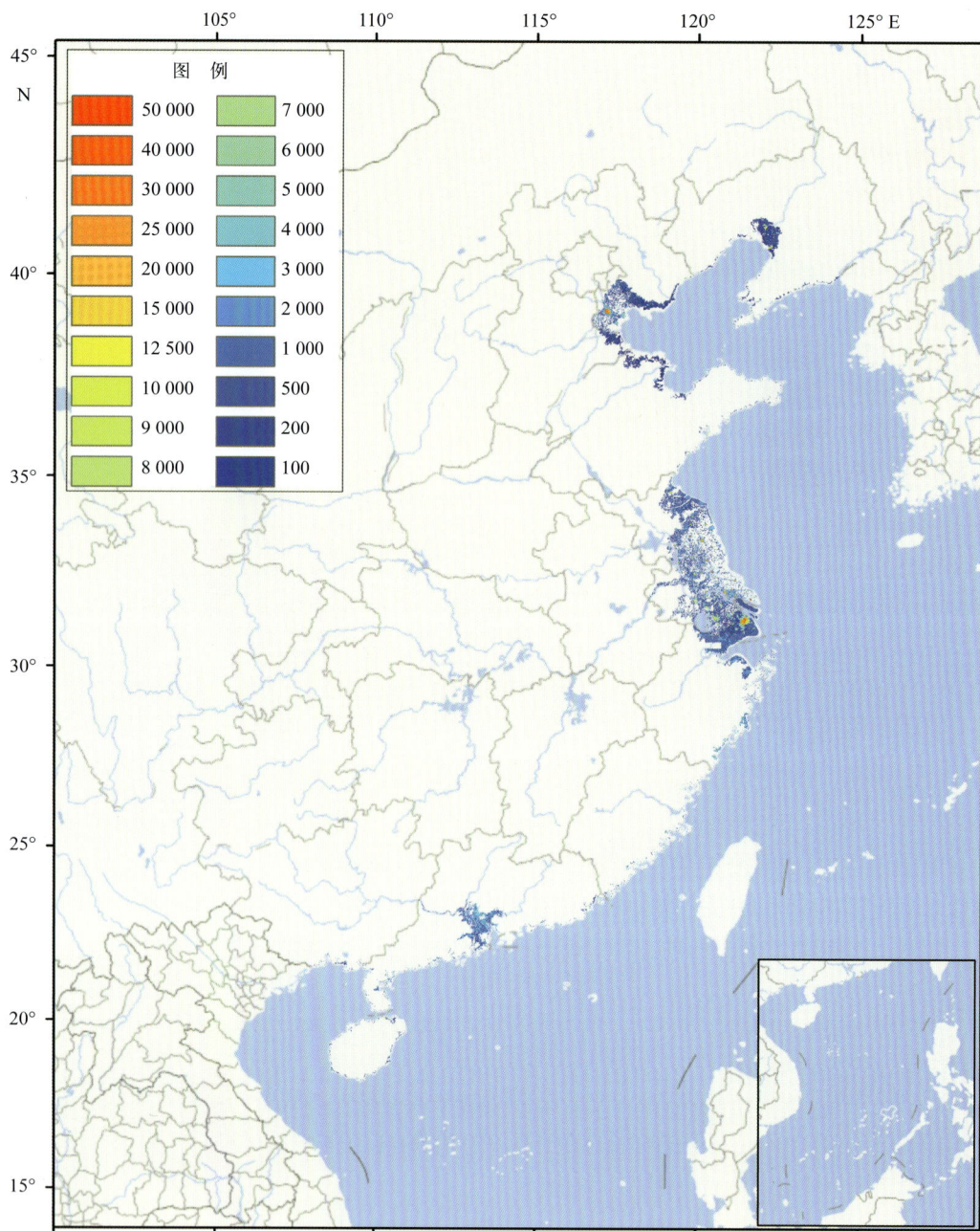

图8.11　生活在S4场景中风险区内的人口空间分布（人/km²）

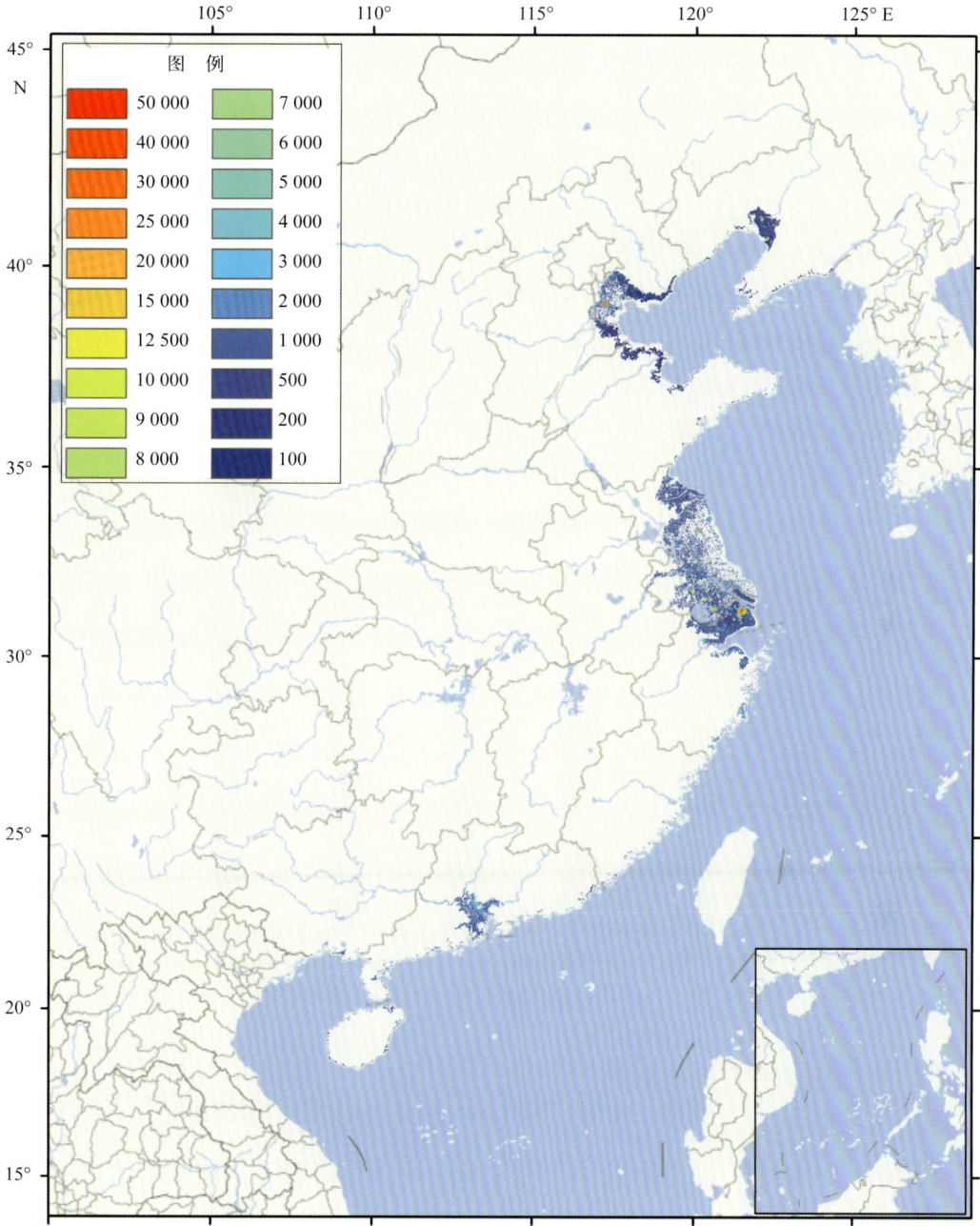

图8.12　生活在S5场景中风险区内的人口空间分布（人/km²）

2）对GDP的影响

海平面上升可对分布于淹没风险区的各类产业造成负面影响，这些区域每年产出的GDP将面临着不等程度的风险。对不同场景中风险区内的GDP进行统计，结果显示，2100年，RCP2.6情景下海平面上升预测值叠加10年一遇水位的影响区域内的GDP总量为38 276.5亿元；RCP8.5情景下海平面上升预测值叠加10年一遇水位的影响区域内的GDP总量为40 034.0亿元；RCP8.5情景下海平面上升预测值叠加50年一遇水位的影响区域内的GDP总量为45 093.2亿元；RCP8.5情景下海平面上升预测值叠加100年一遇水位的影响区域内的GDP总量为45 964.9亿元；RCP8.5情景下海平面上升预测值叠加1 000年一遇水位的影响区域内的GDP总量为49 817.1亿元（图8.13）。

根据国家发布的统计数据，2010年我国GDP总量为413 030.3亿元，而S5淹没风险区内的GDP为49 817.1亿元，占当年GDP总量的12.06%，是我国单位面积平均GDP的10.51倍。

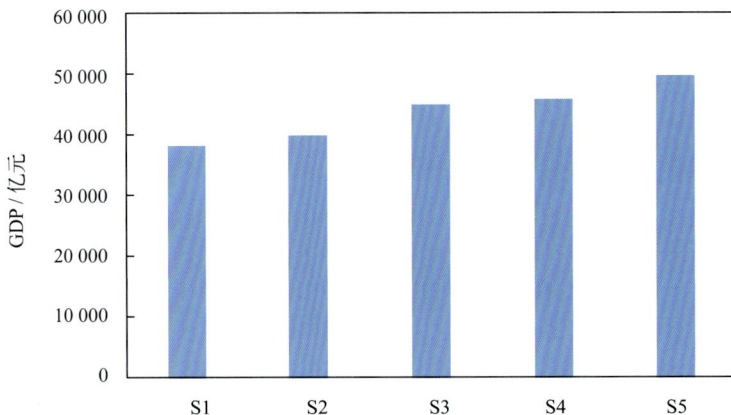

图8.13　不同场景中暴露在风险区内的GDP统计

暴露在淹没风险区内的GDP密度如图8.14至图8.18所示。从空间分布来看，GDP密度最大的地区为上海、广州、深圳、珠海、天津等，最高可达65 331万元/km²。

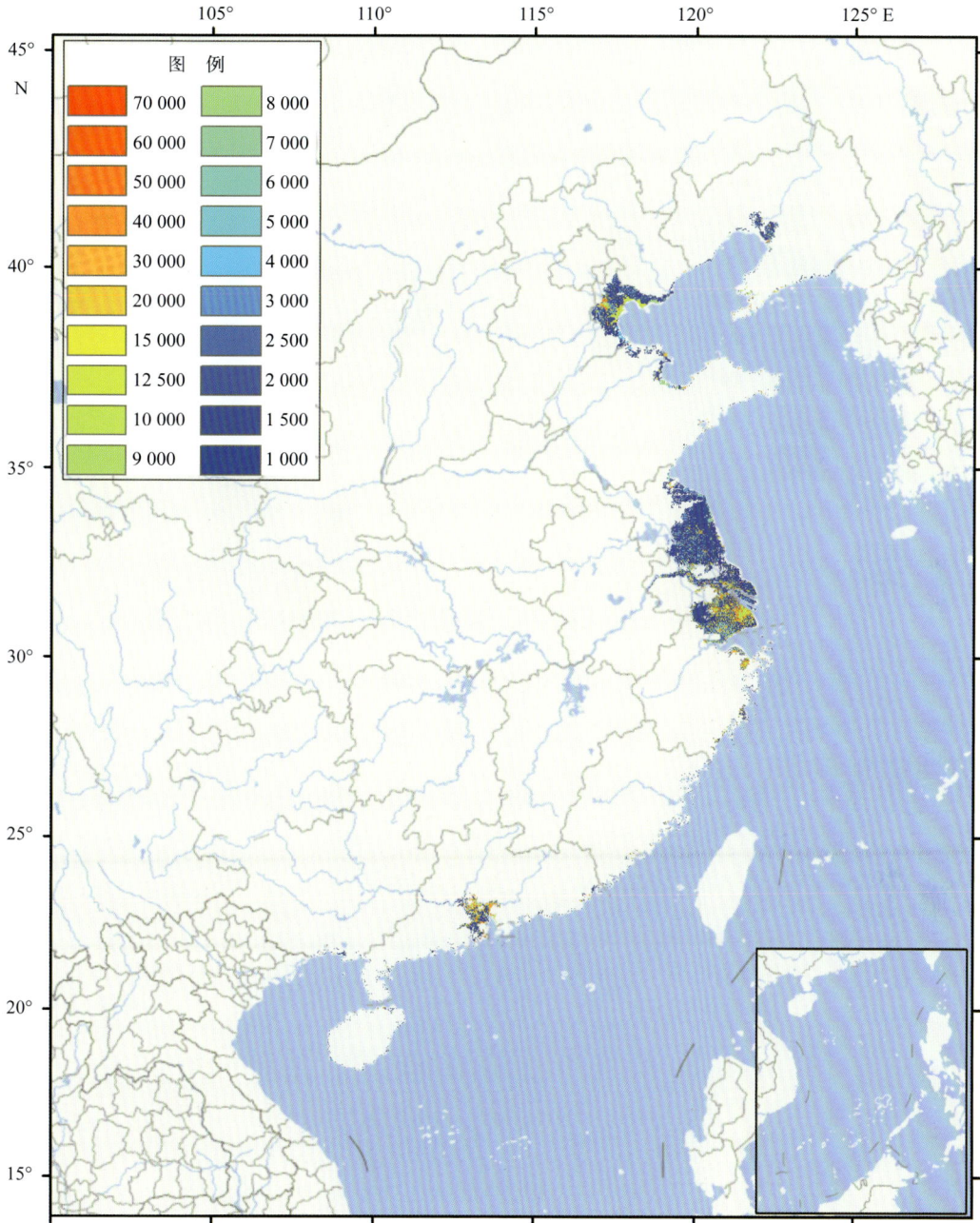

图8.14 暴露在S1场景中的GDP空间分布（万元/km²）

图例

颜色	值	颜色	值
	70 000		8 000
	60 000		7 000
	50 000		6 000
	40 000		5 000
	30 000		4 000
	20 000		3 000
	15 000		2 500
	12 500		2 000
	10 000		1 500
	9 000		1 000

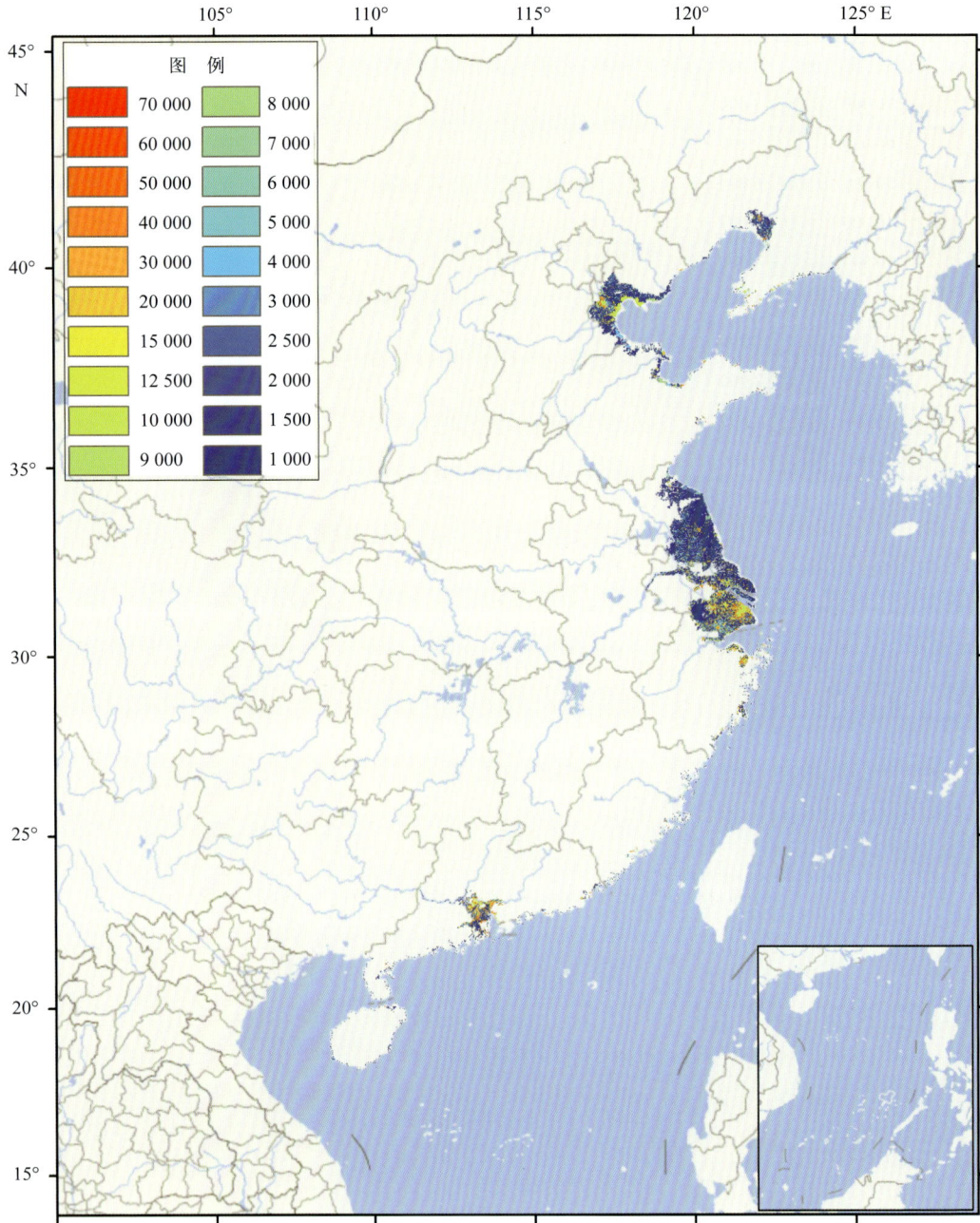

图8.15　暴露在S2场景中的GDP空间分布（万元/km²）

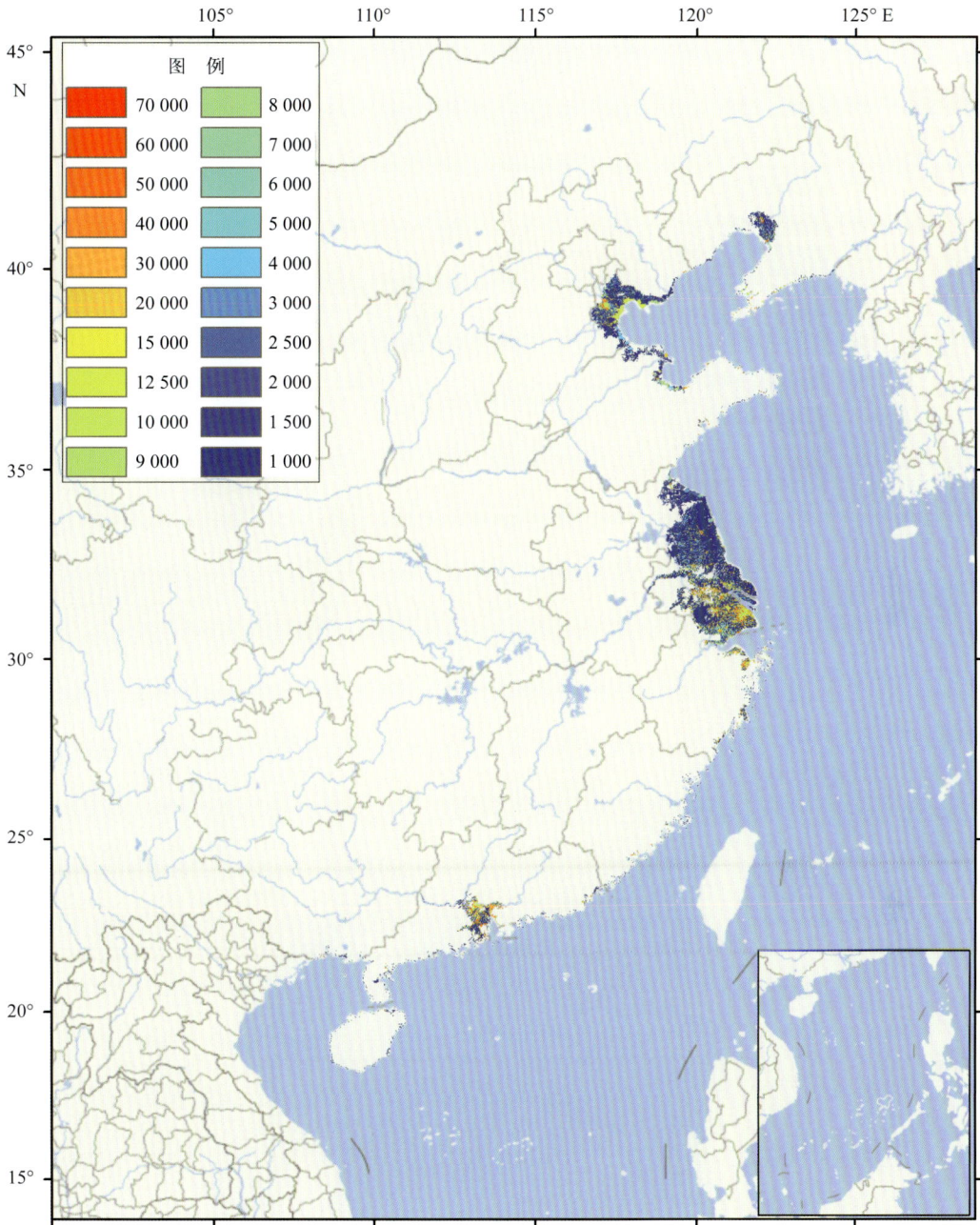

图8.16 暴露在S3场景中的GDP空间分布（万元/km²）

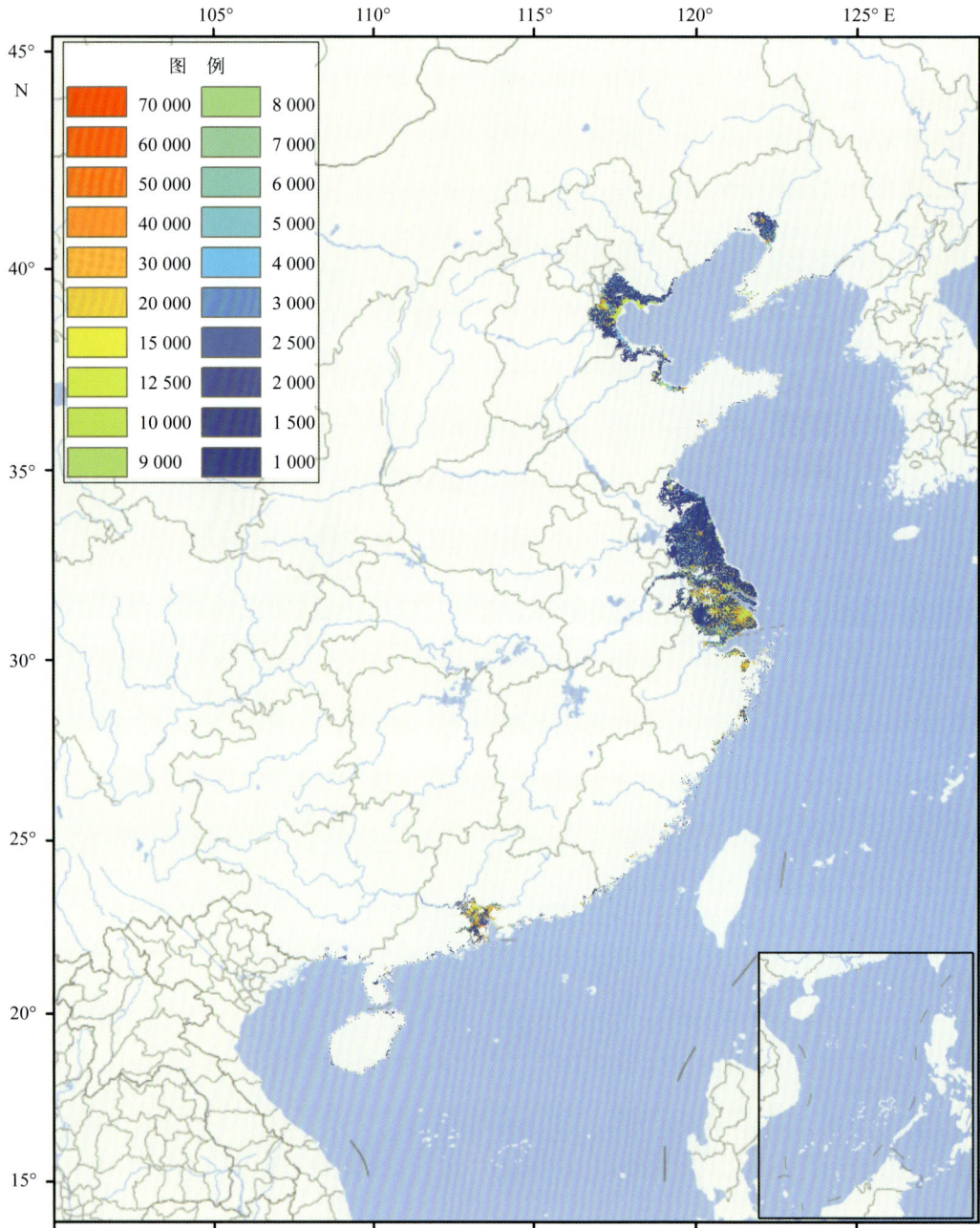

图8.17 暴露在S4场景中的GDP空间分布（万元/km²）

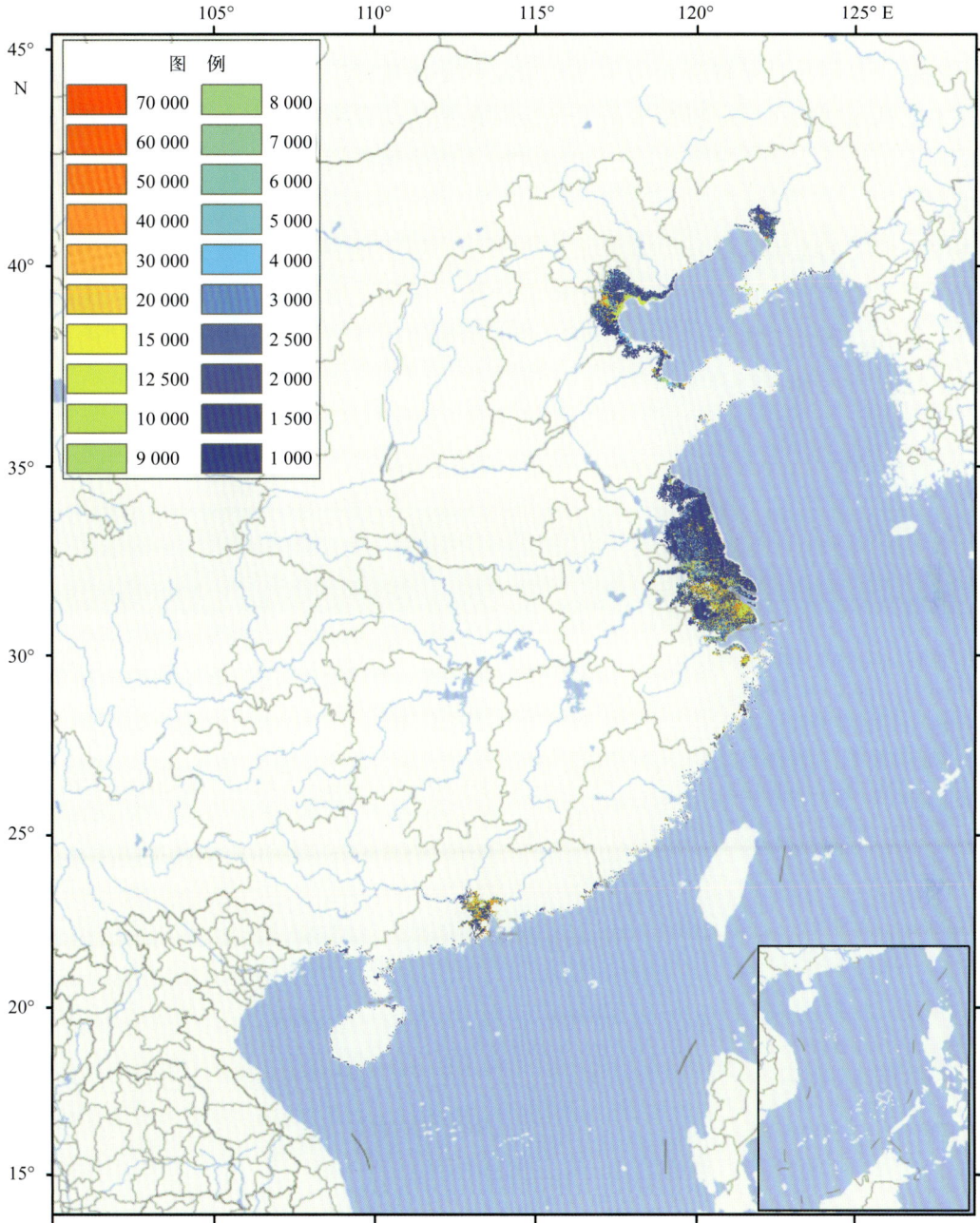

图8.18 暴露在S5场景中的GDP空间分布（万元/km²）

3）影响区内土地利用

土地利用是指自然条件和人为干预所决定的土地功能（联合国粮农组织），通过风险区内土地利用状况可以分析海平面上升会对人类活动带来哪些方面的影响，如农田受到影响则表明粮食生产将发生变化，如果滨海湿地受到淹没，原来的生态系统也将随之发生改变。

本书中使用的土地利用分类体系如表8.4所示。以土地利用栅格数据为基础，对风险区内的不同利用类型土地的面积进行统计和计算，得到土地利用影响信息表。土地利用类型分一级和二级，二级类型是对一级类型更详细的划分。不同场景下风险区内土地利用状况信息如表8.5和表8.6所示。

表8.4　土地利用分类体系

一级类型		二级类型		
编号	名称	编号	名称	含义
1	耕地（指种植农作物的土地，包括熟耕地、新开荒地、休闲地、轮歇地、草田轮作物地；以种植农作物为主的农果、农桑、农林用地；耕种3年以上的滩地和海涂）	11	水田	指有水源保证和灌溉设施，在一般年景能正常灌溉，用以种植水稻、莲藕等水生农作物的耕地，包括实行水稻和旱地作物轮种的耕地
		12	旱地	指无灌溉水源及设施，靠天然降水生长作物的耕地；有水源和浇灌设施，在一般年景下能正常灌溉的旱作物耕地；以种菜为主的耕地；正常轮作的休闲地和轮歇地
2	林地（指生长乔木、灌木、竹类的林地及沿海红树林地等林业用地）	21	有林地	指郁闭度大于30%的天然林和人工林。包括用材林、经济林、防护林等成片林地
		22	灌木林	指郁闭度大于40%、高度在2 m以下的矮林地和灌丛林地
		23	疏林地	指林木郁闭度为10%～30%的林地
		24	其他林地	指未成林造林地、迹地、苗圃及各类园地（果园、桑园、茶园、热作林园等）
3	草地（指以生长草本植物为主，覆盖度在5%以上的各类草地，包括以牧为主的灌丛草地和郁闭度在10%以下的疏林草地）	31	高覆盖度草地	指覆盖度大于50%的天然草地、改良草地和割草地。此类草地一般水分条件较好，草被生长茂密
		32	中覆盖度草地	指覆盖度为20%～50%的天然草地和改良草地，此类草地一般水分不足，草被较稀疏
		33	低覆盖度草地	指覆盖度为5%～20%的天然草地。此类草地水分缺乏，草被稀疏，牧业利用条件差

续表

一级类型		二级类型		
编号	名称	编号	名称	含义
4	水域（指天然陆地水域和水利设施用地）	41	河渠	指天然形成或人工开挖的河流及主干常年水位以下的土地。人工渠包括堤岸
		42	湖泊	指天然形成的积水区常年水位以下的土地
		43	水库坑塘	指人工修建的蓄水区常年水位以下的土地
		44	永久性冰川雪地	指常年被冰川和积雪所覆盖的土地
		45	滩涂	指沿海大潮高潮位与低潮位之间的潮浸地带
		46	滩地	指河、湖水域平水期水位与洪水期水位之间的土地
5	城乡、工矿、居民用地（指城乡居民点及其以外的工矿、交通等用地）	51	城镇用地	指大、中、小城市及县镇以上建成区用地
		52	农村居民点	指独立于城镇以外的农村居民点
		53	其他建设用地	指厂矿、大型工业区、油田、盐场、采石场等用地以及交通道路、机场及特殊用地
6	未利用土地（目前还未利用的土地，包括难利用的土地）	61	沙地	指地表为沙覆盖，植被覆盖度在5%以下的土地，包括沙漠，不包括水系中的沙漠
		62	戈壁	指地表以碎砾石为主，植被覆盖度在5%以下的土地
		63	盐碱地	指地表盐碱聚集，植被稀少，只能生长强耐盐碱植物的土地
		64	沼泽地	指地势平坦低洼，排水不畅，长期潮湿，季节性积水或常年积水，表层生长湿生植物的土地
		65	裸土地	指地表土质覆盖，植被覆盖度在5%以下的土地
		66	裸岩石质地	指地表为岩石或石砾，其覆盖面积大于5%的土地
		67	其他未利用土地	指其他未利用土地，包括高寒荒漠、苔原等
9	其他	99	填海造陆	指由填海造陆形成的土地，填海造陆前该区域为海洋

表8.5　风险区内土地利用一级类型面积统计信息　　　　　　　　（单位：km²）

类型	S1	S2	S3	S4	S5
耕地	49 029.3	52 458.5	58 605.0	60 258.9	66 537.1
林地	1 655.9	1 697.7	1 874.4	1 920.6	2 076.2
草地	1 257.7	1 307.6	1 431.6	1 459.8	1 547.4
水域	13 379.9	13 533.8	14 988.3	15 133.7	15 830.4
城乡、工矿、居民用地	17 599.4	18 673.2	20 749.9	21 259.9	23 156.2
未利用土地	1 180.8	1 298.7	1 439.4	1 473.6	1 560.1
其他	134.0	113.6	140.4	138.5	138.6

表8.6　风险区内土地利用二级类型面积统计信息　　　　　　　　（单位：km²）

类型	S1	S2	S3	S4	S5
水田	33 122.1	35 098.7	39 445.7	40 114.9	44 258.8
旱地	15 907.1	17 359.7	19 159.3	20 143.9	22 278.3
有林地	610.1	626.1	684.4	698.5	759.9
灌木林	184.3	180.7	197.4	198.4	211.4
疏林地	214.9	209.4	237.6	244.6	262.5
其他林地	646.6	681.4	755.1	779.0	842.5
高覆盖度草地	998.4	1 030.0	1 118.4	1 132.7	1 180.7
中覆盖度草地	206.0	220.2	244.5	253.5	285.1
低覆盖度草地	53.2	57.3	68.7	73.7	81.6
河渠	2 771.6	2 826.5	2 993.7	3 047.4	3 275.6
湖泊	3 377.8	3 390.4	3 646.7	3 649.6	3 669.8
水库坑塘	5 364.8	5 485.0	6 315.4	6 384.6	6 693.7
滩涂	698.8	624.2	719.7	724.0	740.3
滩地	1 167.0	1 207.8	1 312.8	1 328.2	1 451.0
城镇用地	5 542.2	5 794.2	6 376.3	6 470.0	6 948.3
农村居民点	6 504.2	7 060.2	8 190.8	8 498.7	9 523.0
其他建设用地	5 553.0	5 818.8	6 182.9	6 291.2	6 684.9
沙地	41.4	45.4	52.0	54.0	58.0

续表

类型	S1	S2	S3	S4	S5
盐碱地	240.5	280.5	351.5	364.5	394.2
沼泽地	847.6	918.5	973.0	991.2	1 040.1
裸土地	10.8	10.9	15.7	15.7	15.7
裸岩石质地	7.9	7.9	7.9	7.9	7.9
其他未利用土地	32.5	35.6	39.3	40.3	44.2
填海造陆	134.0	113.6	140.4	138.5	138.6

统计表显示，S5场景下淹没区内最主要的土地利用类型为耕地，占总面积的60.02%；其次是城乡、工矿、居民用地，占比为20.89%；再次是水域，占比为14.28%；其他土地利用类型占比不足5%。

不同场景下淹没风险区内土地利用情况如图8.19至图8.28所示。从图中可以看到风险区内大部分为耕地，一些重要水体如太湖、洪泽湖、白马湖、高邮湖及长江入海河口也分布在风险区内，风险区还分布在上海、天津滨海新区等城区。

暴露在海平面上升淹没风险区内的耕地将受到一定程度的影响，如果发生淹没，将会出现粮食产量减少等情况，势必会对我国粮食安全造成一定的影响。同时，海平面上升可加剧海水入侵、土壤盐渍化程度，也会对粮食产量造成不良影响。

暴露在风险区内的城镇建设用地、居民地等将受到不同程度的影响，如果发生淹没情况将对生产生活造成不利影响。同时，高海平面条件下泄洪不畅，风险区内容易发生洪涝等灾害。

水域包括滨海湿地、滩涂等，暴露在风险区的水域如果出现淹没情况，水质将发生变化，由原来的淡水向海水变化。水质的变化将改变该区域植被、生物的种类和数量，整个生态系统也将随之改变。

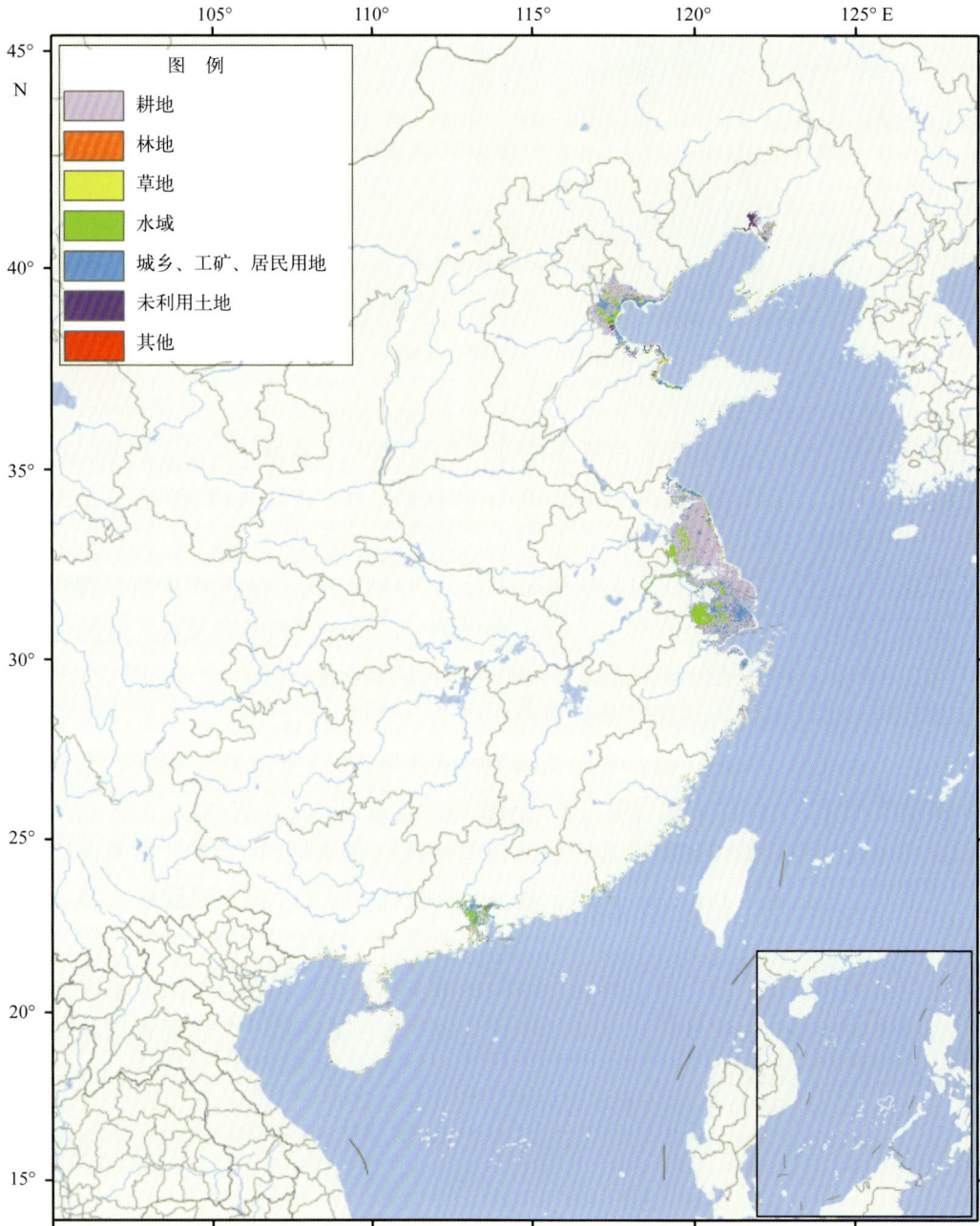

图8.19 S1场景中风险区内土地利用（一级类型）

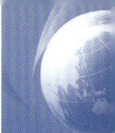

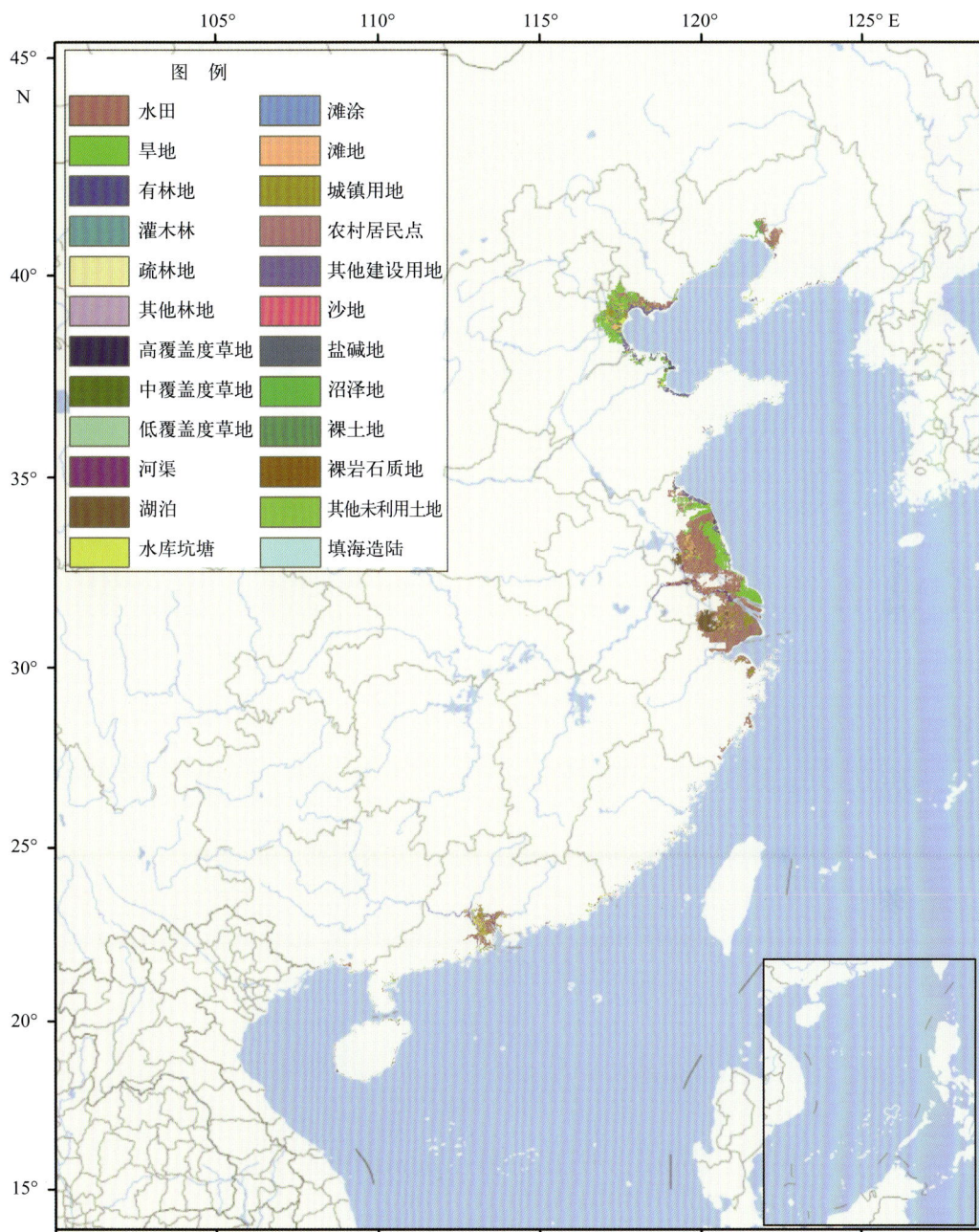

图8.20 S1场景中风险区内土地利用（二级类型）

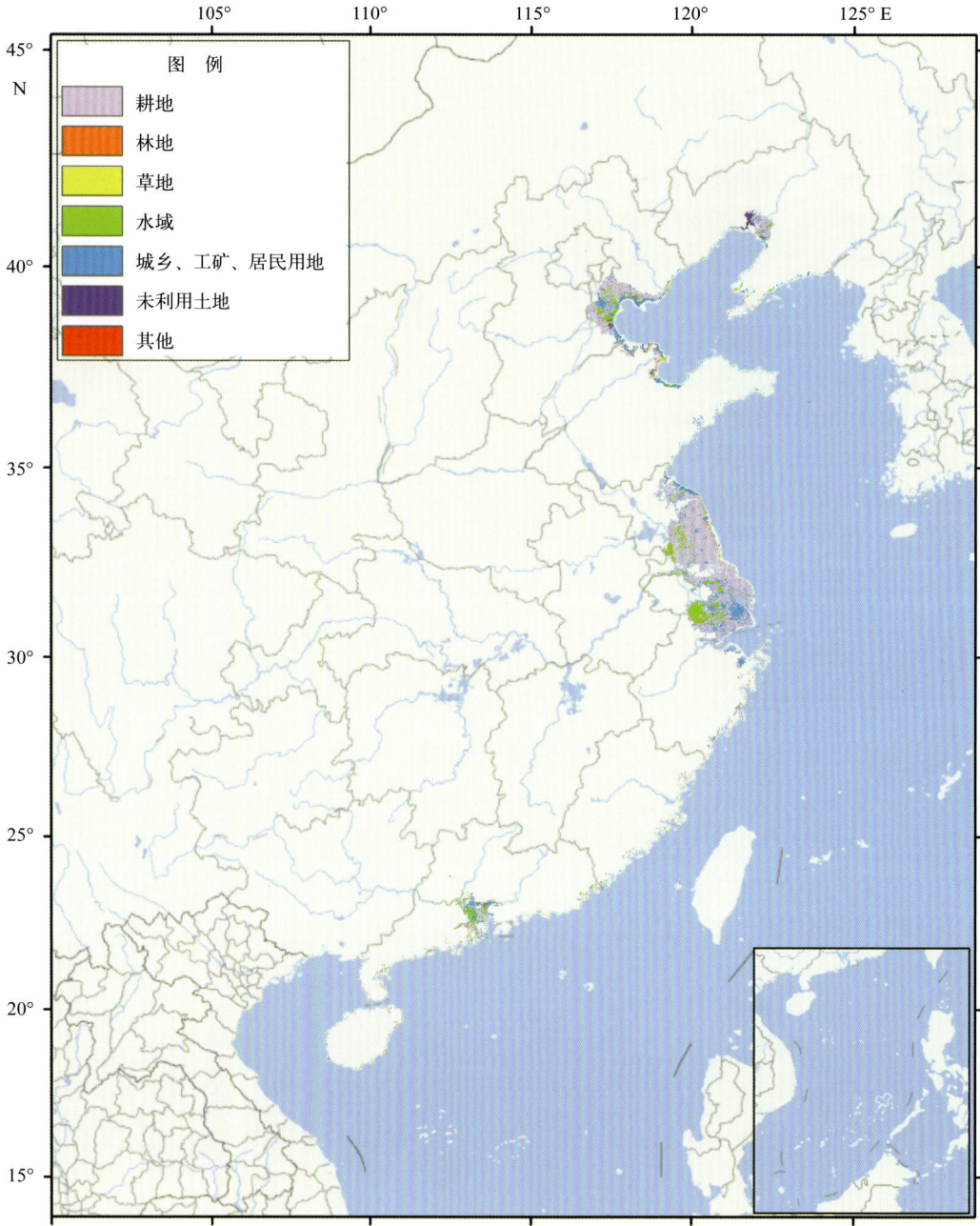

图8.21　S2场景中风险区内土地利用（一级类型）

图例

水田		滩涂	
旱地		滩地	
有林地		城镇用地	
灌木林		农村居民点	
疏林地		其他建设用地	
其他林地		沙地	
高覆盖度草地		盐碱地	
中覆盖度草地		沼泽地	
低覆盖度草地		裸土地	
河渠		裸岩石质地	
湖泊		其他未利用土地	
水库坑塘		填海造陆	

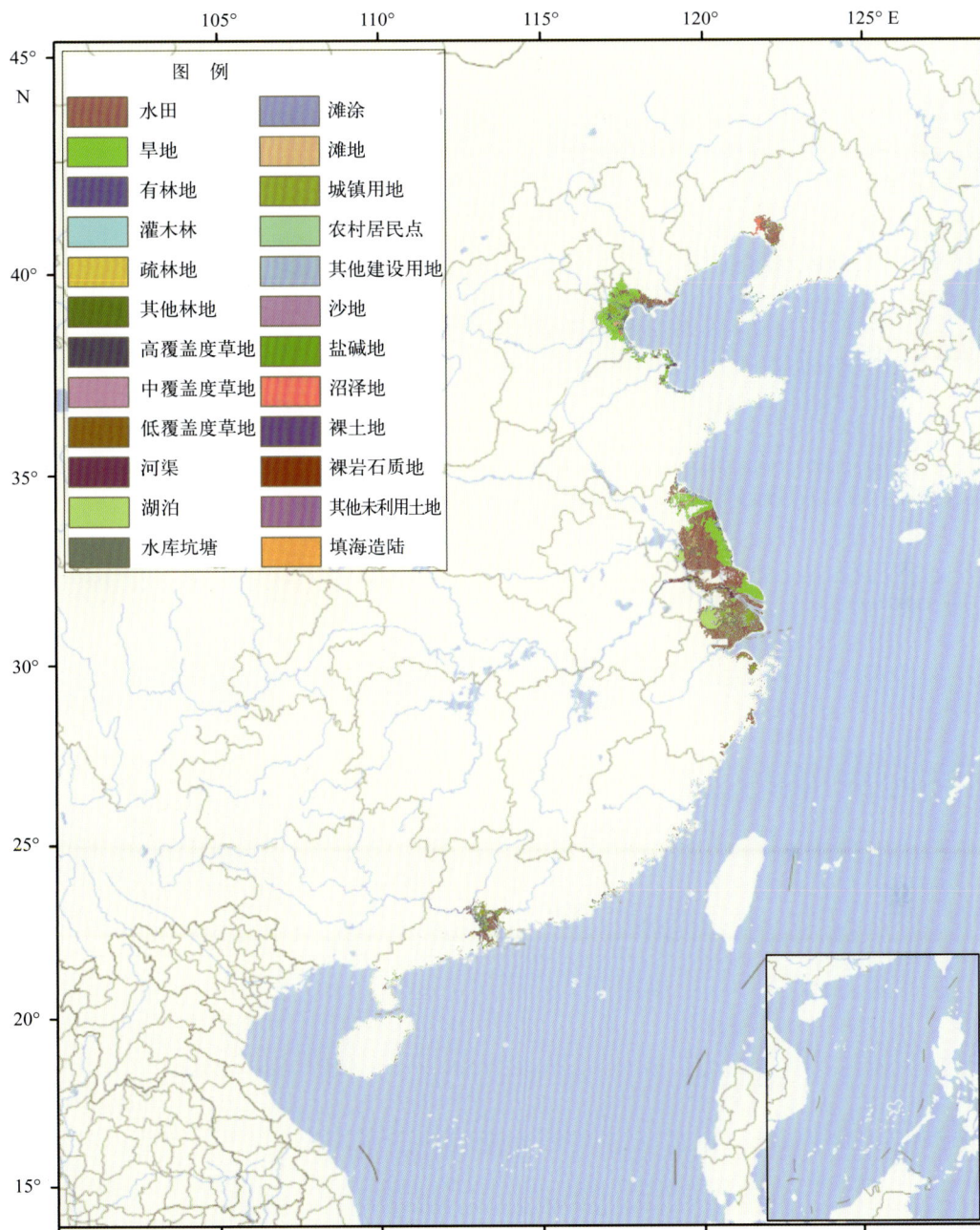

图8.22　S2场景中风险区内土地利用（二级类型）

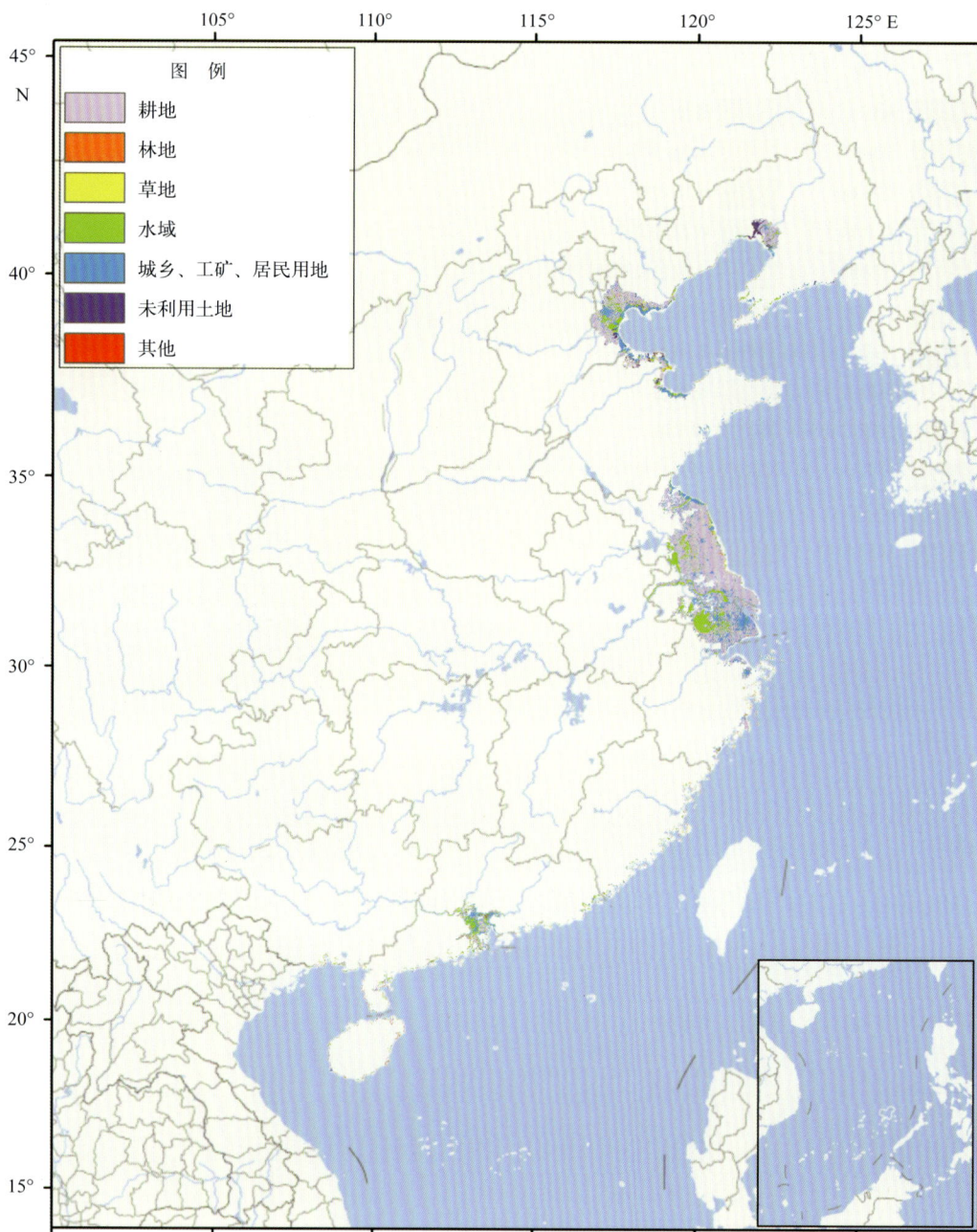

图8.23　S3场景中风险区内土地利用（一级类型）

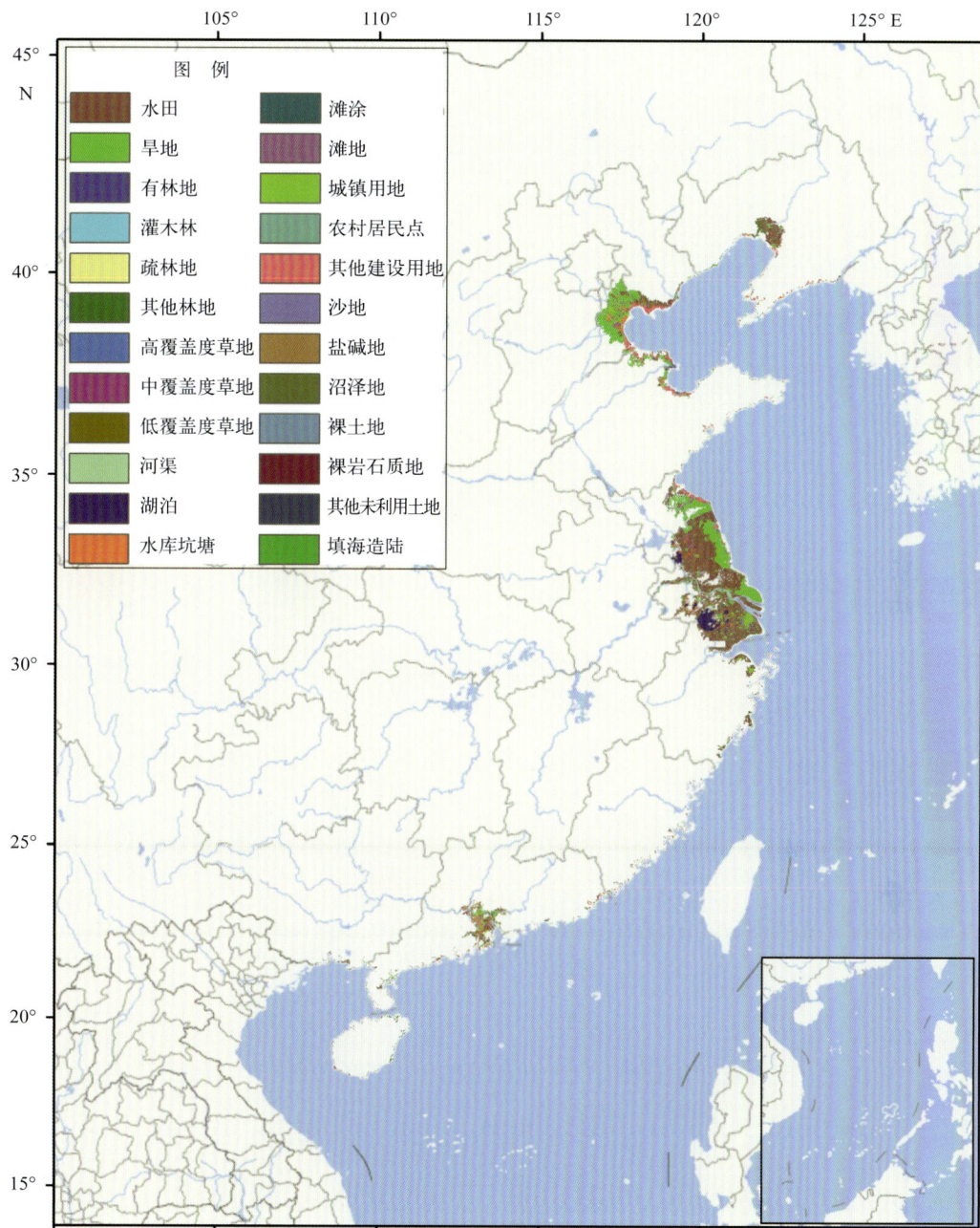

图8.24 S3场景中风险区内土地利用（二级类型）

图例

耕地
林地
草地
水域
城乡、工矿、居民用地
未利用土地
其他

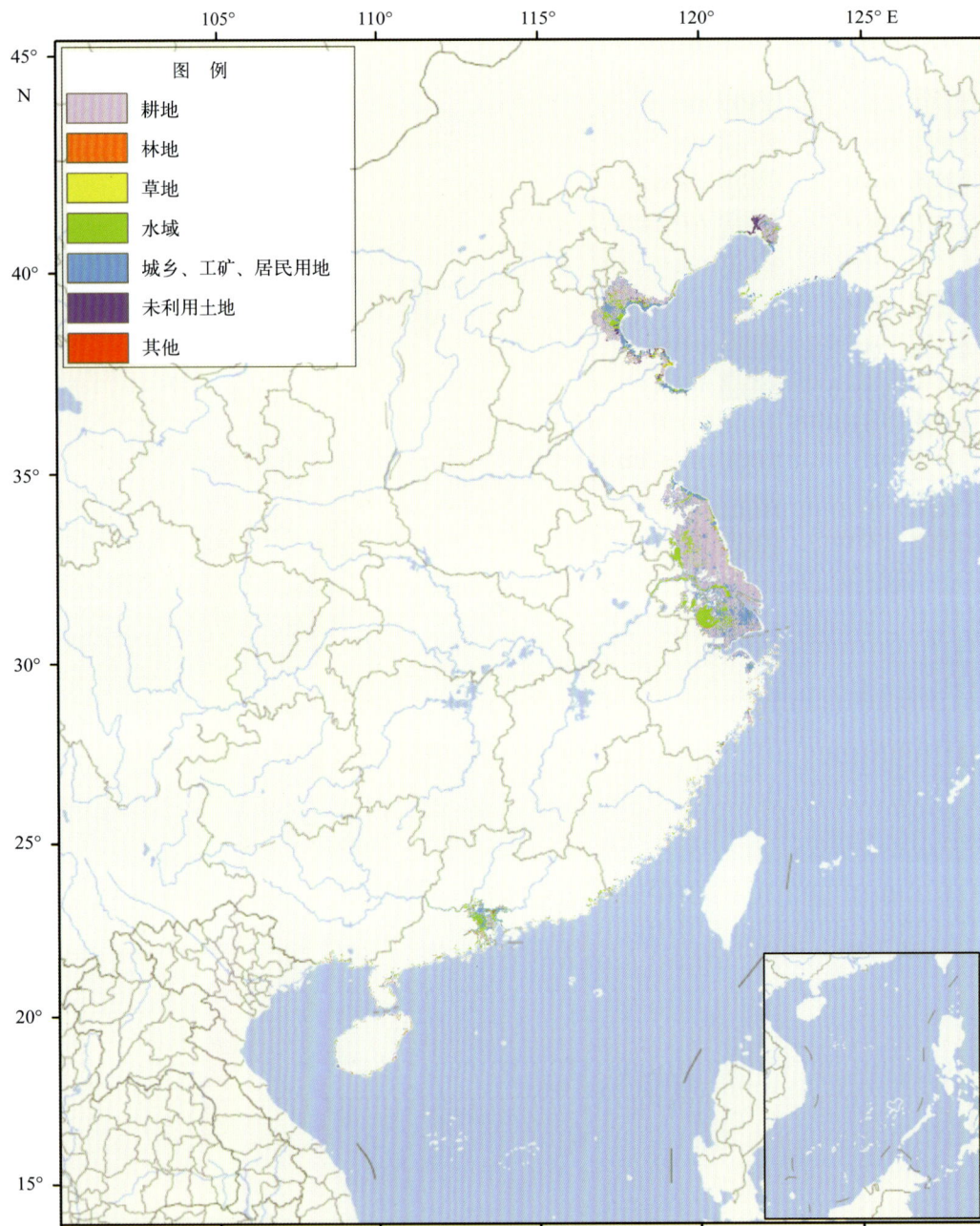

图8.25　S4场景中风险区内土地利用（一级类型）

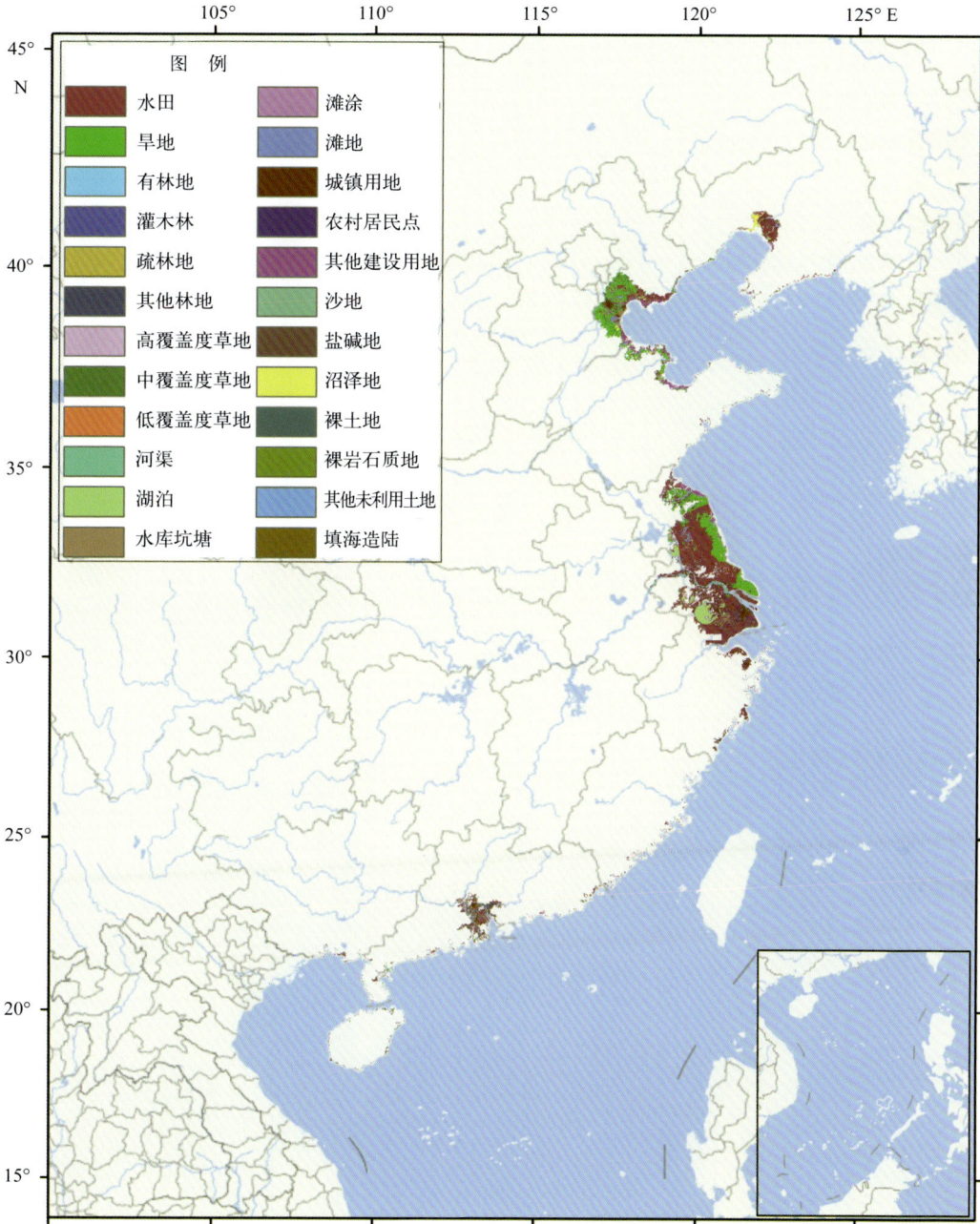

图8.26　S4场景中风险区内土地利用（二级类型）

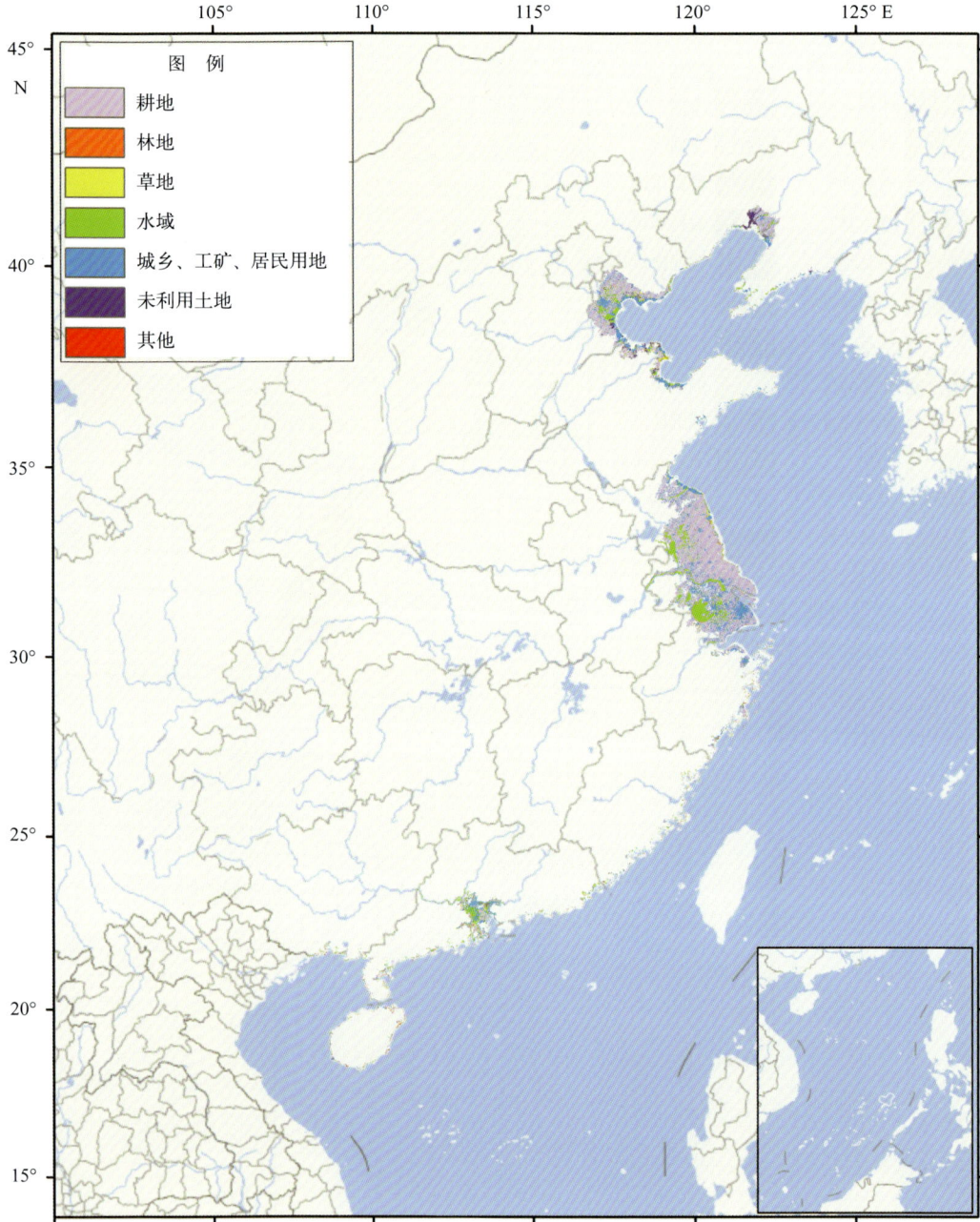

图8.27 S5场景中风险区内土地利用（一级类型）

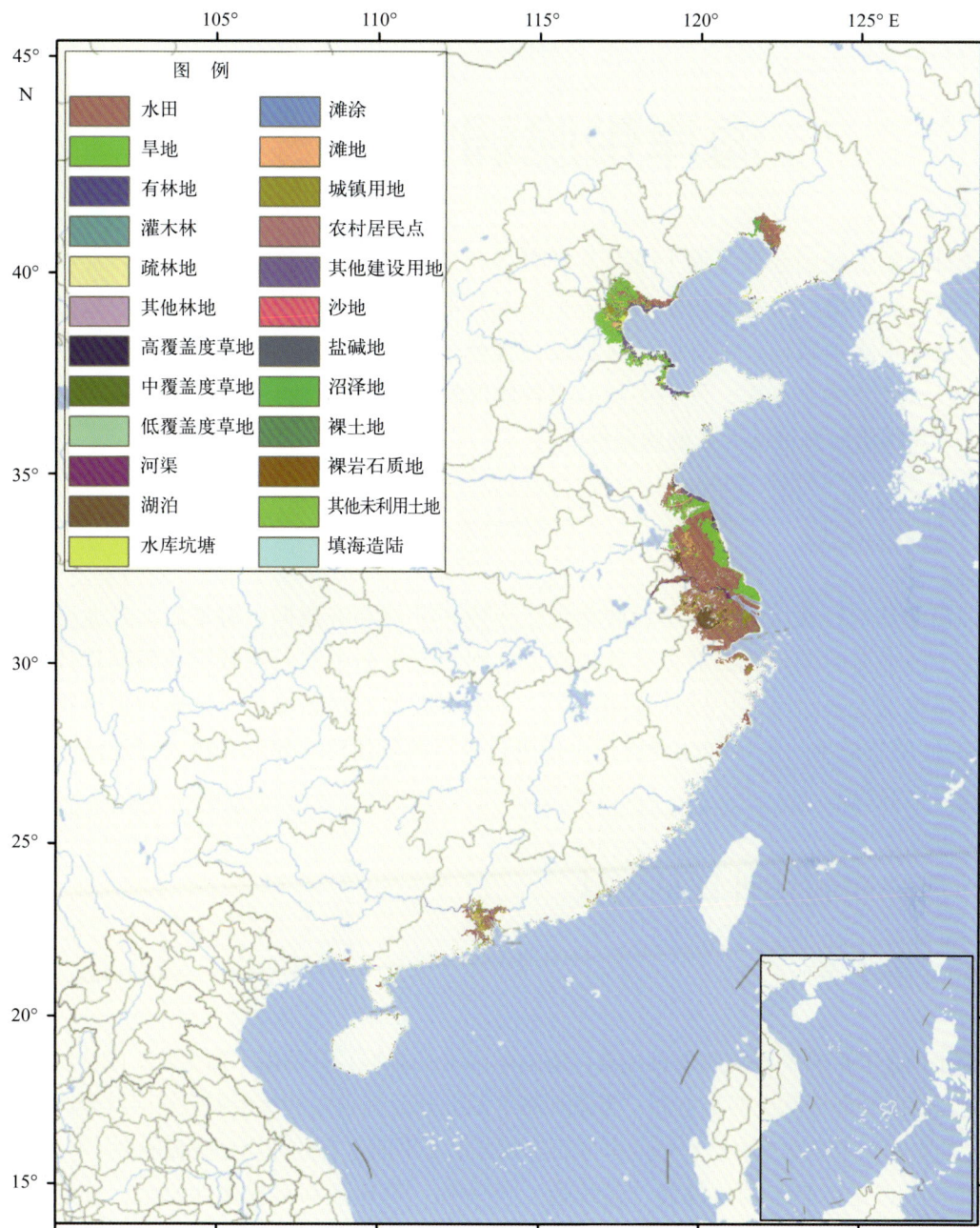

图8.28 S5场景中风险区内土地利用（二级类型）

第 9 章

海岸带脆弱性评估

全球气候变暖引起海平面上升及其影响将严重制约沿海经济社会的可持续发展，使经济、社会、环境、资源等均暴露在海平面上升带来的风险之中，这将直接导致沿海地区的发展变得更加脆弱。本章以沿海县级行政单元为评估单元，分别从海岸带自然环境和沿海社会经济两个方面，评估中国沿海各地区海平面上升背景下的海岸带脆弱程度，综合区划我国沿海海平面上升的脆弱性。

9.1 数据来源

以沿海县级行政区为评估单元收集自然环境和社会经济数据，海平面上升速率和潮差基于中国沿海验潮站观测数据计算得到，高程状况根据中国沿海数字地面高程计算得到，海岸状况主要参考《中国地理图集》、《中国近海海洋图集》（地质和地球物理分册）和908调查成果，人口和GDP数据主要引自各沿海省统计年鉴和中国海洋经济统计年鉴中2014年的数据。

9.2 海岸带脆弱性评估方法

9.2.1 指标体系

海平面上升的自然环境脆弱性主要考虑自然因素的影响，评估海平面变化、潮汐特征、地面高程状况和海岸状况四个方面；考虑到海平面上升及其引发的次生灾害会对社会经济产生一定的影响，主要从人口、经济两个方面分别评估海平面上升的社会经济脆弱性。

综合考虑指标确定的目的性、系统性、科学性、可比性和可操作性原则，分别按照海平面变化、潮汐特征、地面高程状况、海岸状况、人口、经济等脆弱性因子，选取相应的指标描述海平面上升脆弱性（表9.1）。

指标计算说明：

（1）海平面上升速率：根据沿海地区验潮站观测数据计算得到的相对海平面上升速率，单位：mm/a。

（2）平均潮差：根据沿海地区验潮站观测数据计算得到的潮差平均值，对于规则（不规则）半日潮地区计算大小潮的平均潮差，对于规则（不规则）日潮地区计算大潮的平均潮差，单位：cm。

（3）高程低于5 m的沿海地区面积占比：基于数字地面高程数据，计算得到的评估单元内地面高程低于5 m且与海相连地区的面积占评估单元总面积的比例（%）。

表9.1　以沿海县级行政区为评估单元的海平面上升脆弱性评估指标

因子层	副因子层	指标层
自然环境	海平面变化	海平面上升速率 /(mm·a⁻¹)
	潮汐特征	平均潮差 / cm
	地面高程状况	高程低于5 m的沿海地区面积占比（%）
	海岸状况	海岸线类型和稳定性
社会经济	人口	居民总数 / 万人
	经济	GDP / 亿元

（4）海岸线类型和稳定性：海岸线类型可分为基岩海岸、平原海岸、生物海岸，海岸稳定性分为淤涨、稳定、侵蚀三类。如某一评估单元存在多种类型，则按照占比最大的一类计算。根据各评估单元的海岸线类型和稳定性对各评估单元进行量化，量化基准见表9.2。

（5）居民总数：评估单元的人口总数，单位：万人。

（6）GDP：评估单元的地区生产总值，单位：亿元。

表9.2　海岸线类型和稳定性量化基准及量化值

量化基准	量化值
侵蚀性的平原海岸	5
侵蚀性的基岩海岸	4
生物海岸	3
稳定的基岩海岸和平原海岸	2
淤涨的基岩海岸和平原海岸	1

结合我国沿海地区各评估单元的实际情况，构建海平面上升脆弱性评估的指标体系，由于各项指标的特征和影响程度不同，利用层次分析方法计算各评估指标的权重系数，见表9.3。

表9.3　海平面上升脆弱性评估指标权重

评估因子	权重系数	评估指标	权重系数
自然环境	0.7	海平面上升速率 /(mm·a⁻¹)	0.3
		平均潮差 / cm	0.1
		高程低于5 m的沿海地区面积占比（%）	0.3
		海岸线类型和稳定性	0.3
社会经济	0.3	居民总数 / 万人	0.5
		GDP / 亿元	0.5

9.2.2 评估模型

利用加权综合评分法，构建海平面上升脆弱性评估模型。利用各评估单元指标分级后的结果分别计算自然环境脆弱性指数（V_N）和社会经济脆弱性指数（V_S）等脆弱性因子，综合各脆弱性因子计算获得海平面上升脆弱性指数（V_{SL}）。

自然环境脆弱性指数计算模型：

$$V_N = \sum_{i=1}^{n} N_i a_i \tag{9.1}$$

式中，V_N为自然环境脆弱性指数；N_i为自然环境脆弱性评估的第i个指标；a_i为第i个自然环境脆弱性指标的权重系数；n为自然环境脆弱性指标的个数。

社会经济脆弱性指数计算模型：

$$V_S = \sum_{i=1}^{n} S_i b_i \tag{9.2}$$

式中，V_S为社会经济脆弱性指数；S_i为社会经济脆弱性评估的第i个指标；b_i为第i个社会经济脆弱性指标的权重系数；n为社会经济脆弱性指标的个数。

脆弱性指数计算模型：

$$V_{SL} = V_N^{\alpha} \times V_S^{\beta} \tag{9.3}$$

式中，V_{SL}为海平面上升的脆弱性指数；V_N为自然环境脆弱性指数；V_S为社会经济脆弱性指数；α和β分别为危险度指数和社会经济脆弱性指数的权重系数。

根据计算模型计算得到的各评估单元的脆弱性指数（V_{SL}）评估各单元的海平面上升脆弱程度。脆弱程度与自然环境脆弱性指数和社会经济脆弱性指数成正比，V_{SL}取值越大，该评估单元的海平面脆弱性越大。

1）评估单元划分

根据中国沿海县、沿海县级市和沿海市辖区行政单元现状划分评估单元，中国沿海一共被划分为216个评估单元。这样划分的优点在于：适应当前我国以行政区为单位的管理特点；许多评估数据，特别是社会、经济的统计数据有可靠的数据来源，便于进行信息汇聚和分析评估；制定防灾减灾应对策略时更具有针对性和可实施性，如规划、组织生产、抗灾、救灾、投资和工程设计等。

2）评估数据处理

数据处理应遵循可比较原则，对各评估单元间的评估指标进行标准化处理，形成的标准化量值反映海平面上升对评估因子在不同评估单元间的影响程度。评估指标的标准化量值用于评估模型的计算。

对于海平面上升速率、平均潮差、地面高程状况等较为规则的数据序列采用预处理数学方法进行标准化处理。

将各评估单元某指标p的数值排列成一数据序列，预处理数学公式如下：

$$A_i = \frac{N[p_i - \min(p_i)]}{\max(p_i) - \min(p_i)} + 1 \tag{9.4}$$

式中，A_i为第i个评估单元指标p的标准化量值；i为评估单元序号，$i = 1，2，\cdots，n$；N为量化参数；P_i为第i个评估单元的指标数值。

一般将量化参数N取为4，即A_i的取值范围应介于1~5。

对于人口数量、GDP等分布不规律、数据量值跨度大的数据序列采用分级赋值法进行标准化处理（张继权等，2007）。目前分级赋值的方法较多，考虑到本报告的实际需求，采用实用性较强的固定间距量化分级方法，具体分级标准见表9.4。

表9.4 人口和经济数据分级赋值标准

评估指标	量化基准	量化值	个数	评估指标	量化基准	量化值	个数
人口数量/万人	>150	5	10	GDP/亿元	>1 500	5	10
	100~150	4	26		750~1 500	4	18
	75~100	3	39		500~750	3	30
	50~75	2	58		250~500	2	65
	<50	1	83		<250	1	93

3）脆弱性等级划分方法

为了沿海各级政府科学应对海平面上升可能带来的影响，根据海平面上升脆弱性指数，结合中国沿海地区海平面上升及影响状况，设置海平面上升脆弱性等级划分标准（表9.5），将各评估单元的海平面上升脆弱性由高到低划分为Ⅰ级（高脆弱性）、Ⅱ级（较高脆弱性）、Ⅲ级（中等脆弱性）和Ⅳ级（低脆弱性）。

表9.5 海平面上升脆弱性等级划分

脆弱性值	> 3.0	2.5~3.0	2.0~2.5	< 2.0
脆弱性等级（程度）	Ⅰ级（高脆弱性）	Ⅱ级（较高脆弱性）	Ⅲ级（中等脆弱性）	Ⅳ级（低脆弱性）

9.3 海岸带脆弱性评估及区划

9.3.1 海岸带脆弱性评估

根据脆弱性评估模型和计算方法，将沿海各县级评估单元指标数据量化值输入评估模型中，分别计算中国沿海地区各县级评估单元海平面上升的自然环境脆弱性指数、社会经济脆弱性指数，评估海平面上升脆弱性。

1）自然环境脆弱性评估

自然环境脆弱性评估主要考虑自然因素，评估海平面上升对沿海地区自然环境造成的潜在危险。渤海湾沿岸、苏北沿岸、长江三角洲和珠江三角洲沿岸地区地势低平、海岸稳定性较低，易受海平面上升的直接影响，这些地区的自然环境脆弱性较高，从各县级行政单元的分析结果来看，浦东新区、金山区、平湖市、黄骅市、海盐县、滨海新区、河口区、宝山区、丰南区、海宁市、无棣县和曹妃甸区等地的海平面上升自然环境脆弱性程度较高（图9.1）。

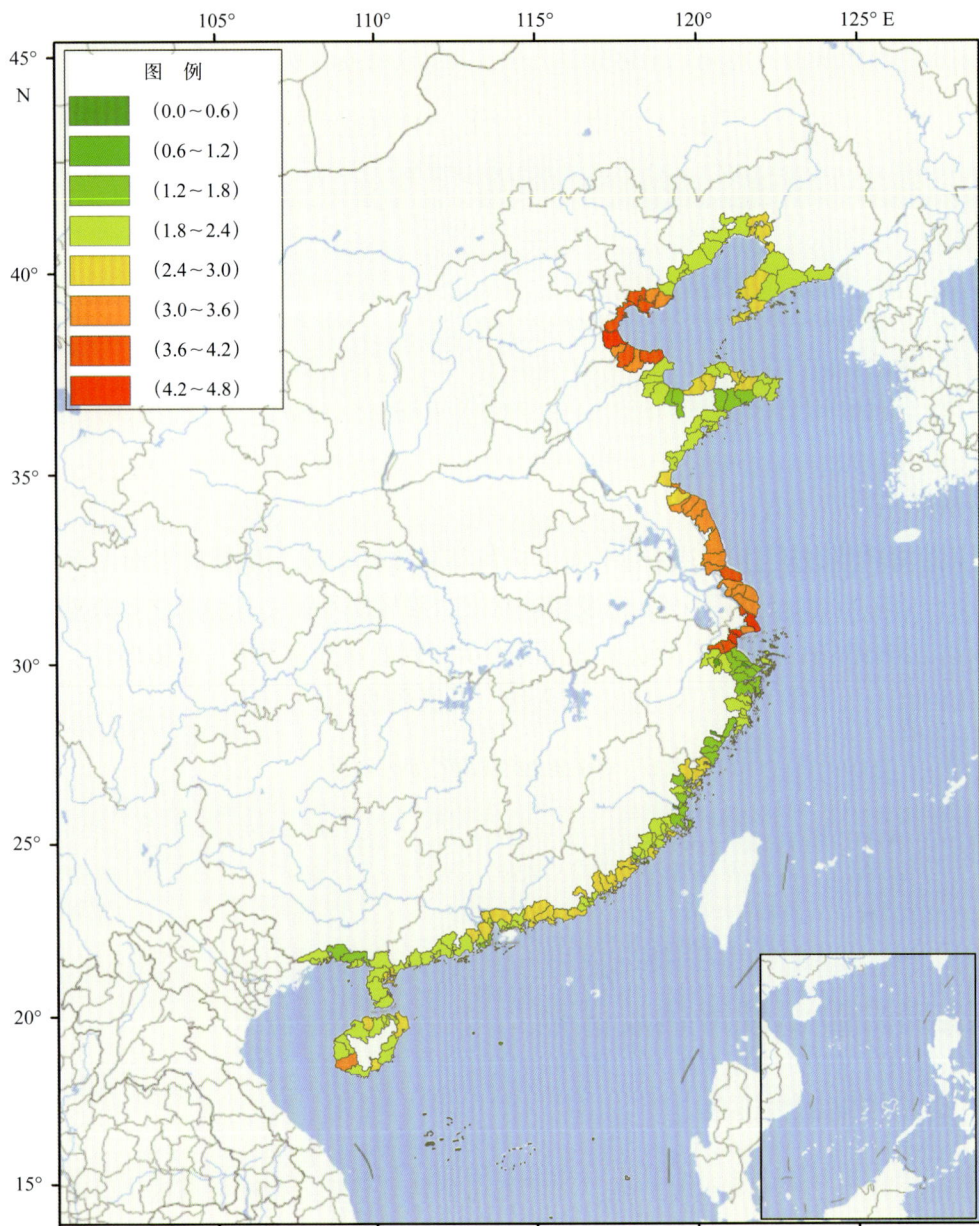

图9.1 沿海各县级评估单元自然环境脆弱性指数分布

2）社会经济脆弱性评估

社会经济脆弱性评估主要分析沿海地区人口和经济受海平面上升影响的脆弱程度。天津、上海以及广州、深圳等地区社会经济发展程度高，地区生产总值和人口数量较大，更易受到海平面上升的直接影响，社会经济脆弱性较高。从各县级行政单元的分析结果来看，浦东新区、滨海新区、东莞、中山、萧山区、宝安区和龙岗区等社会经济发达的地区海平面上升社会经济脆弱程度较高（图9.2）。

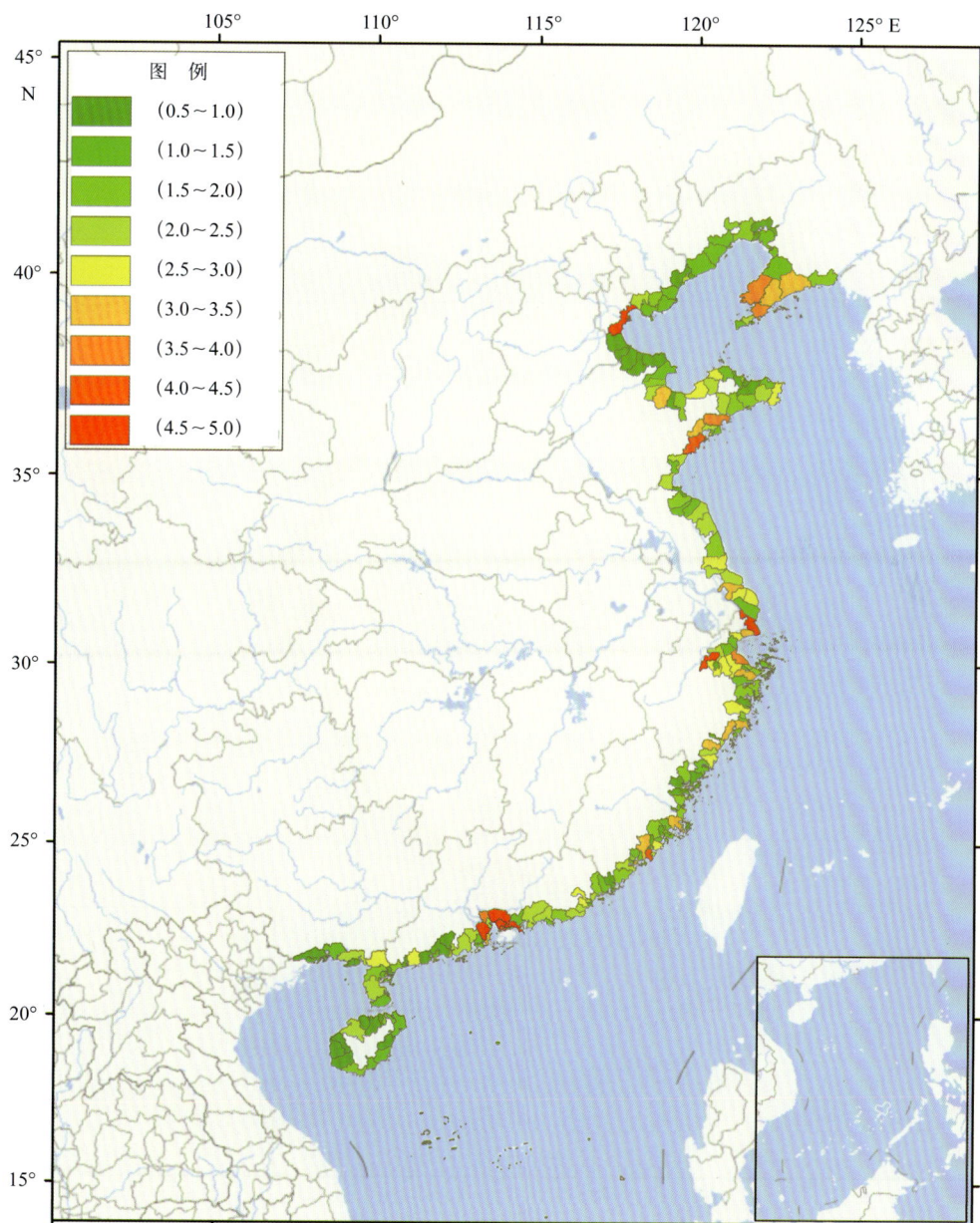

图9.2 沿海各县级评估单元社会经济脆弱性指数分布

3）脆弱性评估

综合沿海各县级评估单元的海平面上升自然环境脆弱性、社会经济脆弱性评估结论，计算沿海各县级评估单元的海平面上升脆弱性指数（图9.3）。渤海湾沿岸、长江三角洲和珠江三角洲沿岸等地区的自然环境脆弱性和社会经济脆弱性都较高，两者叠加后使得海岸带脆弱程度更高，从各县级行政单元的分析结果来看，浦东新区、滨海新区、金山区和宝山区等地海平面上升背景下的海岸带脆弱性程度较高。

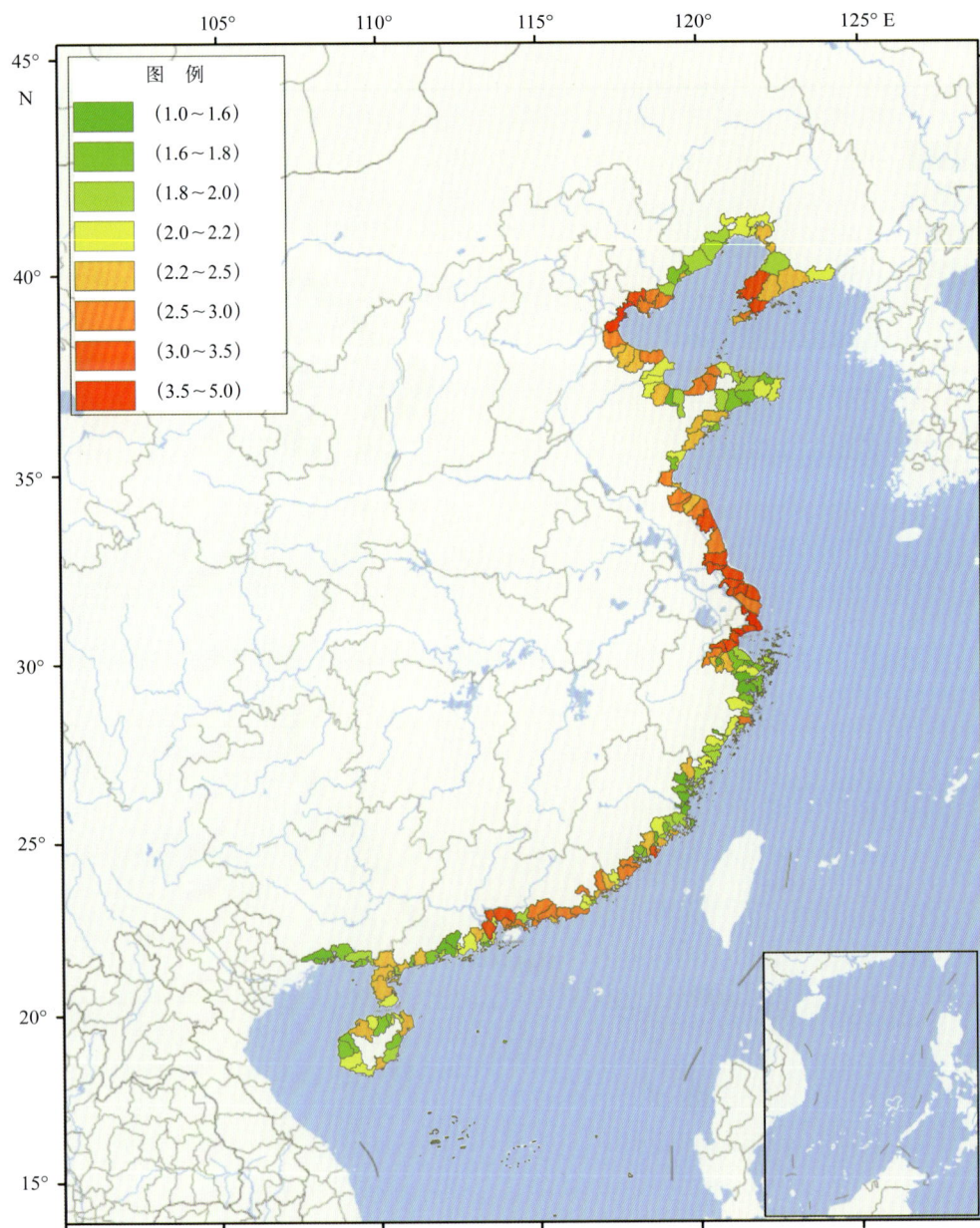

图9.3 中国沿海脆弱性指数分布

9.3.2 脆弱性区划

依照脆弱性评估中计算出的沿海各县级评估单元海平面上升脆弱性指数，按照脆弱性等级划分标准，将各评估区的脆弱性划分为Ⅰ级（高脆弱性）、Ⅱ级（较高脆弱性）、Ⅲ级（中等脆弱性）和Ⅳ级（低脆弱性）。

划分为Ⅰ级（高脆弱性）的海平面上升脆弱性评估单元22个，见表9.6。划分为Ⅱ级（较高脆弱性）的海平面上升脆弱性评估单元30个，见表9.7。划分为Ⅲ级（中等脆弱性）的海平面上升脆弱性评估单元77个，见表9.8。划分为Ⅳ级（低脆弱性）的海平面上升脆弱性评估单元87个，见表9.9。

表9.6 海平面上升Ⅰ级脆弱性的沿海县级行政区

沿海省	沿海城市	沿海县	脆弱性值
辽宁省	大连市	金州区	3.13
		瓦房店市	3.08
河北省	唐山市	丰南区	3.32
天津市	天津市	滨海新区	4.26
江苏省	南通市	海安县	3.12
		如东县	3.25
		启东市	3.23
		通州市	3.47
		海门市	3.32
	盐城市	射阳县	3.05
		东台市	3.18
上海市	上海市	宝山区	4.02
		浦东新区	4.82
		金山区	4.03
		奉贤区	3.45
浙江省	嘉兴市	海盐县	3.00
		海宁市	3.30
		平湖市	3.18
福建省	泉州市	晋江市	3.24
广东省	广州市	番禺区	3.27
	东莞市	东莞市	3.04
	中山市	中山市	3.18

表9.7　海平面上升Ⅱ级脆弱性的沿海县级行政区

沿海省	沿海城市	沿海县	脆弱性值
辽宁省	大连市	甘井子区	2.71
河北省	唐山市	滦南县	2.71
		乐亭县	2.65
		曹妃甸区	2.81
	沧州市	黄骅市	2.74
山东省	东营市	河口区	2.56
	烟台市	龙口市	2.55
		莱州市	2.80
		招远市	2.60
江苏省	连云港市	赣榆县	2.54
		灌云县	2.58
		灌南县	2.67
	盐城市	滨海县	2.99
		大丰市	2.84
上海市	上海市	崇明县	2.54
浙江省	杭州市	萧山区	2.97
	台州市	温岭市	2.56
福建省	泉州市	石狮市	2.72
	漳州市	漳浦县	2.55
		龙海市	2.79
广东省	深圳市	福田区	2.67
		南山区	2.65
		宝安区	2.80
		龙岗区	2.66
	惠州市	惠东县	2.63
	汕尾市	海丰县	2.69
		陆丰市	2.55
	潮州市	饶平县	2.51
	揭阳市	揭东县	2.82
		惠来县	2.68

表9.8 海平面上升Ⅲ级脆弱性的沿海县级行政区

沿海省	沿海城市	沿海县	脆弱性值
辽宁省	丹东市	东港市	2.06
	锦州市	凌海市	2.15
	营口市	西市区	2.28
		鲅鱼圈区	2.03
		老边区	2.33
	盘锦市	大洼县	2.38
		盘山县	2.05
	大连市	中山区	2.35
		西岗区	2.09
		沙河口区	2.34
		旅顺口区	2.30
		普兰店市	2.37
		庄河市	2.43
河北省	秦皇岛市	海港区	2.21
	沧州市	海兴县	2.41
山东省	东营市	东营区	2.19
		垦利县	2.04
		广饶县	2.19
	烟台市	芝罘区	2.29
		蓬莱市	2.06
	潍坊市	寿光市	2.25
	威海市	文登市	2.09
		荣成市	2.13
	日照市	东港区	2.07
	滨州市	无棣县	2.49
		沾化县	2.33
	青岛市	市南区	2.22
		市北区	2.21
		黄岛区	2.49
		城阳区	2.12
		胶州市	2.28
		即墨市	2.35
江苏省	连云港市	连云区	2.45
	盐城市	响水县	2.45

续表

沿海省	沿海城市	沿海县	脆弱性值
浙江省	温州市	瑞安市	2.05
		乐清市	2.12
	绍兴市	绍兴县	2.32
		上虞市	2.34
	舟山市	嵊泗县	2.07
	台州市	临海市	2.13
	宁波市	鄞州区	2.07
福建省	莆田市	秀屿区	2.43
		仙游县	2.01
	泉州市	惠安县	2.43
		南安市	2.26
	漳州市	云霄县	2.03
		诏安县	2.29
		东山县	2.08
	宁德市	福安市	2.45
		福鼎市	2.19
	厦门市	思明区	2.47
		湖里区	2.40
广东省	广州市	南沙区	2.15
	珠海市	香洲区	2.02
	汕头市	金平区	2.29
		潮阳区	2.20
		潮南区	2.18
		澄海区	2.38
	江门市	新会区	2.48
		台山市	2.10
	湛江市	霞山区	2.13
		麻章区	2.24
		遂溪县	2.26
		徐闻县	2.04
		廉江市	2.48
		雷州市	2.41
		吴川市	2.24
	茂名市	电白县	2.47
	汕尾市	城 区	2.35

续表

沿海省	沿海城市	沿海县	脆弱性值
海南省	海口市	龙华区	2.09
		美兰区	2.02
	三亚市		2.09
		儋州市	2.30
		文昌市	2.32
		临高县	2.07
		乐东黎族自治县	2.18
		陵水黎族自治县	2.28

表9.9　海平面上升Ⅳ级脆弱性的沿海县级行政区

沿海省	沿海城市	沿海县	脆弱性值
辽宁省	营口市	盖州市	1.86
	葫芦岛市	连山区	1.93
		龙港区	1.73
		绥中县	1.87
		兴城市	1.90
	大连市	长海县	1.80
河北省	秦皇岛市	山海关区	1.66
		北戴河区	1.68
		昌黎县	1.91
		抚宁县	1.66
山东省	烟台市	福山区	1.85
		牟平区	1.85
		莱山区	1.86
		长岛县	1.50
		莱阳市	1.82
		海阳市	1.70
	潍坊市	寒亭区	1.48
		昌邑市	1.85
	威海市	环翠区	1.73
		乳山市	1.73
	日照市	岚山区	1.78
	青岛市	崂山区	1.76
		李沧区	1.80

沿海省	沿海城市	沿海县	脆弱性值
浙江省	温州市	龙湾区	1.91
		洞头县	1.61
		平阳县	1.86
		苍南县	1.99
	舟山市	定海区	1.95
		普陀区	1.97
		岱山县	1.73
	台州市	椒江区	1.90
		路桥区	1.77
		玉环县	1.95
		三门县	1.72
	宁波市	北仑区	1.63
		镇海区	1.46
		象山县	1.71
		宁海县	1.53
		余姚市	1.75
		慈溪市	1.96
		奉化市	1.59
福建省	福州市	马尾区	1.33
		连江县	1.50
		罗源县	1.77
		平潭县	1.42
		福清市	1.83
		长乐市	1.52
	莆田市	城厢区	1.65
		涵江区	1.88
		荔城区	1.85
	泉州市	丰泽区	1.93
		洛江区	1.56
		泉港区	1.99
	宁德市	蕉城区	1.49
		霞浦县	1.96
	厦门市	海沧区	1.71
		集美区	1.78
		同安区	1.71
		翔安区	1.73

续表

沿海省	沿海城市	沿海县	脆弱性值
广东省	深圳市	盐田区	1.86
	珠海市	斗门区	1.84
		金湾区	1.44
	汕头市	龙湖区	1.95
		濠江区	1.65
		南澳县	1.69
	江门市	恩平市	1.57
	湛江市	赤坎区	1.92
		坡头区	1.93
	茂名市	茂港区	1.76
	惠州市	惠阳区	1.88
	阳江市	江城区	1.95
		阳西县	1.79
		阳东县	1.57
广西壮族自治区	北海市	海城区	1.56
		银海区	1.65
		铁山港区	1.68
		合浦县	1.94
	防城港市	港口区	1.63
		防城区	1.59
		东兴市	1.59
	钦州市	钦南区	1.61
海南省	海口市	秀英区	1.73
		琼海市	1.70
		万宁市	1.92
		东方市	1.74
		澄迈县	1.72
		昌江黎族自治县	1.73

　　根据等级划分结果，按照Ⅰ级（高脆弱性）、Ⅱ级（较高脆弱性）、Ⅲ级（中等脆弱性）和Ⅳ级（低脆弱性）4个脆弱性等级，绘制中国沿海海平面上升脆弱性等级划分图，见图9.4。

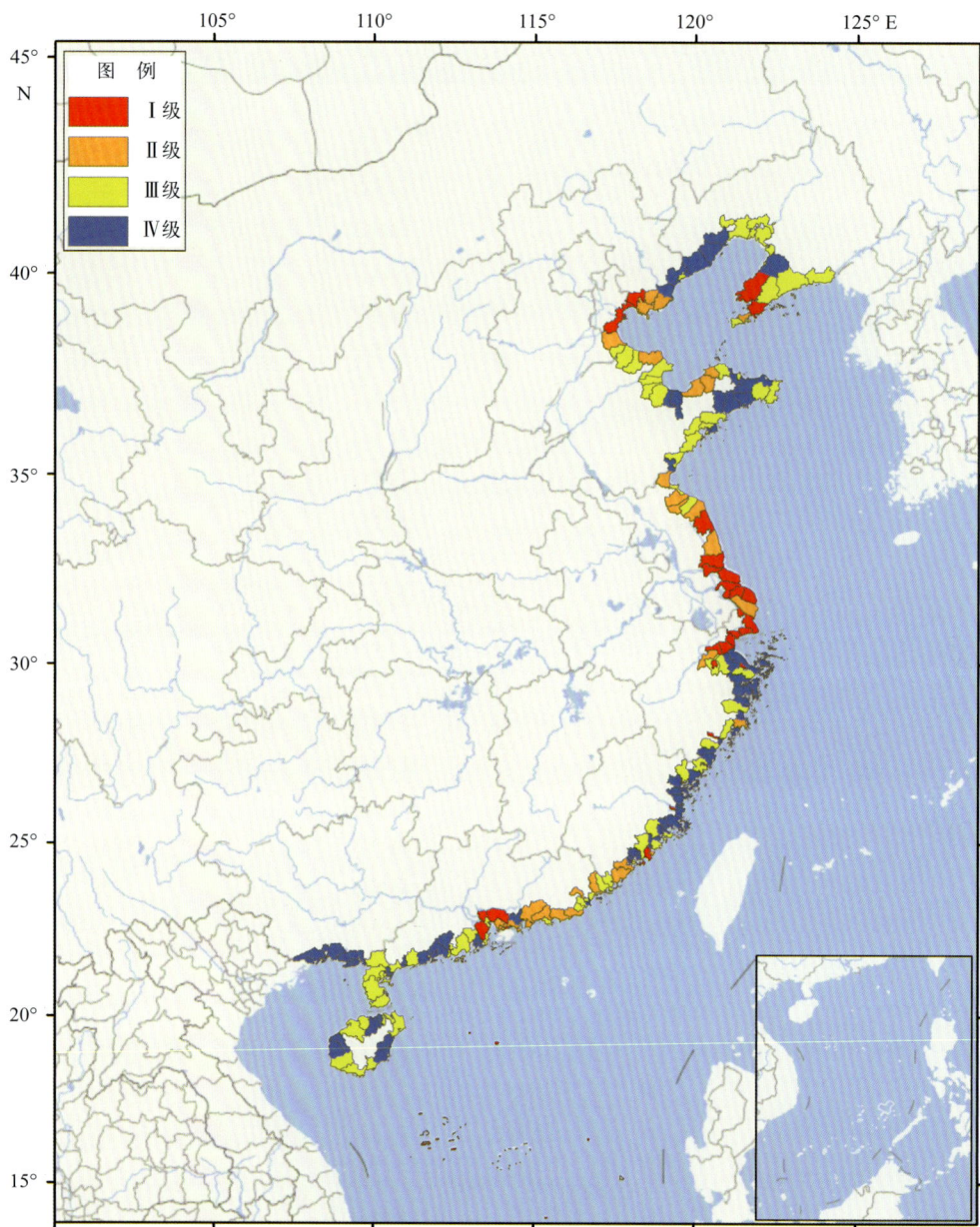

图9.4　沿海各县级评估单元脆弱性等级划分

第 10 章

海岸侵蚀评估

中国沿海海岸侵蚀分布广泛，北起辽东湾、南至海南岛，大陆海岸和岛屿海岸均有侵蚀分布，海岸侵蚀造成滨海旅游资源、滨海生态受损。定量及定性评估未来海岸侵蚀的潜在风险，判别易受侵蚀的脆弱性区域，合理预测重点岸段未来海岸侵蚀量及其演变趋势，对支持海洋防灾减灾实践、支撑政府管理部门作出科学决策具有促进作用。

10.1 数据来源

1）地理地貌数据

本研究采用NOAA发布的GSHHG高分辨率（version 2.3.6）岸线数据产品，该数据融合了CIA全球岸线WDBII和全球矢量岸线数据。岸线数据经过质控处理，消除内部不稳定点和交叉片段等，并以多层次的多边形，融合了海岸线、湖泊岛屿、岛屿池塘几个层次的岸线数据。

海平面上升引发的海岸蚀退与海岸剖面形态、历史海岸侵蚀特征（侵蚀/淤积速率）、海岸地貌特征等有关。代表性剖面/岸段的参数数据由全国沿海海平面变化影响调查成果和专著及文献资料统计得到，分布在辽东湾沿岸、河北省秦皇岛和黄骅沿岸、山东半岛及南部沿岸、连云港沿岸、杭州湾沿岸，以及福建和广东部分砂质岸段。

2）水文数据

海岸侵蚀脆弱性评估采用的潮差和海平面上升速率是由中国沿海验潮站观测资料统计分析得到，沿海波浪波高数据引用专著的公开发表结果。海平面上升对典型岸段的侵蚀影响评估中采用的海平面上升预测结果见2.2.4节。

3）社会经济数据

在海岸侵蚀评估典型岸段，分辨率为1 km² 的人口和GDP数据来源于中国科学院资源环境科学数据中心，居民收入水平等数据来源于国家统计局的权威发布。旅游沙滩数据来源于全国沿海海平面变化影响调查评估成果。

10.2 海岸侵蚀评估方法

10.2.1 海岸侵蚀脆弱性评估

海平面上升背景下的海岸侵蚀是全球沿海国家普遍关注的热点问题之一。海岸侵蚀

造成沿海土地损失，生态系统、旅游沙滩、渔场等受到破坏。在国家尺度上进行海平面上升背景下的海岸侵蚀脆弱性评估，有助于为管理部门提供决策依据和数据支撑，对海岸资源进行科学管理，降低海岸侵蚀灾害。

本研究采用海岸脆弱性指数（CVI，Coastal Vulnerability Index）参数化评估模型对中国海岸侵蚀脆弱性进行评估，选取海岸地貌、海平面上升速率、海岸侵蚀速率、平均潮差和最大波高5个参数因子，构成脆弱性评估指标体系。基于海岸侵蚀影响因素的潜在贡献率和威胁程度，对各个危险性指标进行赋值。根据各指标因子的取值不同，将其划分为相应的线性区间，分别对应很高、高、中等、低和很低5个脆弱性等级（表10.1）。

表10.1　海岸侵蚀脆弱性指标及评价标准

变量	海岸侵蚀脆弱性等级				
	1	2	3	4	5
	很低	低	中等	高	很高
	1		2		3
海岸地貌	基岩、崖壁海岸、岬湾中等崖壁海岸、锯齿状海岸		河口、潟湖海岸、低矮崖壁海岸、三角洲、冰川冲积平原		鹅卵石海岸、障蔽岛海岸、砂质海岸、咸水沼泽、红树林、珊瑚礁
海平面上升速率 / (mm·a⁻¹)	<3.167	3.167 ~ 3.500	3.500 ~ 3.833	3.833 ~ 4.167	>4.167
海岸侵蚀速率 / (m·a⁻¹)	>2.0	1.0 ~ 2.0	−1.0 ~ 1.0	−2.0 ~ −1.1	<−2.0
	淤积		稳定		侵蚀
平均潮差 / m	<1.0	1.0 ~ 2.0	2.0 ~ 3.0	3.0 ~ 4.0	>4.0
最大波高 / m	<5.5	5.5 ~ 8.5	8.5 ~ 11.5	11.5 ~ 14.5	>14.5

1）指标阈值确定

结合中国海岸不同区域的侵蚀状况及各因素对海岸影响程度，确定脆弱性指标阈值。

2）海岸脆弱性参数

海岸脆弱性参数由海岸地貌、海平面上升速率、海岸侵蚀速率、平均潮差、最大波高共5个指标组合得到。该参数不直接与海岸侵蚀状态相关，但通过该参数可以得到海平面上升背景下海岸侵蚀的相对程度。

确定5个影响海岸侵蚀的主要指标后，计算得到海岸侵蚀脆弱性参数如下：

$$CVI = \sqrt{(a \times b \times c \times d \times e) / 5} \tag{10.1}$$

式中，a 为海岸地貌；b 为海平面上升速率；c 为海岸线侵蚀/淤涨速率；d 为平均潮差；e 为最大波高。

10.2.2　海平面上升与海岸侵蚀

长期稳定的海岸平衡形态和演变趋势是海平面变化、波浪和潮流以及岸滩地貌构造属性等共同作用的结果。采用平衡剖面模型进行海平面上升情景下的海岸侵蚀评估（图10.1），该模型是判定海平面上升对海岸线影响最常用的方法之一，通常适用于沿岸输沙梯度较小的平直砂质海岸，包括以下假设：

（1）垂直于海岸方向闭合深度以内的岸滩剖面为动态剖面，且在特定的波浪条件下向平衡剖面状态演变。泥沙的重新分布只存在于动态剖面内部，闭合深度通常指离岸方向波浪能影响到底床泥沙输移的界限水深。

（2）海平面上升，动态剖面内泥沙向离岸方向运动，剖面上部侵蚀，下部淤积，从而达到新的平衡剖面状态。

（3）动态剖面内海滩侵蚀的泥沙量和在离岸方向预计的泥沙量相同，与外部没有泥沙交换。

（4）泥沙淤积伴随的底床升高值等于海平面上升数值。

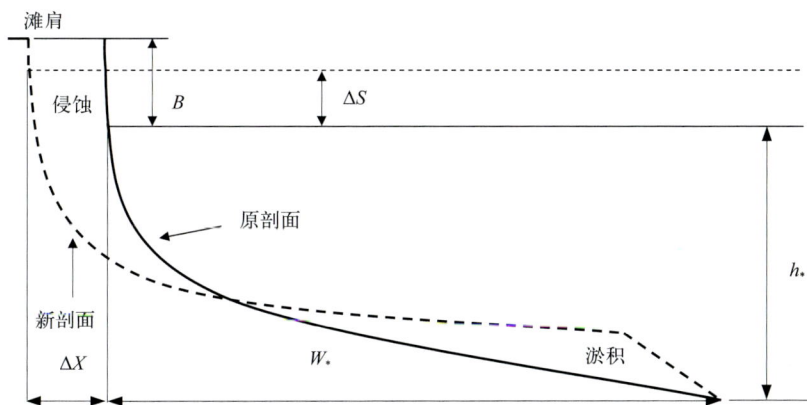

图10.1　海平面上升引发海岸侵蚀示意

蚀退距离的计算：

$$\Delta X = -\Delta S \left(\frac{W_*}{h_* + B} \right) \tag{10.2}$$

式中，ΔX为海平面上升引起的岸线变化；ΔS为相对海平面上升；W_*为动态剖面在沿岸方向的长度；h_*为闭合水深；B为滩肩到原始海平面的距离。

侵蚀面积的计算：

$$S = \sum_{i=1}^{n} \beta \times \Delta X_i \times L_i \tag{10.3}$$

式中，β为参数，介于0～1；L_i为对应岸段长度。

由上式可以得到，海平面上升引发的砂质海岸蚀退距离不仅与相对海平面上升速率有关，还与海岸地貌形态及海岸动力参数有关。一般地，将（h_* + B）/ W_* 作为砂质岸滩剖面的"形态参数"，该参数的取值一般介于0.01~0.02。

海岸侵蚀的社会经济影响主要涉及两个方面：土地损失、土地损失伴随的人口迁移。土地损失是指由于海岸侵蚀而永久损失的土地，这里假设土地价值是通用的，且不随时间变化。土地损失伴随的人口迁移用沿海土地损失面积和沿海人口密度计算得到，假设沿海1 km × 1 km人口栅格化数据中，人口在单元内均匀分布，且不再考虑人口迁移需要的房屋重建和基础设施建设投入。上述两方面因素对应的经济损失之和构成海岸侵蚀经济损失。

海岸侵蚀损失可通过沙滩养护，即人工抛沙来补偿。沙滩养护作为海岸"软防护"，是一种亲和自然的岸滩防护手段，依抛沙位置的不同，可以划分为海滩养护和离岸养护两种。

a. 海滩养护

抛沙位置主要集中于低潮线以上的干滩区域。对于旅游沙滩，定期实施的整治和修复工程能够直接增加干滩宽度，有利于吸引更多潜在游客，增加旅游收入。其优点在于沙量省、运程短、见效快，相对于离岸养护成本更高。

b. 离岸养护

抛沙位置位于潮间带以下。补沙后，泥沙在波浪运动的作用下向岸输移。离岸抛沙为主动性防护手段，补滩见效较为缓慢，该措施造价低于海滩抛沙，适用于侵蚀强度相对较弱，侵蚀速率较小的岸段。同时，在波浪向岸运动较弱的岸段，离岸抛沙对沙滩补给作用有限。

本评估考虑两种情况：

a. 不进行养滩

此时岸滩没有额外的沙源补充，岸滩随海平面上升而持续蚀退。

b. 基于历史数据的最优化养滩

养滩考虑的主要因素包括沙滩侵蚀量、养滩周期、沙源情况等。对于特定岸段，在海平面变化速率和其他影响因素近似不变的情形下，海岸侵蚀速率会保持在一定水平，根据各岸段的历史蚀退情况，可以得到多岸段的平均年度侵蚀速率。养滩抛沙成分应与当地的造床质、水动力条件相匹配。庄振业等（2009）根据荷兰养滩实践提出养滩抛沙量计算公式：

$$q_{Li} < A_i L_i N_i Q_{Ui} \tag{10.4}$$

$$Q_{Ui} = \sum_{i=1}^{n} \beta \times \overline{\Delta X_i} \times (V_h + R_{2\%}) \tag{10.5}$$

$$R_{2\%} = 0.27 \times [\tan(\beta H_0 L_0)]^{1/2} \tag{10.6}$$

式中，q_{Li}为岸段抛沙量；A_i为系数，与海滩波浪强度有关，荷兰取值为1.2；L_i为对应岸段长度；N_i为养滩设计寿命；Q_{Ui}为对应岸段在养护周期内的年平均侵蚀量；β为系数，取值范围为0～1；$\overline{\Delta X_i}$为海岸平均蚀退距离；V_h为当地平均潮差；$R_{2\%}$为当地越浪参数，采用Ruggiero等（1997）公式；H_0为深水波高；L_0为深水波长。

在此基础之上，再进行养滩效益分析。

a. 养滩成本

基于荷兰戴尔福特养滩实践，结合中国实际，经过专家咨询，得到6种情景下的养滩投入，如表10.2所示。假设养滩投入不随时间变化，且养滩总投入是补沙量的线性函数。

表10.2　养滩成本参考值　　　　　　　　　　　　　　　　　　（单位：元/m³）

泥沙供应情况	离岸养护（一般沙滩）	海滩养护（旅游沙滩）
充足	20	40
一般	40	60
受限	60	80

b. 养滩收益

养滩所产生的效益来源于养滩避免的土地损失、人口迁移和滨海旅游收入。滨海旅游沙滩通常需要进行海滩养护，单位养滩效益即单位体积的养滩收益减去相应的养滩投入。若养滩投入大于养滩收益，则养滩不宜采用；若养滩投入小于养滩收益，则建议采取养滩措施。

10.3　情景

1）海平面上升情景

3种RCP情景对应的海平面上升集合预测结果见本书2.2.4节表2.5，2050年后3种情景对应的海平面上升差别逐渐增大，2100年，各情景对应的海平面上升中值分别为0.47 m、0.55 m和0.77 m。

2）社会经济发展情景

海岸侵蚀评估用到的IPCC社会经济发展路径为SSP1～SSP5，对应在RCP情景基础上发展的共享社会经济路径。每一个具体的SSP代表一类发展模式，包括人口增长、经济发展水平等定量数据。SSP数据不包括土地利用假设。从未来社会经济面临的减缓和适应挑

战角度来划分SSP，可以将其划分为代表性可持续发展、中度发展、局部不一致发展、不均衡发展和常规发展5种类型（图10.2）。

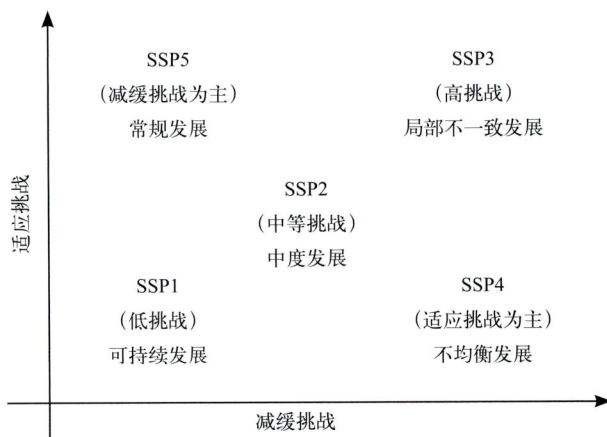

图10.2　不同SSP对适应和减缓挑战矩阵

通过SSP路径与不同的气候情景RCP结合，可以得到综合情景矩阵。由社会经济情景演化得到人口增长情景，中国属于低生育率国家，相应的SSP路径与人口的出生、死亡、迁移和教育的对应关系矩阵如表10.3所示。

表10.3　SSP路径对应人口参数水平矩阵

情景	出生率	死亡率	迁移率	教育水平
SSP1	低	低	中	高FT-GET
SSP2	中	中	中	中GET
SSP3	高	高	低	低CER
SSP4	低	中	中	CER-10%/GET
SSP5	低	低	高	高（FT-GET）

在SSP1～SSP5路径下，IIASA GDP、IIASA-WiC POP、NCAR、OECD Env-Growth 4种模式预测得到的2010年到2100年中国人口总量及人口增长率变化趋势一致，如图10.3所示。中国人口总量在2030年前后达到最大值，而后持续下降。SSP3局部不一致发展路径下的人口总数最多，SSP1和SSP5路径下，中国人口出生和死亡水平一致，人口总量变化相同。

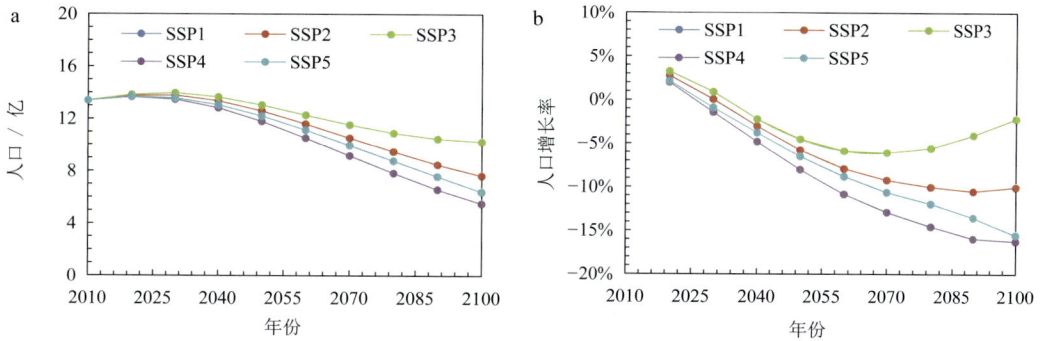

图10.3　不同SSP路径下中国人口变化趋势
a. 人口数量；b. 人口增长率

　　IIASA、OECD两种模型预测得到的中国在不同SSP路径下的GDP增长趋势相近，但对应的GDP增幅不同。中国GDP总量在2050年以前呈现持续快速增长，2050年以后，呈现稳定或轻微下降趋势。同时，IIASA预测GDP总量大于相同时期OECD预测的GDP总量。IIASA在SSP2对应的GDP增长率大于OECD的结果（图10.4）。本评估采用IIASA预测2010—2100年中国GDP增长率，得到2010—2100年评估区GDP增长情景。

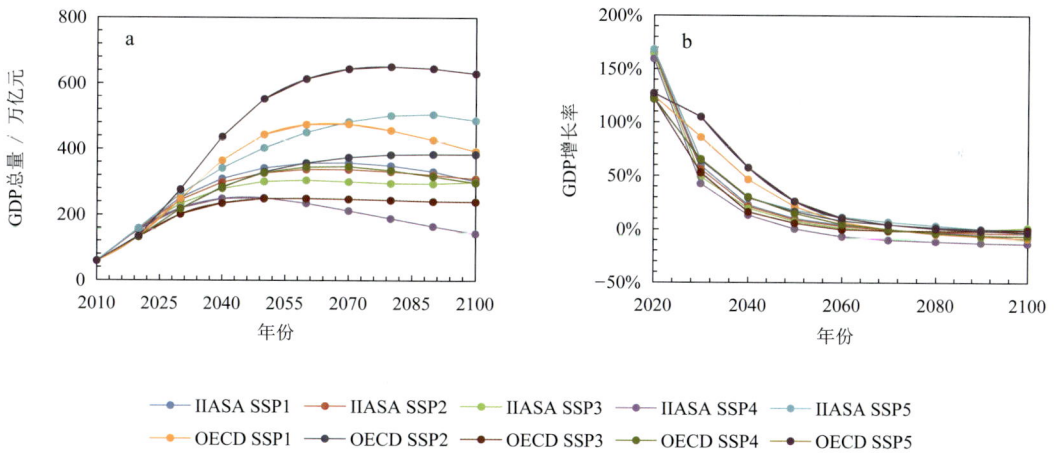

图10.4　不同SSP路径下中国GDP增长情况
a. GDP总量；b. GDP增长率

　　以国家统计局公布的2010年城镇居民人均可支配收入为基准，在不同的社会经济发展路径下，分别根据不同的人均收入增长水平，测算得到2010—2100年中国人均收入预测值。

10.4 海岸侵蚀影响评估

海平面上升引发海岸侵蚀，造成滨海旅游资源、滨海生态受损，影响海岸安全和社会经济发展。判别易受侵蚀的脆弱性区域，合理预测重点岸段未来海岸侵蚀量及其演变趋势，对支持海洋防灾减灾实践，提升海岸综合管理水平，支撑政府管理部门作出科学决策具有促进作用。

沿海地区的沙滩浴场、海滨游乐场等提供了良好的滨海度假旅游资源。近年来滨海旅游业发展规模逐步扩大（图10.5），已经成为海洋产业中的主导产业之一。海岸侵蚀使滨海湿地减少、沙滩后退，严重阻碍滨海旅游业的发展，因此滨海沙滩的保护和海岸侵蚀管控尤为重要。

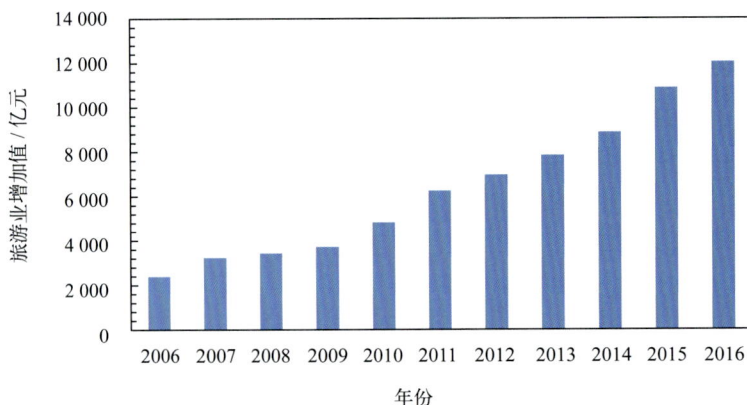

图10.5　全国滨海旅游业历年增加值（亿元）

10.4.1　全国海岸侵蚀脆弱性评估

海岸侵蚀的影响因素极其复杂，各因素对海岸侵蚀的贡献率在不同岸段，不同时段内会发生变化。本部分基于海平面上升速率、平均潮差、最大波高、海岸地貌和侵蚀速率5个指标因子对中国沿海海岸侵蚀进行脆弱性评估。

1）中国沿海海平面变化

中国沿海海平面变化呈现明显的区域分布特征。渤海湾、莱州湾、山东半岛及胶州湾南部、长江三角洲、粤西及海南沿海海平面上升速率相对较大，海平面上升指标在上述区域引发海岸侵蚀灾害的危险性更强。未来30年中国沿海相对海平面上升速率预测见图10.6。

2）中国沿海平均潮差

我国海岸线漫长，沿海平均潮差的分布受多种因素的影响，其时空变化规律相当复杂。我国东部沿海平均潮差的分布及变化除受天文因素的影响，径流以及海湾形态亦是重要的影响因素。华南沿海各地的平均潮差和最大潮差分布基本相似，在不同区域差异很大。值得注意的是，由于钱塘江口地形的特殊性和当地潮差较大的特点，其所在的杭州湾内观测到的最大潮差达到 9 m 以上。实际上，一些研究显示，随着中国沿海海平面上升，潮汐特征会发生变化，沿海部分区域潮差会随着增大或减小，其中黄海沿海潮差呈现显著增大趋势。中国沿海平均潮差分布见图10.7。

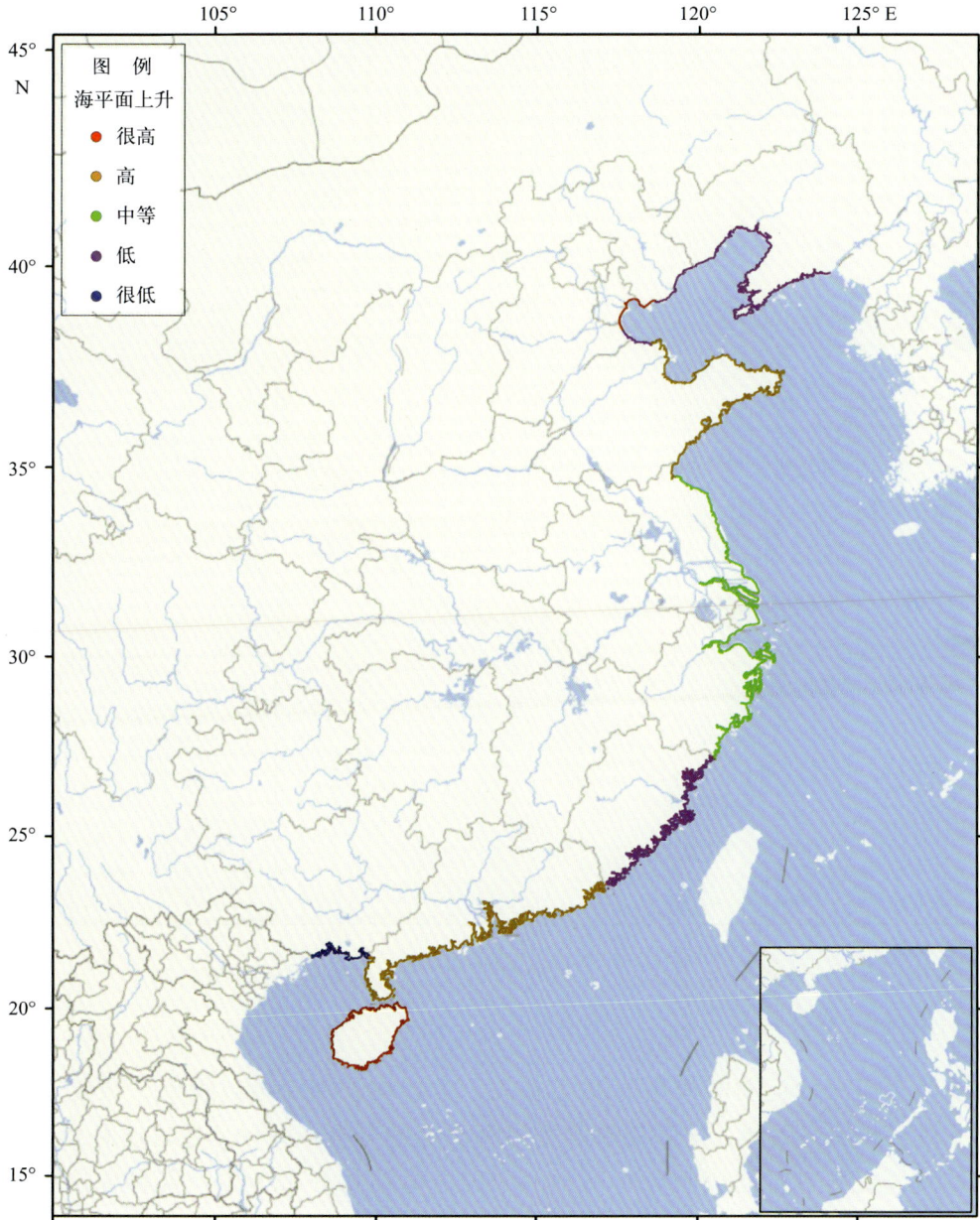

图10.6 中国沿海海平面上升因子

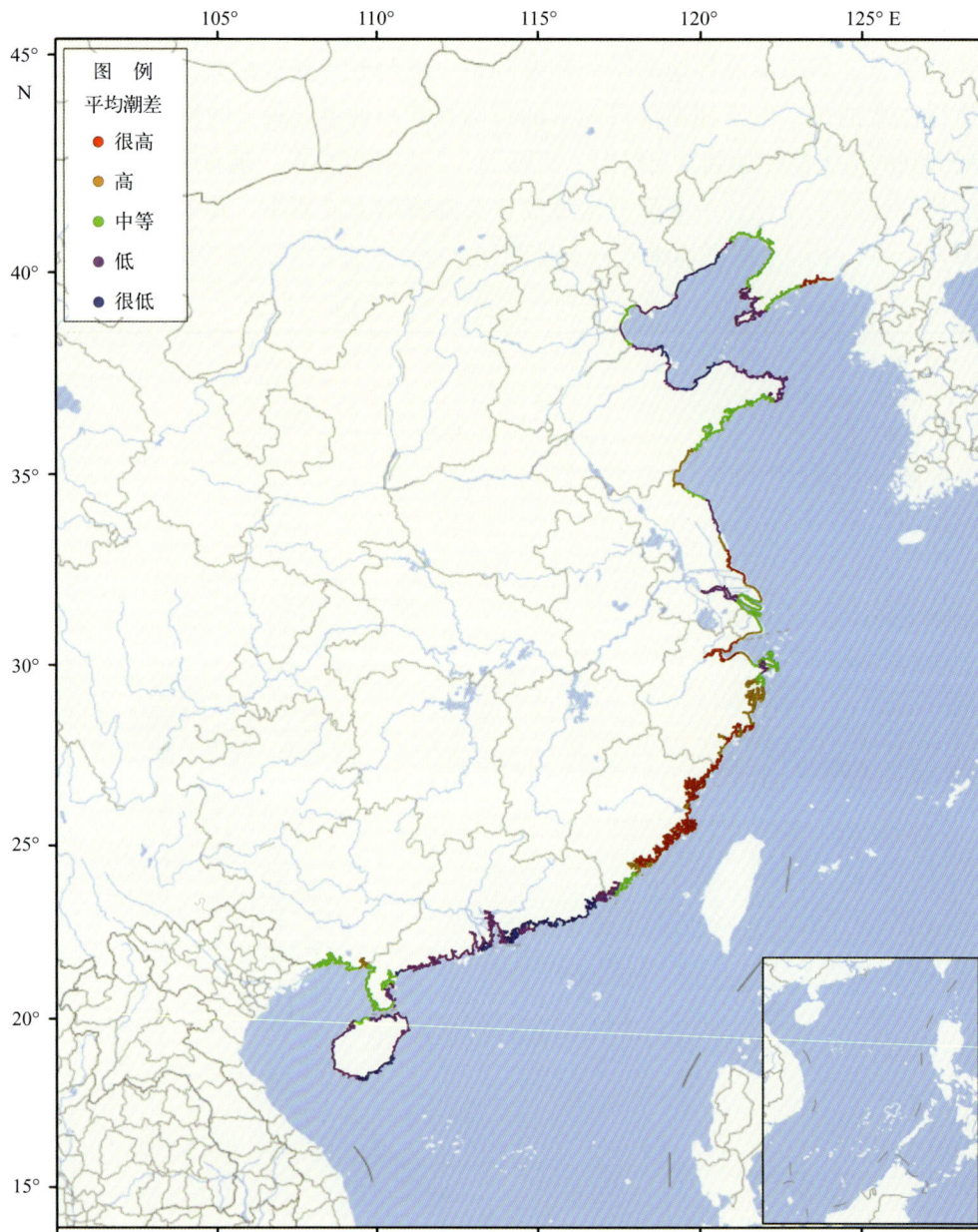

图10.7 中国沿海平均潮差分布

3）中国沿海波高

波浪对近岸泥沙运动的作用与波能有关。由线性波理论可以得到，波能与波高的二次方成正相关，因此，波高能够表征沿海波能的分布。图10.8为通过对2°分辨率网格船舶观测资料进行插值和分析得到的中国沿海波高分布结果。资料统计年限为1860—1979年，共计120年。统计结果中，渤海最大波高为4.0～7.5 m；黄海最大波高为4.0～10.5 m，其中黄海北部为6.0～8.0 m，黄海中部和南部为4.0～10.5 m；东海最大波高为2.5～17.5 m，其中东海北部为2.0～17.5 m，东海中部为5.0～15.0m，东海南部为11.0～12.5 m，台湾海峡为12.0 m；南海最大波高为3.0～15.5 m，其中南海北部为7.5～15.5 m，吕宋海峡南部为12.0～16.5 m，北部湾为3.0～9.0 m，南海中部为11.0～16.5 m，南海南部为5.0～15.0 m。

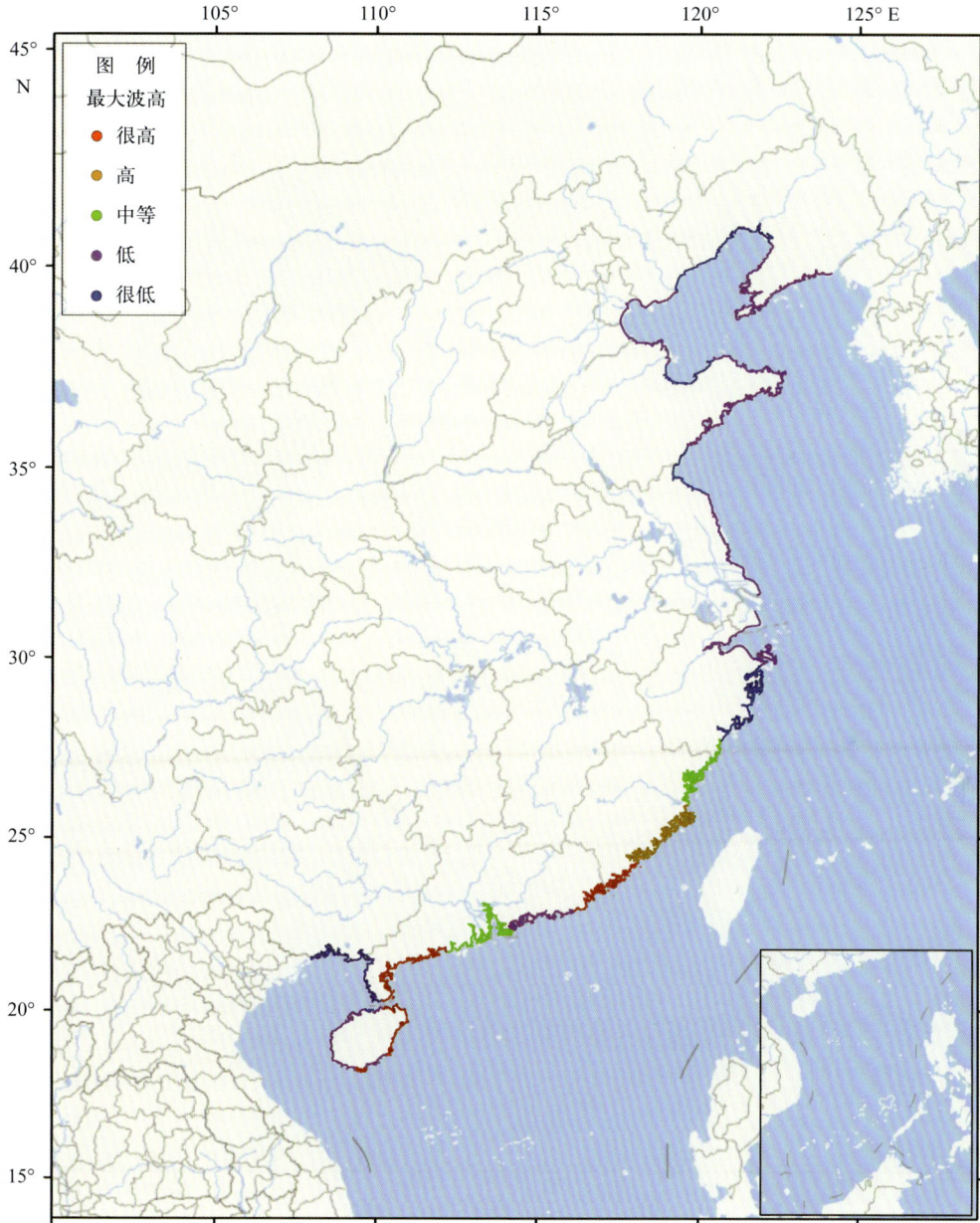

图10.8　中国沿海最大波高因子

4）中国海岸地貌

海岸地貌指标从地貌、构造和岸坡形态角度反映了海岸的易侵蚀程度。引用陈吉余等（2010）的专著中对中国沿海各省（自治区、直辖市）的海岸及典型岸段地貌、易侵

蚀程度和侵蚀状况的论述，以及全国沿海海平面变化影响调查评估部分成果，将我国沿海地貌因子的脆弱等级分为高、中、低三级，分别表示不同的海岸脆弱性程度（图10.9）。

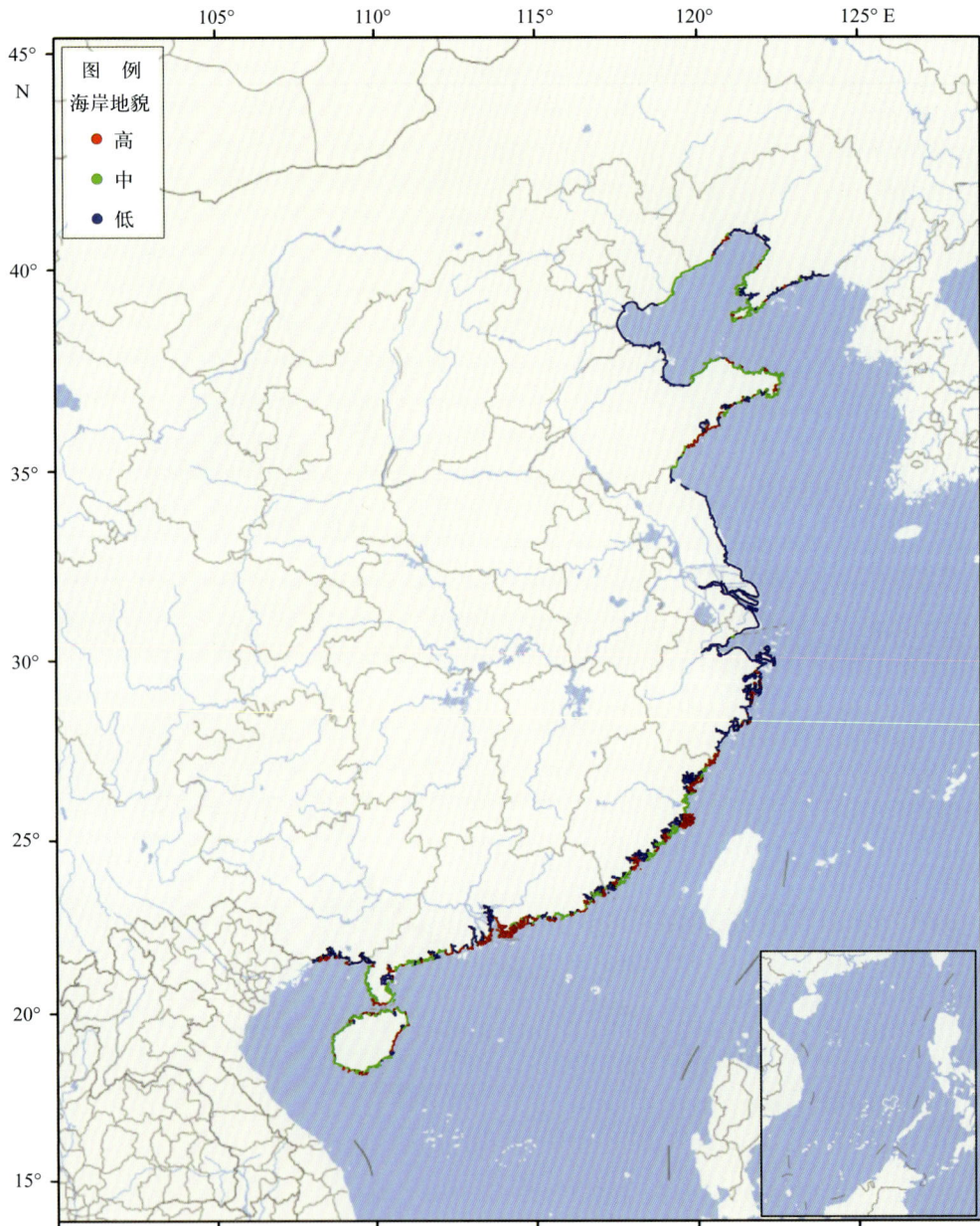

图10.9　中国沿海地貌因子

5）中国海岸侵蚀速率

　　历史海岸侵蚀速率能够反映当地的海岸演变趋势，是进行海岸侵蚀评估的重要指标之一。国家海洋局2009年启动全国沿海海平面变化影响调查评估工作，定期进行全国沿海海岸侵蚀状况调查。基于2009—2016年海岸侵蚀数据，得到中国沿海年度海岸侵蚀速率，在监测没有覆盖和资料缺失的岸段，采用资料插补和线性插值的方法，得到了中国海岸平均侵蚀速率分布图（图10.10）。

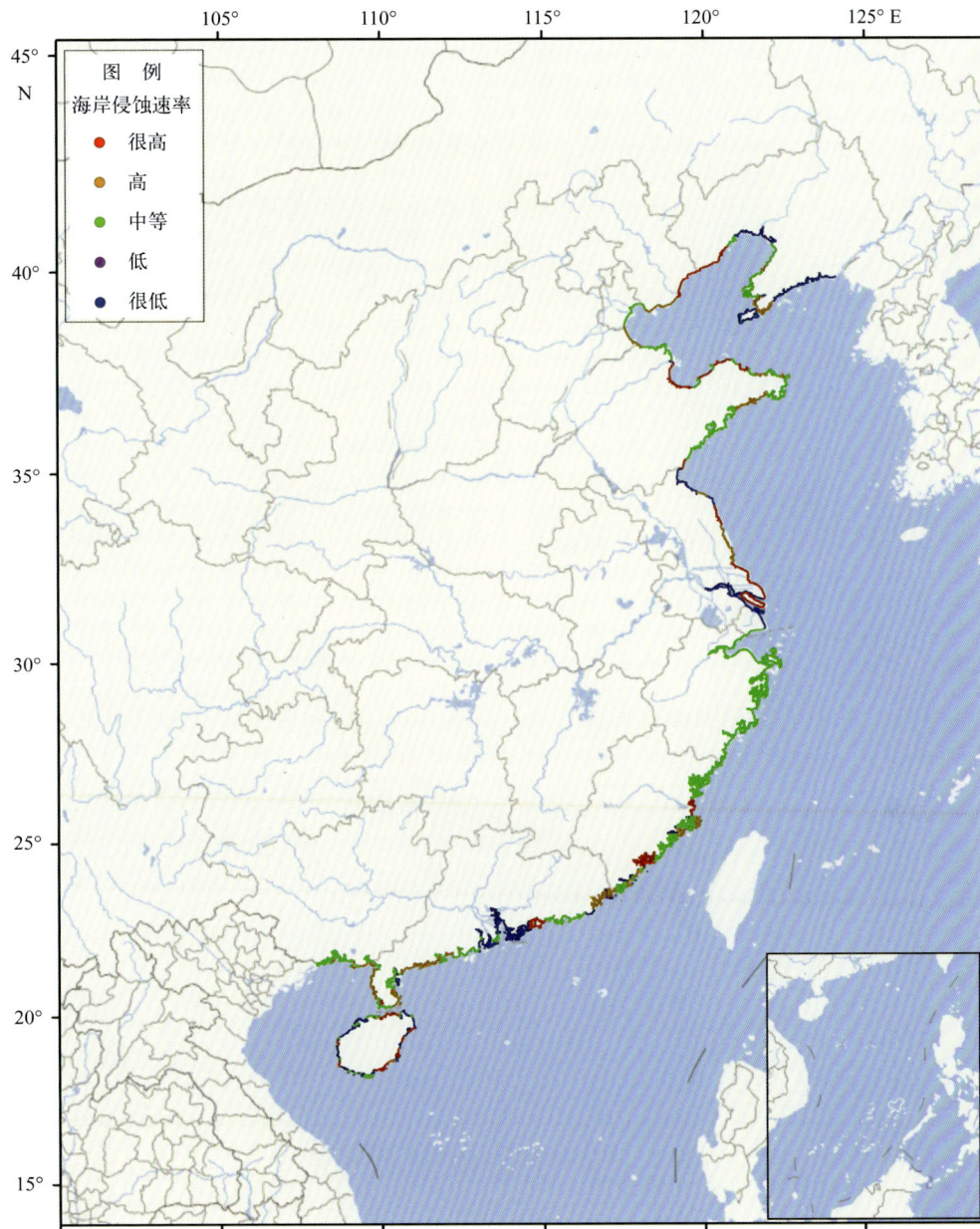

图10.10　中国沿海海岸侵蚀速率因子

综合考虑中国沿海海平面变化、近海平均潮差、近海代表波高、海岸地貌和海岸侵蚀速率5个影响海岸侵蚀的主要因子，得到中国沿海海岸侵蚀脆弱性定量评估结果，如图10.11所示。可以看出，海岸侵蚀脆弱性相对较大的区域包括辽东湾两岸部分岸段、江苏南部、杭州湾、福建至广东东部部分岸段、广东西部部分岸段以及海南岛北部和东部部分岸段。

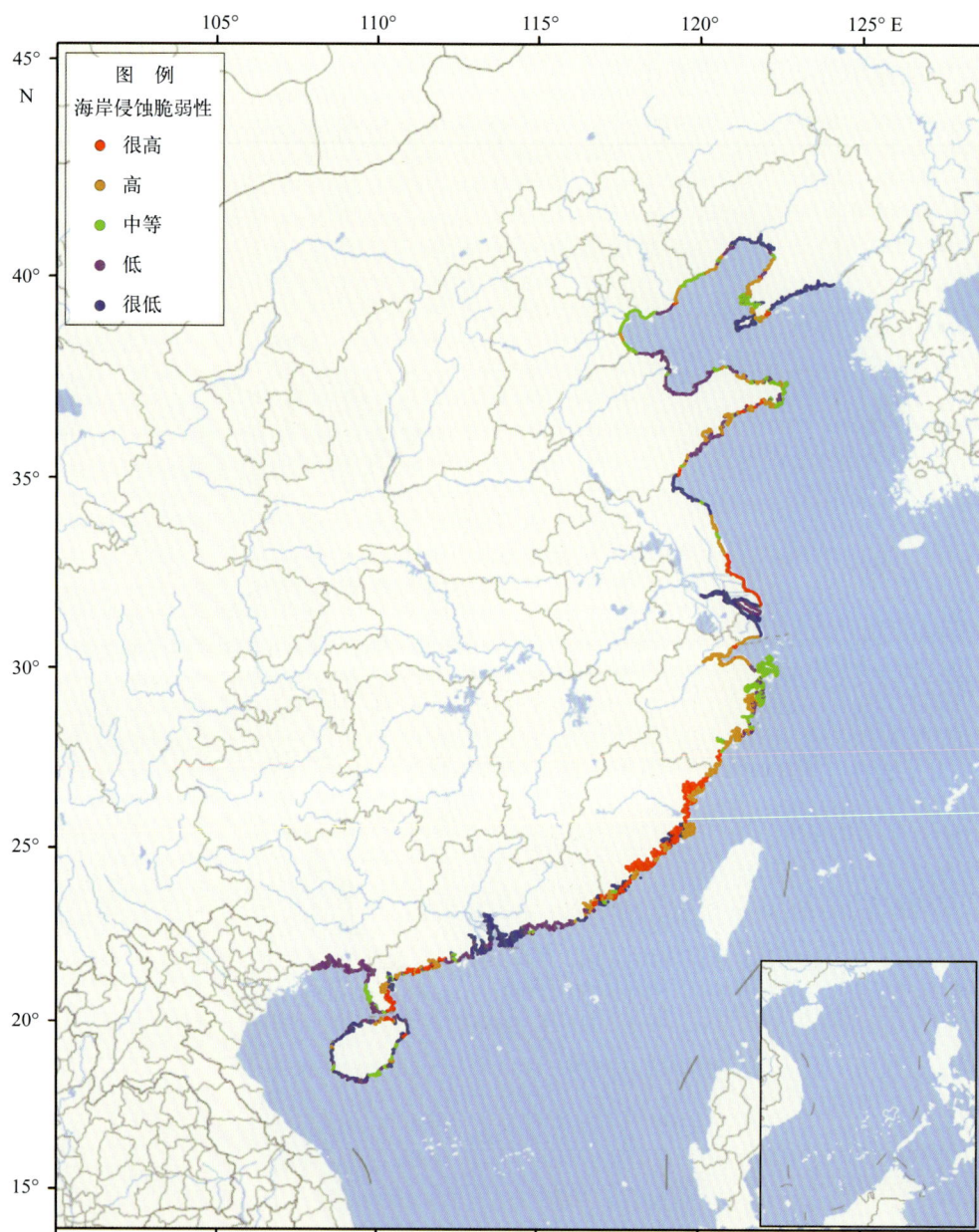

图10.11　中国海岸侵蚀脆弱性评估结果

10.4.2　海岸侵蚀个例研究

10.4.2.1　辽东湾海岸侵蚀影响评估

　　辽东湾评估岸段为典型砂质侵蚀岸段，其中绥中、葫芦岛、营口等岸段侵蚀相对较重，部分岸段滩肩年均后退距离达2～3 m（图10.12），同时，该岸段受海平面上升影响较大。该区域的历史资料序列相对完整，目前共搜集到17条海岸侵蚀断面数据和16处规模较大的浴场沙滩信息，故选其作为典型岸段，定量评估气候变化背景下海平面上升对海岸侵蚀的综合影响。

图10.12　辽宁省绥中县海岸侵蚀

　　辽东湾西侧典型评估岸段包括河北秦皇岛北部和辽宁绥中、葫芦岛部分岸段，总长度221 km，岸段类型为砂质海岸；辽东湾东侧典型评估岸段包括辽宁营口和大连瓦房店市部分砂质岸段，总长度115.36 km，东西两侧评估岸段总长度336.36 km。根据评估岸段的剖面坡度等因素，将其分为17个评估单元进行评估。在不考虑海岸防护工程对砂质海岸侵蚀的防护作用及蚀退空间限制时，得到不同海平面上升情景下的海岸侵蚀评估结果。

1）自然生态影响

　　自然生态影响主要指海平面上升背景下海岸侵蚀造成的滨海土地损失，见图10.13。不同RCP情景对应的海平面上升引发辽东湾的海岸侵蚀面积如图10.14所示。海岸侵蚀面积变化同海平面变化趋势一致，2010—2100年评估区域砂质海岸侵蚀面积持续增加。到2100年，三种情景下的侵蚀面积从19.36 km²到32.14 km²不等。RCP8.5情景下年度海岸侵蚀面积的平均增长率大于另外两种情景。RCP4.5情景对应的年度海岸侵蚀面积呈现上升趋势，而RCP2.6情景下的年度海岸侵蚀面积总体呈现负增长，即海岸侵蚀增长速率呈现逐渐减缓的特征。

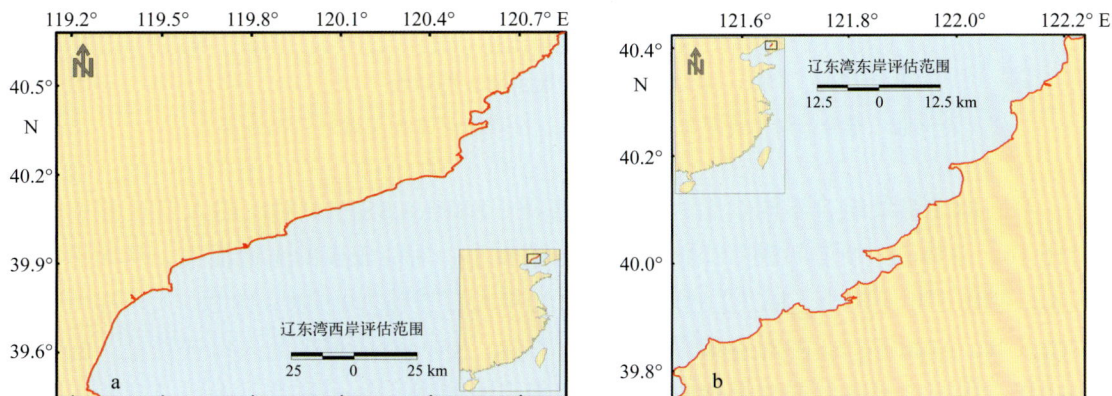

图10.13　辽东湾海岸侵蚀范围

a.辽东湾西侧（葫芦岛、秦皇岛）；b.辽东湾东侧（营口、瓦房店）

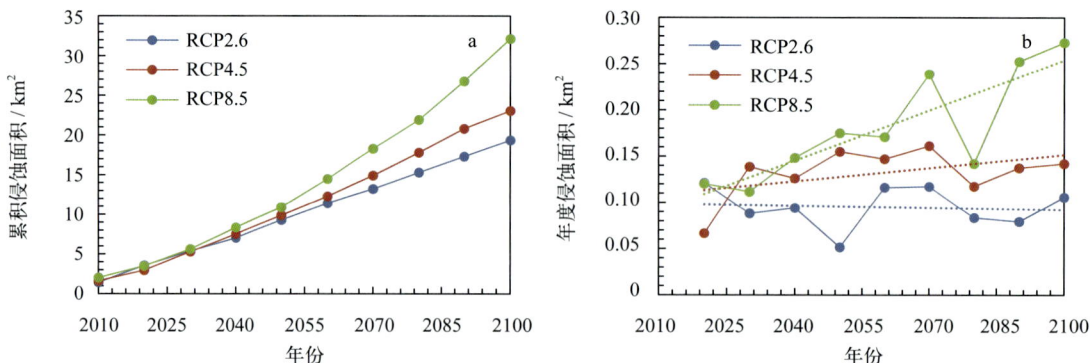

图10.14 不同RCP情景下辽东湾海岸侵蚀面积（a）和年度侵蚀面积（b）对比

2）社会经济影响

a. 人口迁移损失

人口迁移损失指由于土地损失而必须移民的人口。辽东湾两侧评估岸段沿海人口分布现状如图10.15所示。假设人口在1 km网格内均匀分布。不同岸段对应的侵蚀强度不同，各岸段的侵蚀面积所对应的迁移人口相加得到总人口迁移数量。假设人口分布格局不变，在社会经济发展情景下，辽东湾人口增长速率和全国平均水平一致。

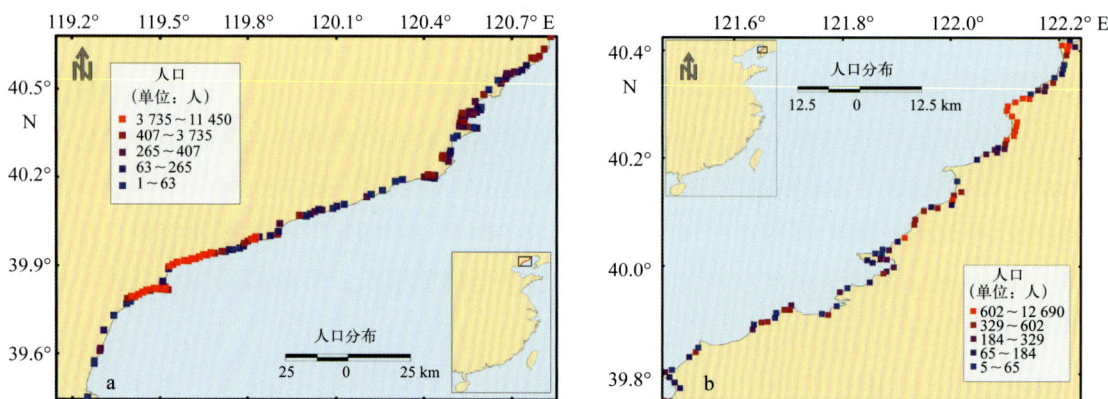

图10.15 辽东湾沿岸人口分布
a. 辽东湾西侧（葫芦岛、秦皇岛）；b. 辽东湾东侧（营口、瓦房店）

不同RCP情景组合不同社会经济发展路径（SSP1～SSP5）对应的人口迁移损失见图10.16。总体看，低排放路径下海平面上升值较小，对应较少的土地损失，从而沿海地区人口迁移也相应较小。RCP2.6情景下，2100年人口迁移为9 930～18 388人。在所有排放情景下，2100年，SSP3对应最多的人口迁移量，SSP4对应最少的人口迁移量。2010—2030年，各社会经济发展情景对应的人口迁移基本相同，2040年后，人口迁移量差别逐渐增大。

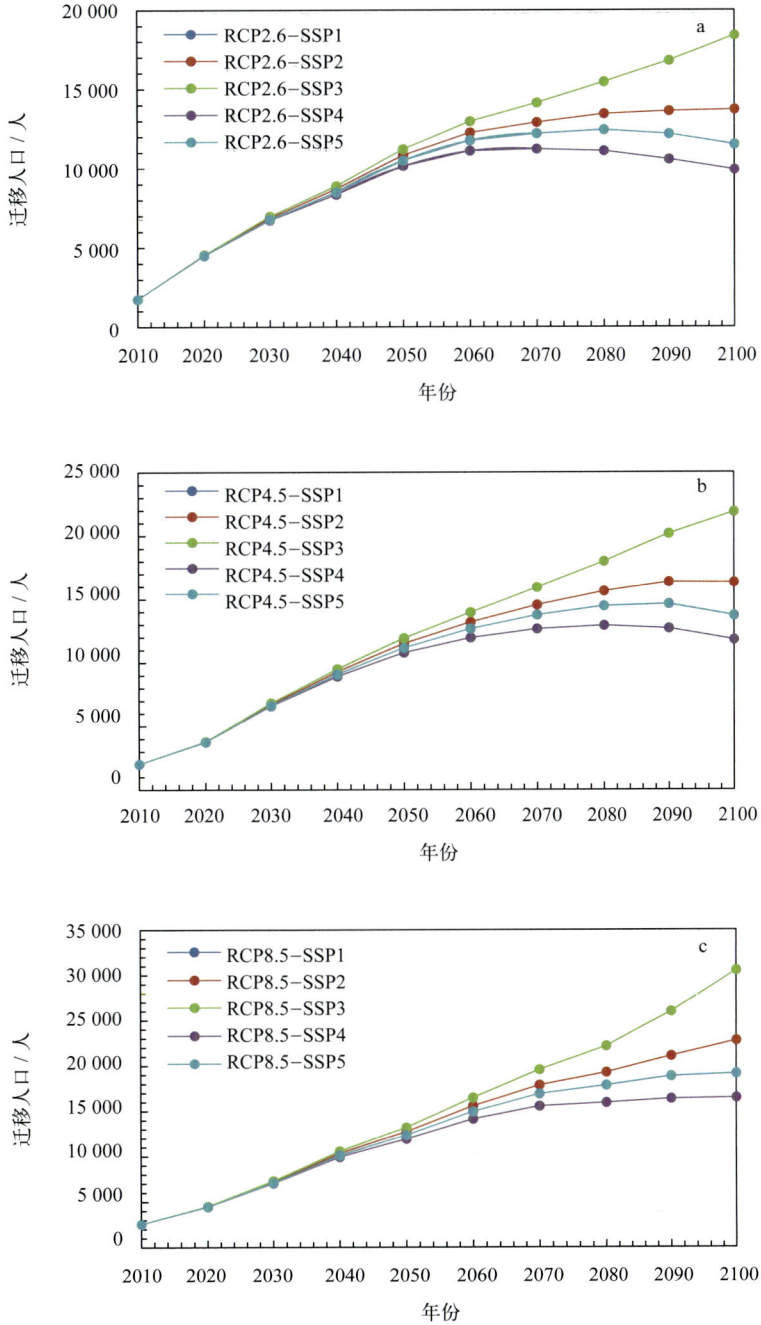

图10.16 不同情景下辽东湾海岸侵蚀对应的移民数量
a. RCP2.6情景；b. RCP4.5情景；c. RCP8.5情景

b. 土地经济损失

海岸侵蚀第一项经济损失即土地经济损失。基于土地利用情景，假设侵蚀损失土地都是农业用地，土地经济损失和同时期的土地损失面积成正相关。在不同海平面上升情景下，侵蚀土地经济损失逐渐增多，2050年以后，三种情景对应的损失值差异逐渐增大。到2100年，不同RCP情景对应的土地经济损失为1 184万~1 965万元，如图10.17所示。

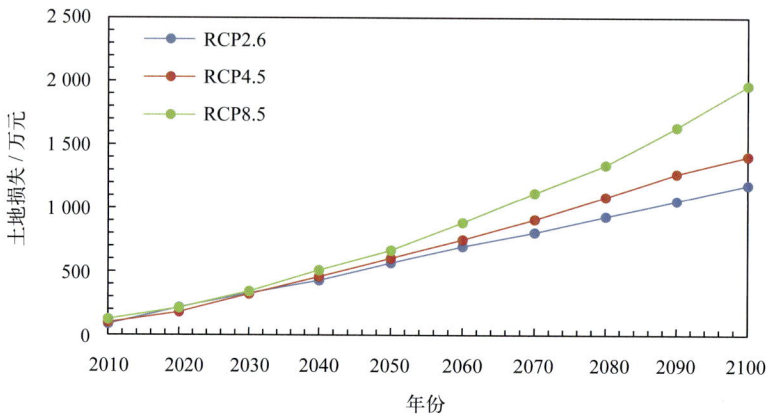

图10.17　不同情景下辽东湾海岸侵蚀引发的土地经济损失

c. 移民经济损失

移民经济损失为海岸侵蚀的第二主要经济损失，组合情景下海岸侵蚀引发的移民经济损失如图10.18所示。温室气体排放越多，对应海平面上升值越大，移民经济损失也越大。对于特定RCP情景，SSP5路径下的移民经济损失最大。SSP1/SSP4路径下，2050年后移民经济损失增幅逐渐减小，至2100年与SSP2路径持平。RCP2.6-SSP1、RCP4.5-SSP1、RCP8.5-SSP1三种组合情景在2100年的移民经济损失分别为29.68亿元、35.35亿元和49.28亿元。RCP8.5情景下，SSP2/SSP5路径对应的移民经济损失在2050年后呈线性增加趋势。随着未来社会经济发展，2050年后，RCP2.6和RCP4.5情景下移民经济损失增幅逐渐减小。

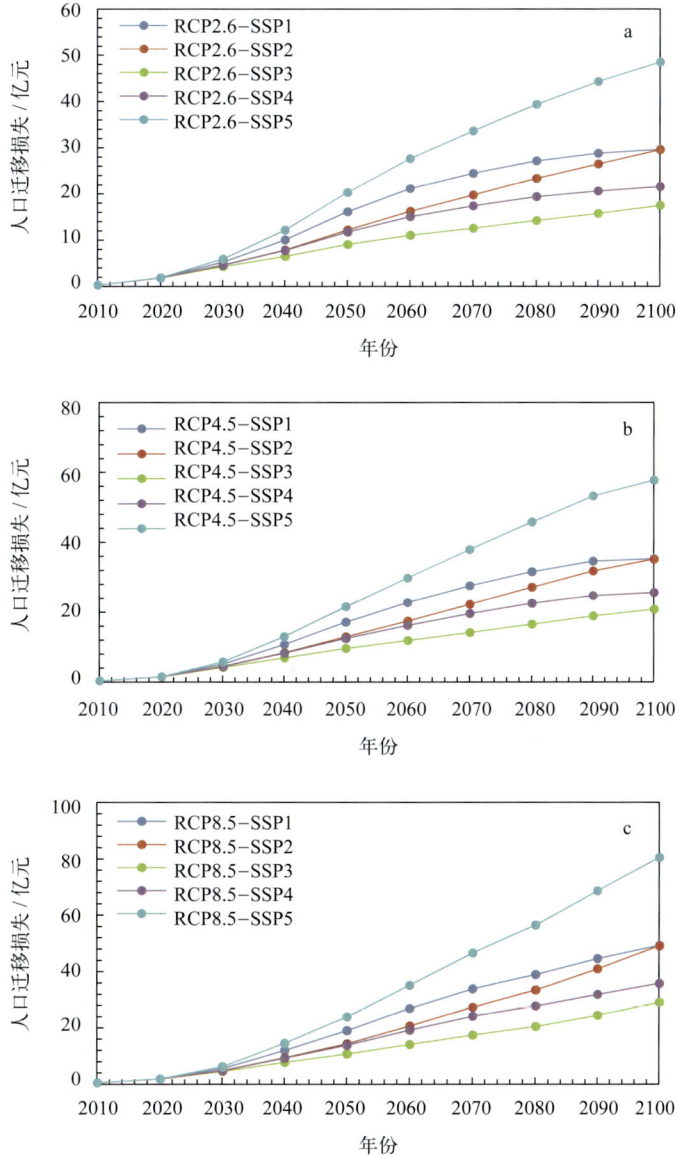

图10.18 不同情景下辽东湾海岸侵蚀对应移民经济损失
a. RCP2.6情景；b. RCP4.5情景；c. RCP8.5情景

d. 总经济损失

海岸侵蚀经济损失主要由土地经济损失和移民经济损失两部分构成。以SSP2路径为例，在RCP2.6、RCP4.5、RCP8.5三种情景对应的海平面上升背景下，移民经济损失在总经济损失中占比更大，与同时期的土地经济损失相比，前者与后者相差可以达到两个数量级，这与前人的研究结果一致。这里并没有考虑土地利用情景和经济价值的变化。从图10.19中不难发现，土地经济损失相对较小，对评估结果影响不大，因此得到的评估结果较为合理，能够反映辽东湾海岸侵蚀经济损失的总体水平和发展趋势。

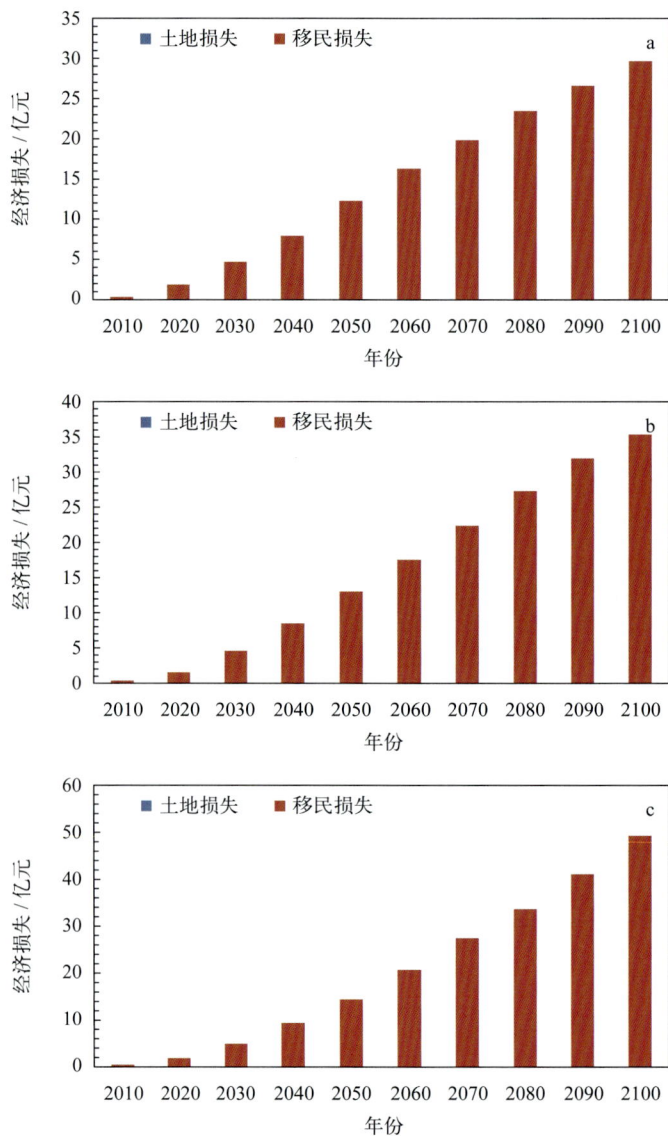

图10.19　不同情景下辽东湾海岸侵蚀对应经济损失
a. RCP2.6情景；b. RCP4.5情景；c. RCP8.5情景

　　e. 总经济损失在当地GDP中所占比重

　　海岸侵蚀对应的经济损失占当地GDP的比重反映了海岸侵蚀对社会经济发展的影响程度。不同RCP情景下，土地损失和人口迁移损失在当地GDP中所占的比重如图10.20所示，三种情景对应损失的GDP占比依次增大。2050年后，SSP4路径对应的总经济损失占当地GDP比重相对其他路径逐渐增大，且年度涨幅逐渐提高。该路径下2100年评估岸段海岸侵蚀经济损失占当地GDP比重最大达到4.76‰。因此，政府部门应该重视海岸侵蚀带来的影响，加强海岸管理和保护。

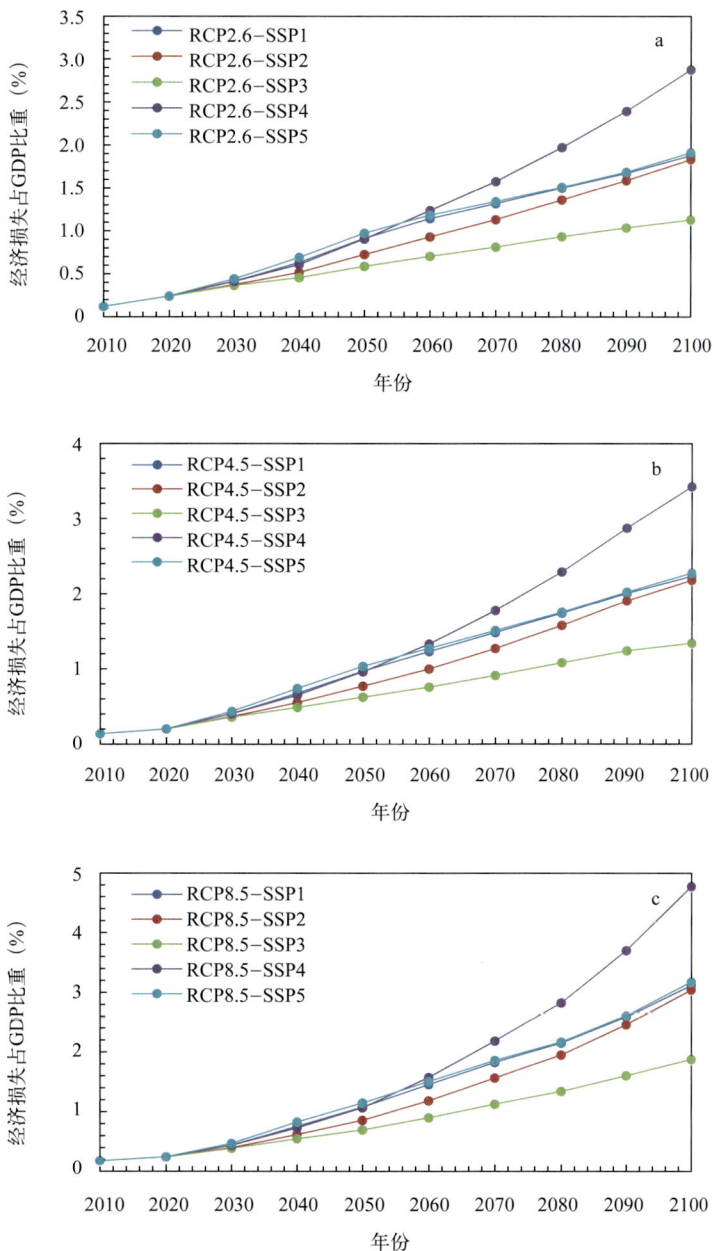

图10.20　不同情景下辽东湾海岸侵蚀经济损失占GDP比重

a. RCP2.6情景；b. RCP4.5情景；c. RCP8.5情景

3）养滩存在时的影响

海滩养护减少了岸滩侵蚀土地损失，且在一定程度上能够避免或减少经济损失。根据2012年全国沿海海平面变化影响调查结果，评估区共有16处规模较大（游客较多）的旅游沙滩，其余岸滩视为一般沙滩。对于旅游沙滩，干滩是主要的旅游资源之一，需要定期养护来维护景点正常营运；对于一般沙滩，为减少海岸侵蚀，宜采取成本较低的离

岸抛沙的形式进行养护。

　　a. 养滩方量预测

　　预测不同RCP情景下计算得到的评估区养滩沙量（图10.21）。RCP2.6和RCP4.5情景下总抛沙量近似呈线性增长；RCP8.5情景下，2050年以后，总抛沙量需求量逐年增大。三种情景对应的沙滩抛沙和离岸抛沙所需沙量之比为0.176。

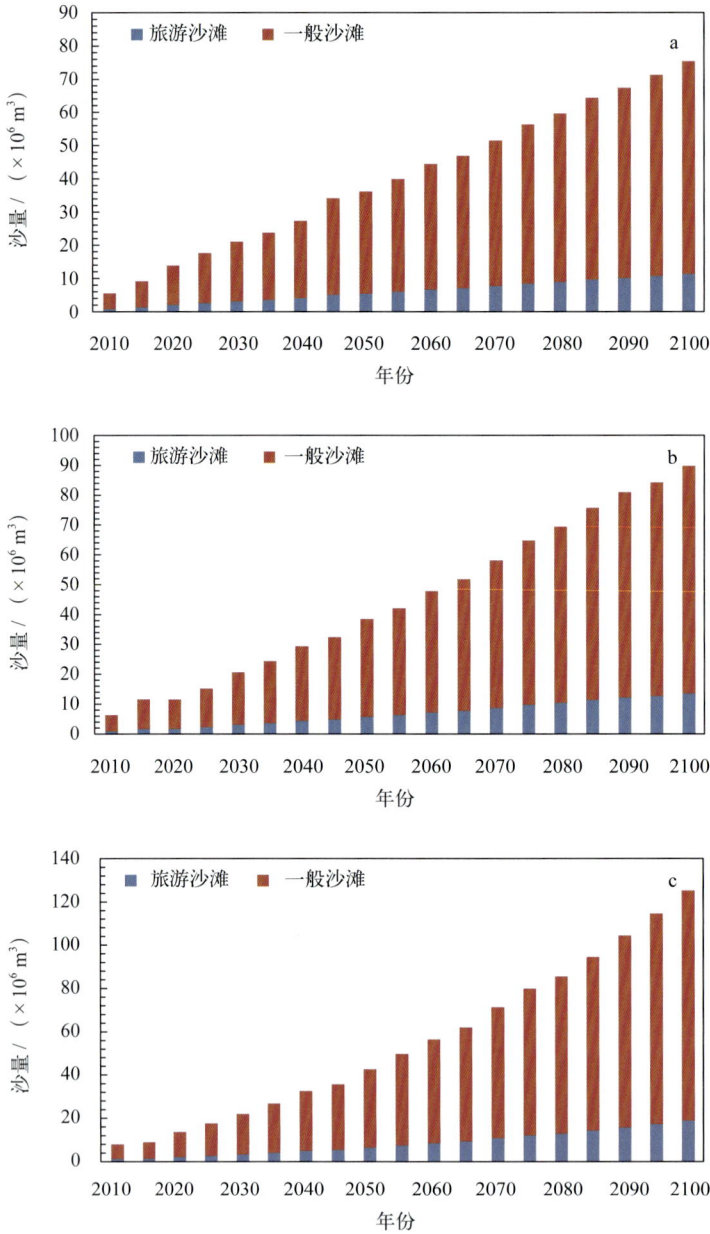

图10.21　不同情景下辽东湾养滩补沙方量预测

a. RCP2.6情景；b. RCP4.5情景；c. RCP8.5情景

b. 养滩投入分析

养滩投入与养滩方量成正相关。由于旅游沙滩采用沙滩养护，单位造价比普通沙滩采用的离岸养护高，因此，在2100年旅游沙滩和普通沙滩的养滩投入之比大于养滩方量之比，RCP2.6、RCP4.5、RCP8.5情景下均为0.235（图10.22）。

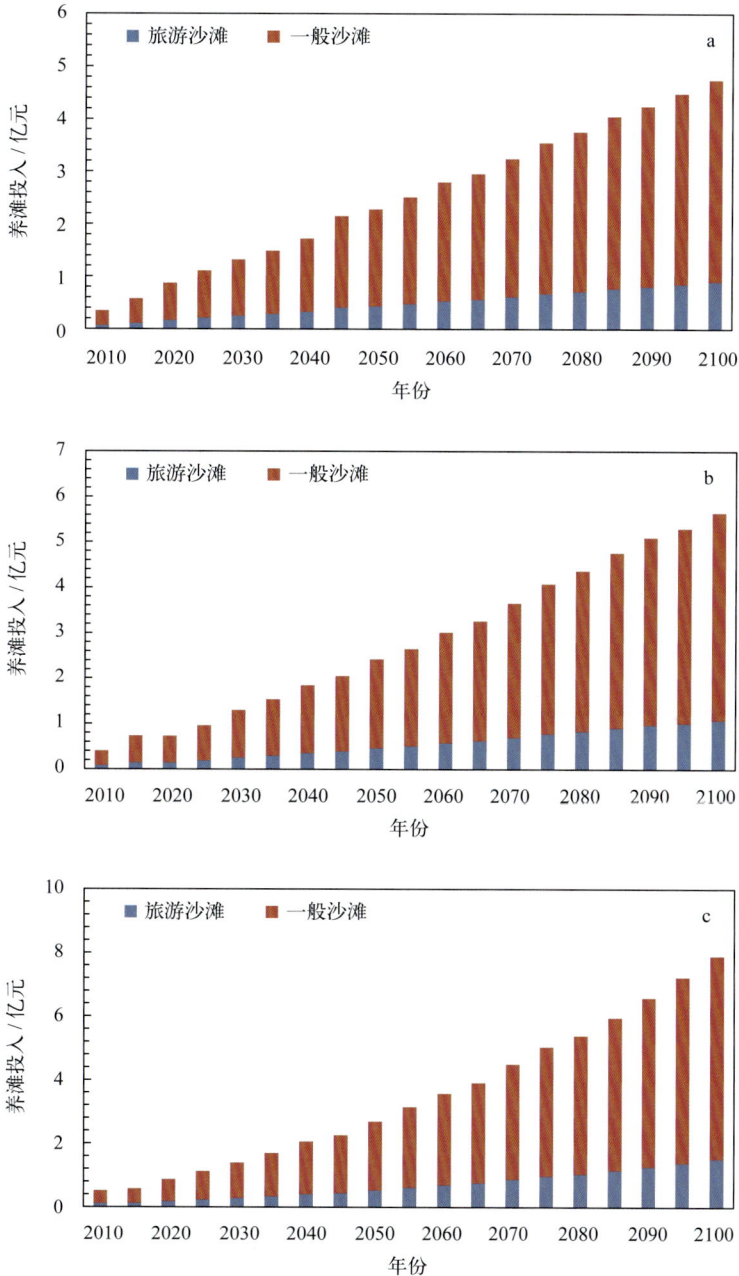

图10.22　不同情景下辽东湾养滩总投入预测
a. RCP2.6情景；b. RCP4.5情景；c. RCP8.5情景

c. 养滩效益分析

将不同排放情景下的养滩投入与对应的海岸侵蚀损失进行对比，见图10.23。在SSP5路径下，2060年以后评估区的海岸侵蚀损失超过全岸段养滩投入。其余路径对应的全岸段养护总成本较高，大于同期海岸侵蚀损失。由于在养滩收益中并没有考虑由于补滩带来的旅游沙滩的收入增长，这里计算得到的只是部分效益。但是，针对海滩养护需要较大投入这一实际情况，建议在重点岸段和旅游区进行养滩，一般岸段视养滩成本和潜在效益决定，海岸侵蚀影响程度较轻的岸段可不进行养滩。

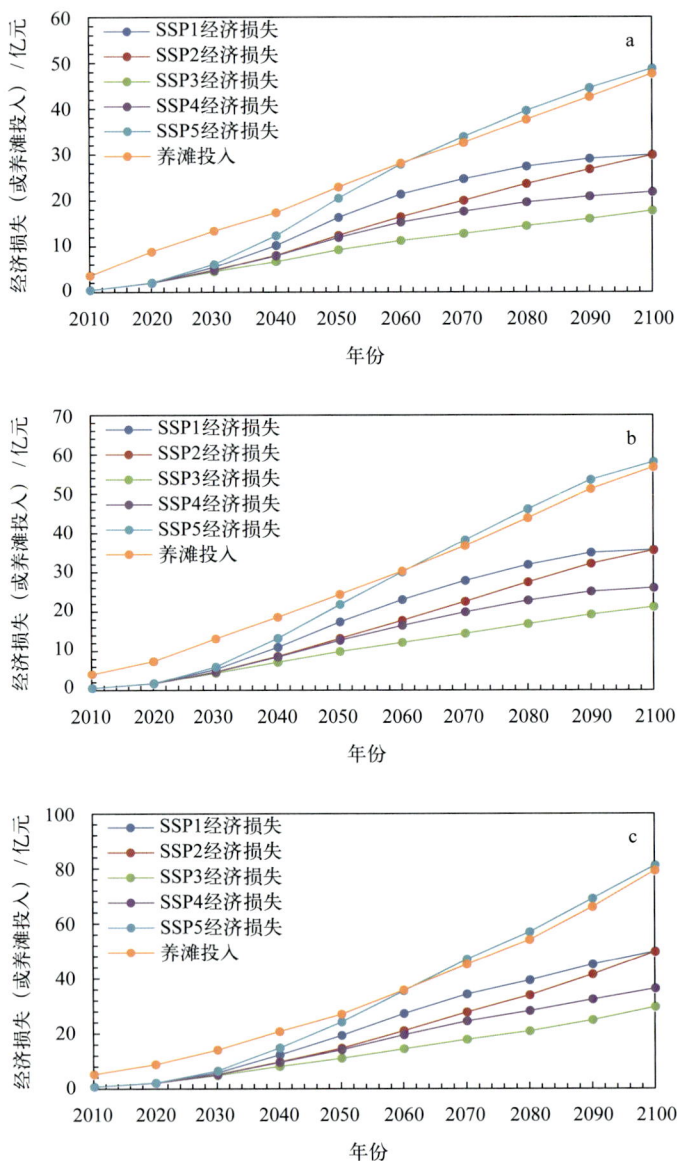

图10.23　不同情景下辽东湾海岸侵蚀经济损失与养滩投入

a. RCP2.6情景；b. RCP4.5情景；c. RCP8.5情景

10.4.2.2　福建平潭海坛湾侵蚀评估

本小节分别利用美国夏威夷大学国际太平洋研究中心的风速和气压资料，以及WRF-ARW大气模式的模拟结果作为气象条件，采用SWAN波浪模型及ADCIRC潮流模型模拟平潭湾水动力场，并作为岸滩演变模型XBeach的输入条件，分别模拟了平潭龙风头岸滩修复工程区域4条监测剖面2011年9月4日至2011年10月2日的剖面演变及2011年台风风暴潮"尼格"影响期间剖面的侵蚀特征。通过数百组次模拟计算，对模型进行校正，最终得到的模拟结果与实测资料拟合较好。

4条剖面设置如图10.24所示。剖面1位于岸段最南端，龙王头岬角附近。剖面2位于岸段中南部，距离龙王头岬角约300 m。剖面3位于岸段中北部，距离龙王头岬角约700 m，该岬角引起的复杂水动力条件对剖面3的影响甚小。剖面4位于岸段北部，接近龟模屿，北端为补沙宽度120 m滩肩的岸段，上游沙量供给丰富。剖面1、剖面2、剖面3和剖面4海侧端点位置见图10.25。

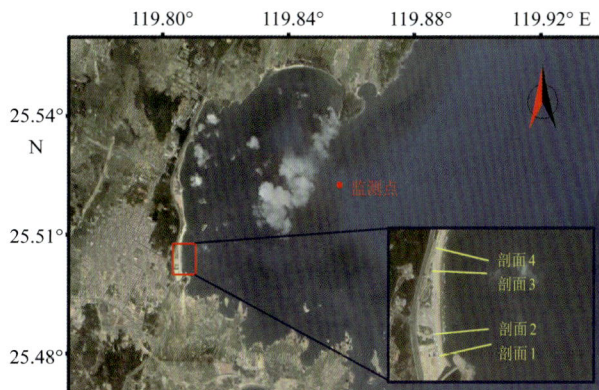

图10.24　研究区域及剖面位置

图10.25　海坛湾剖面位置及海侧端点

1）水文气象特征

a. 风况

受季风影响，风向季节性变化明显。一年中秋、冬、春三季以偏北风为主，夏季以偏南风为主。全年北至东北风向频率占62%，南至西南风向占19%。平均风速为8.4 m/s。一年中以11月风速最大，5月最小。7—9月常有台风出现。除台风外，还有秋、冬、春季冷空气南下过程所引起的大风，以及局部性雷雨大风和龙卷风等。历史各月最多风向及频率和平均风速见表10.4。

冬季东北风强劲，海岸风沙作用强烈。尤其是海滩养护后，增加了干滩宽度，增加了海滩的有效风区和风沙流沉积物供给，常常发生风沙漫天的情况。

表10.4 平潭历史各月最多风向、频率和平均风速

月份	1	2	3	4	5	6	7	8	9	10	11	12	全年
风向	NNE	NNE	NNE	NNE	NNE	SSW	SSW	SSW	NNE	NNE	NNE	NNE	NNE
频率	53	49	40	28	28	26	34	20	31	56	63	55	37
风速 /(m·s^{-1})	8.8	9.0	8.4	7.5	6.9	6.7	6.5	5.7	8.8	9.5	9.5	8.6	8.6

注：表中资料来源于福建省气象局平潭气候资料（1961—1980年）。

b. 台风

平潭地处台湾海峡，濒临太平洋，每年都遭受风暴潮不同程度的危害。由于台风以及伴随大风扰动，大气压力急剧改变，导致海潮异常升降，造成灾害。据1956—1987年资料统计，台风影响平潭共达184次，平均每年5.8次，1961年多达11次，1983年仅有1次。平潭自5月中旬至11月中旬都有可能受到台风影响，主要在7—9月，约占总次数的70%；而影响严重的台风比例较大，其高峰出现于8月上旬至9月中旬。

2）水动力特征

2011年7月至2012年8月，在海坛湾海域设立波浪观测站进行周年动力观测，测波点位于蛇屿东侧，离岸约5 km，海图水深约为18 m，如图10.26所示。

a. 实测波浪

常浪

全年的波向主要集中在NE—E—ESE—SE向，所占频率达99.69%，其中以ENE向最多，所占频率为67.43%，为常浪向；次浪向为E，所占频率20.98%。春、夏、秋、冬四季常浪向均为ENE向，出现频率分别为69.34%、41.73%、79.39%、87.02%。

强浪

表10.5给出了观测期间各月强浪向的统计结果。观测期间工程海域的强浪向出现在E向，$H_{1/10}$波高最大值为5.73 m，出现在201111号"南玛都"台风期间。其次是ENE向，$H_{1/10}$波

高最大值为5.65 m，出现在2011年12月9日。各月中的强浪向多出现在ENE向和E向。

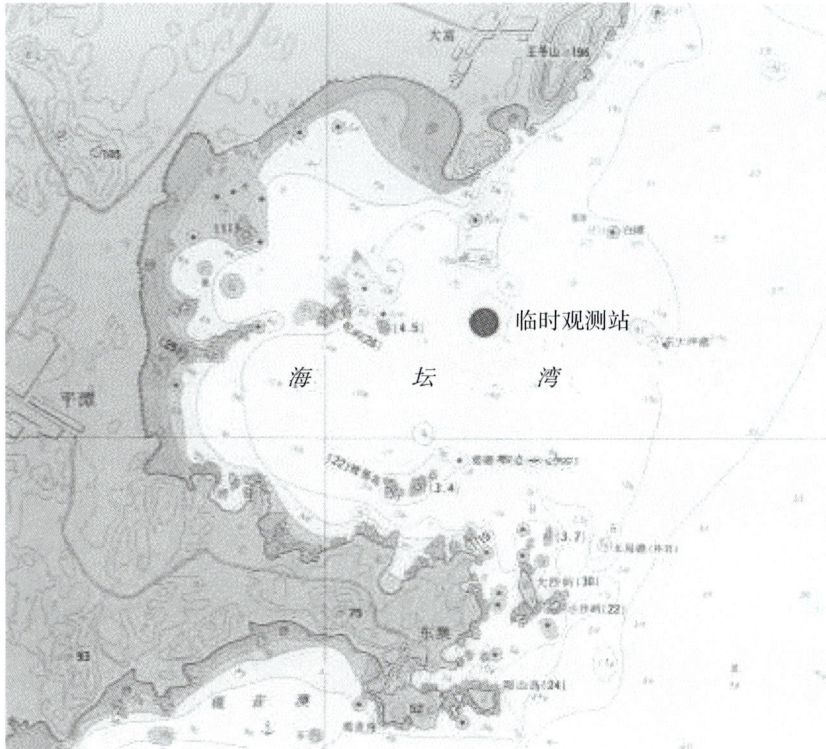

图10.26 观测站位示意

表10.5 各月强浪向统计

项目	2011年					2012年						
	8月	9月	10月	11月	12月	1月	2月	3月	4月	5月	6月	7月
强浪向	E	ENE	ENE	ENE	ENE	ENE	ENE	ENE	ENE	ENE	E	E
$H_{1/10}$最大值 / m	5.73	4.05	5.53	5.51	5.65	5.11	4.60	4.29	2.93	4.47	4.28	3.02

b. 实测潮流

为了观测工程区的实际海流，在平潭海坛湾海域布设两条垂线进行大潮连续27小时海流观测。观测时间为大潮时，2011年8月16日10时至8月17日12时（农历七月十七至十八）。根据观测结果，观测海区的潮流有如下特点：

T1站涨潮流流向以WNW为主，落潮流流向以ESE为主；T2站流向受地形影响，从表层到底层，流向逐渐呈现为南方向的扇形分布。T1站潮波运动主要表现为驻波形式，实测涨、落潮最大流速一般出现在半潮面附近时段，最小流速出现在高、低潮附近时段，但T2站受地形影响，规律不明显。

调查站位流速较小，其中T1站实测最大涨潮流速为32 cm/s，实测最大落潮流速为37 cm/s；T2站实测最大涨潮流速为36 cm/s，实测最大落潮流速为23 cm/s（表10.6）。

表10.6　实测海流分层流速最大值（大潮）

站号	最大值	表层		0.2H层		0.4H层		0.6H层		0.8H层		底层	
		流速/ (cm·s⁻¹)	流向/ (°)	流速/ (cm·s⁻¹)	流向/ (°)	流速/ (cm·s⁻¹)	流向/ (°)	流速/ (cm·s⁻¹)	流向/ (°)	流速/ (cm·s⁻¹)	流向/ (°)	流速/ (cm·s⁻¹)	流向/ (°)
T1	涨潮	29	304	30	298	29	295	32	284	27	303	23	300
	落潮	35	94	34	105	37	104	35	106	31	120	34	126
T2	涨潮	23	275	32	178	30	203	36	203	33	234	28	252
	落潮	23	319	20	303	14	294	17	293	9	297	15	297

垂线平均流矢见图10.27。大潮期间T1站涨潮平均流速为15 cm/s，落潮平均流速为16 cm/s；涨潮最大垂线平均流速为28 cm/s，落潮最大垂线平均流速为33 cm/s。大潮期间T2站涨潮平均流速为12 cm/s，落潮平均流速为4 cm/s；涨潮最大垂线平均流速为28 cm/s，落潮最大垂线平均流速为14 cm/s。

余流主要是指从实测海流中消除周期性流（如潮流）后的剩余部分，受诸多因素的影响。图10.28给出了两站各层余流流矢图。T1站余流流向从表层往底层朝ENE—E向变化，余流流速逐渐变小，最大余流流速为8.4 cm/s（表层）。T2站余流流向主要集中在SW向。

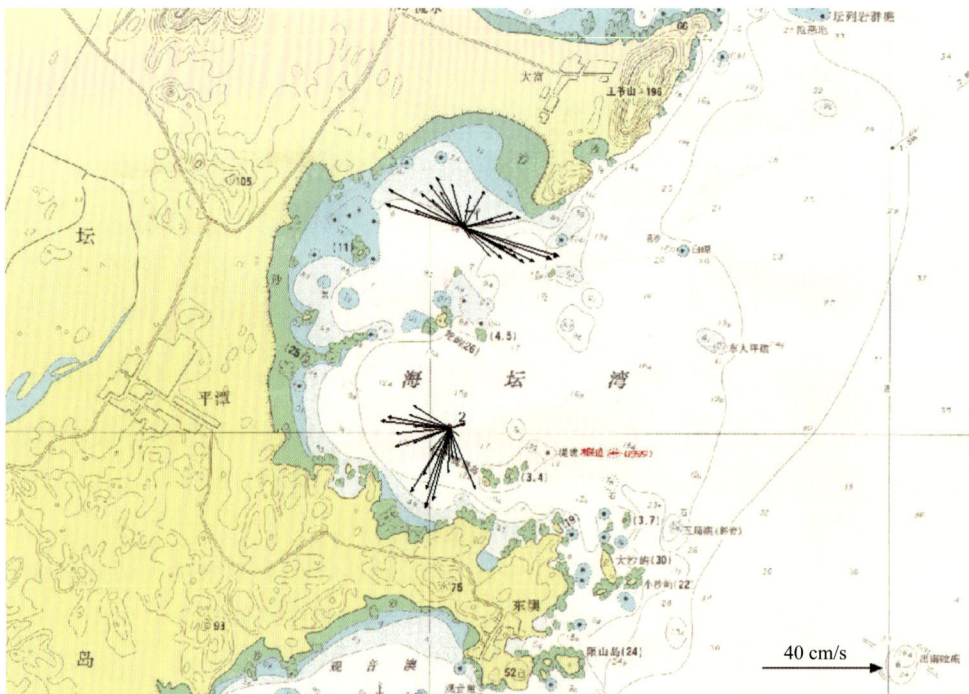

图10.27　垂线平均流矢图

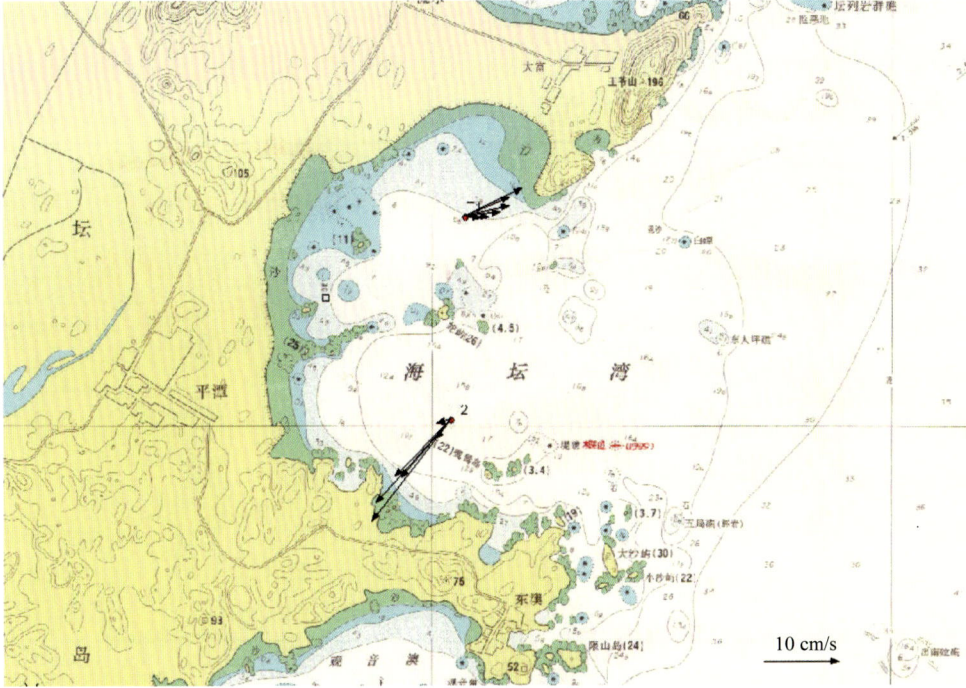

图10.28　余流流矢图（大潮）

c. 常浪作用下岸滩剖面的恢复

XBeach模型基于短波平均，并引入参数化波形模型。随着波浪非线性不断增强，波浪偏斜和不对称性加剧，近底水质点的向岸运动逐渐强于平均离岸运动，相应地，横向剖面离岸单宽输沙率逐渐减小，向岸单宽输沙率逐渐增大。模型采用了非线性参数A_s及S_k对对流速度项进行修正（见式10.7），公式中系数$facS_k$、$facA_s$代表不同程度的非线性作用，其中A_s及S_k随u_r的变化关系如图10.29所示。

$$u_a = (facS_k \times S_k - facA_s \times A_s) \times u_r \qquad (10.7)$$

式中，u_a为修正的对流速度（也称facua）；$facS_k$、$facA_s$为校正系数；S_k为波浪偏斜指数；A_s为波浪不对称指数；u_r为均方根流速。

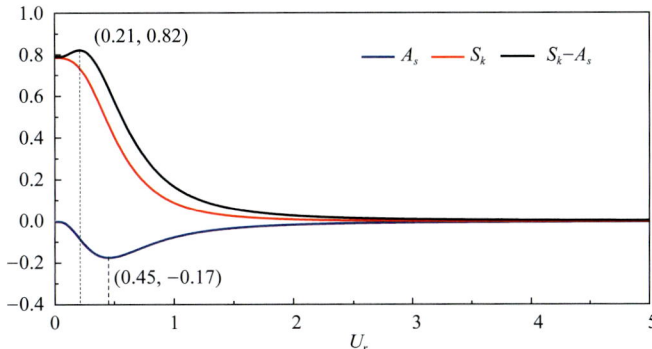

图10.29　A_s及S_k随U_r的变化

图10.30是校正系数$facS_k$及$facA_s$分别取0、0.5和1时，沿剖面4的单宽输沙率变化。三组情况对应的剖面形态变化如图10.31所示。

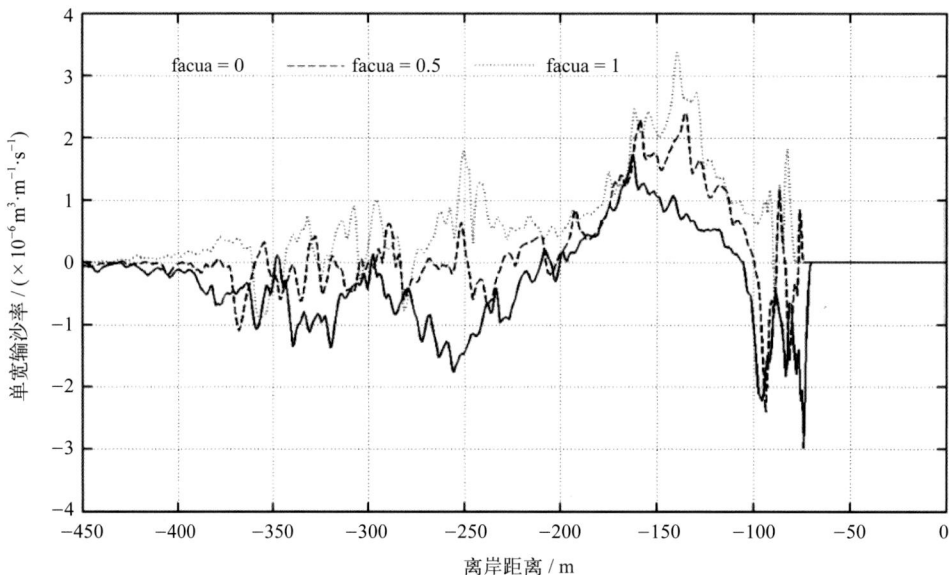

图10.30　波浪非线性参数对单宽输沙率的影响

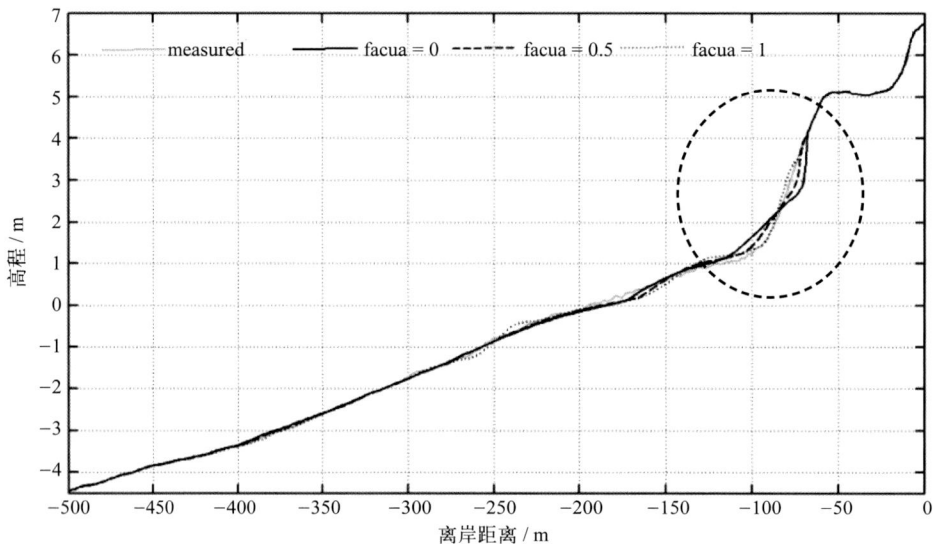

图10.31　不同波浪非线性参数对应的剖面变化

在2011年9月4日至2011年10月2日水动力条件下进行63组试算，得到剖面4在校正系数$facS_k$、$facA_s$变化时的剖面总侵蚀量变化趋势，如图10.32所示。随着修正系数$facS_k$、$facA_s$的增加，波浪非线性作用对对流速度的影响逐渐增大，泥沙向岸运动增强，离岸输移减弱，相应的剖面侵蚀量变小。

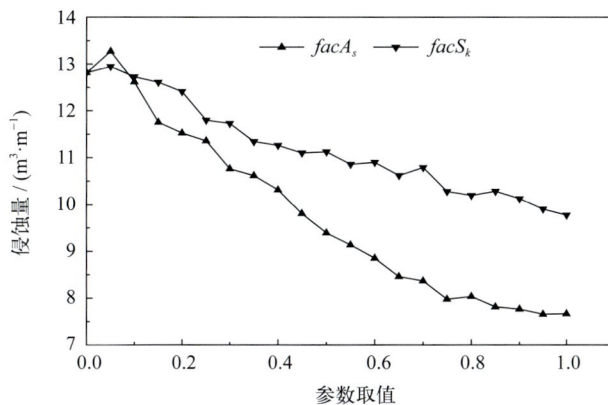

图10.32　波浪非线性参数对侵蚀量的影响

采用XBeach一维模型模拟9月4日至10月2日期间剖面1、剖面2、剖面3和剖面4的演变情况，模拟结果如图10.33至图10.40所示。

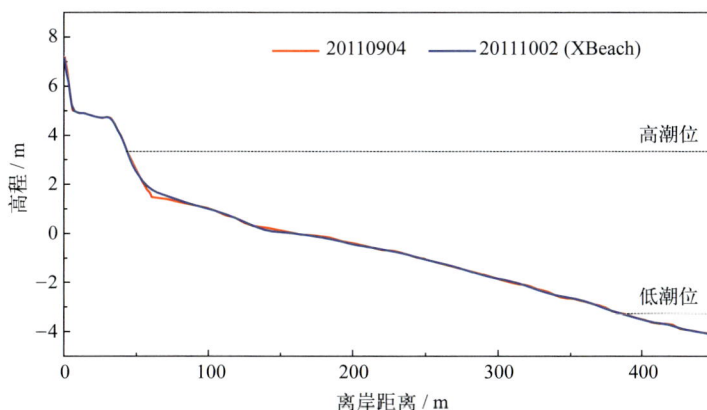

图10.33　剖面1模拟结果

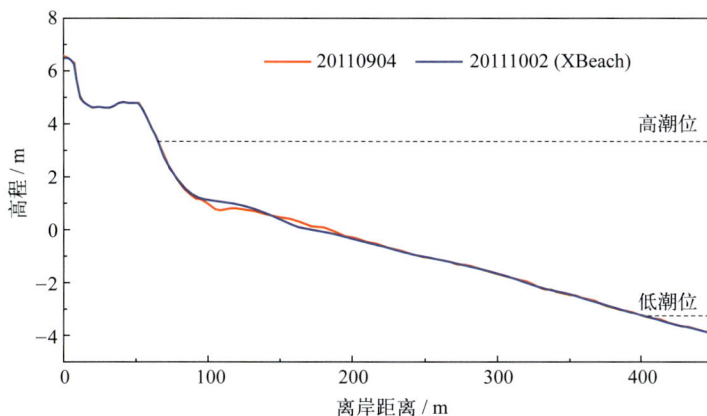

图10.34　剖面2模拟结果

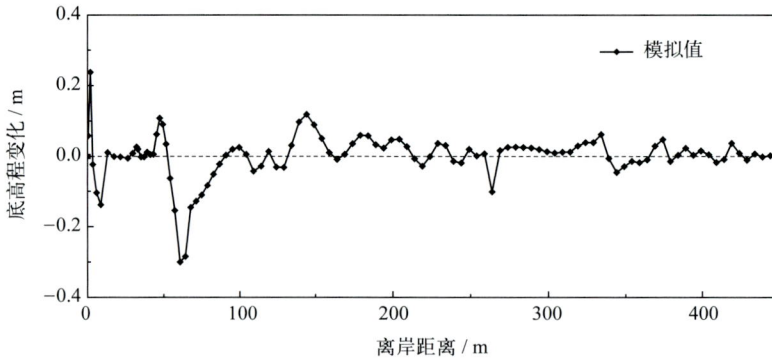

图10.35　剖面1沿剖面底高程变化

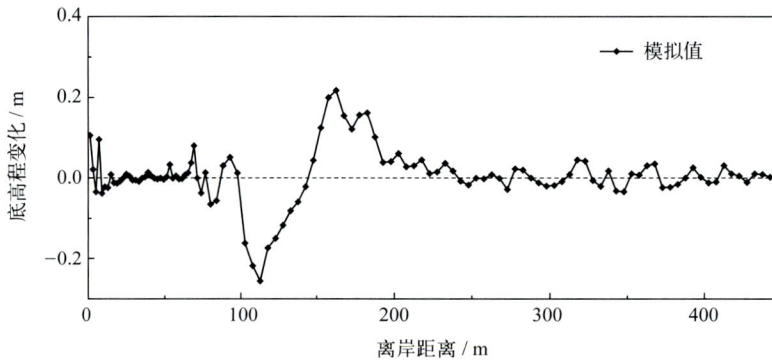

图10.36　剖面2沿剖面底高程变化

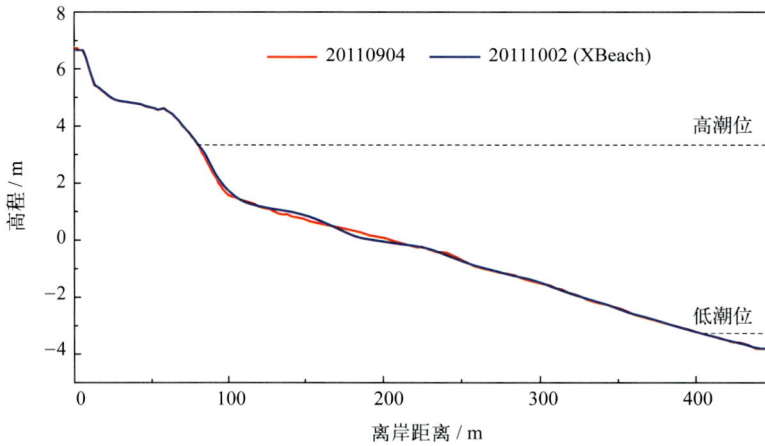

图10.37　剖面3模拟结果

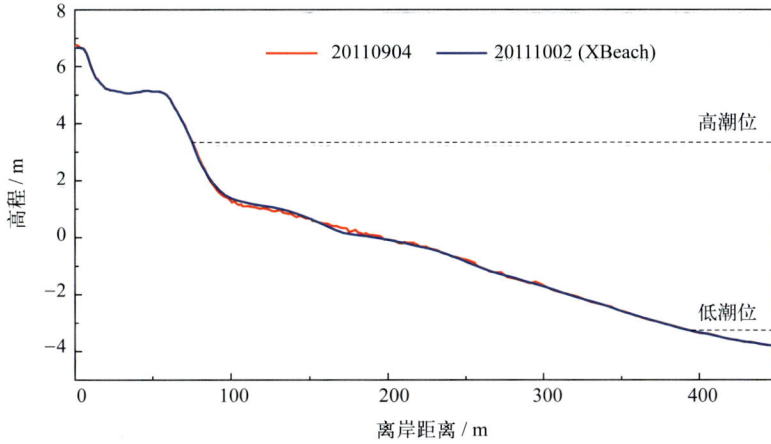

图10.38　剖面4模拟结果

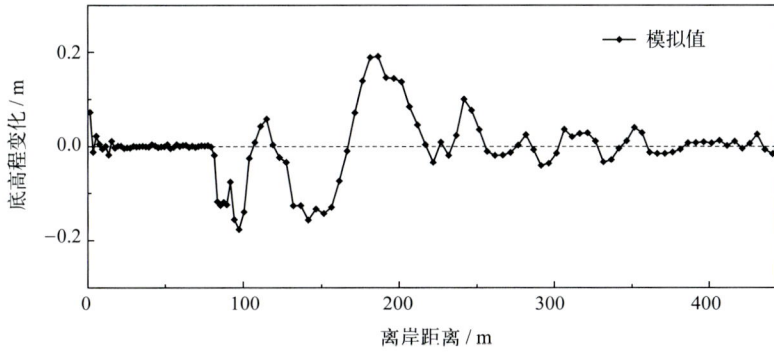

图10.39　剖面3沿剖面底高程变化

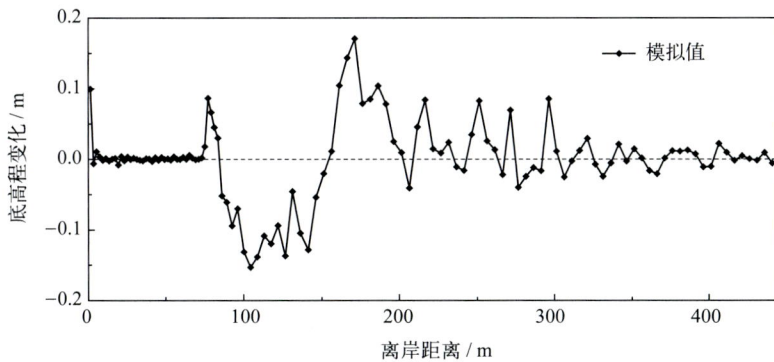

图10.40　剖面4沿剖面底高程变化

由模拟结果分析得到，9月4日至10月2日期间，4条剖面均在较弱的波浪及潮流动力作用下均发生不同程度的泥沙向岸输移，剖面形态变化以常浪恢复为主。剖面变化主要

位于高潮位和低潮位之间的斜坡带，高潮位以上滩肩部分和低潮位以下剖面变化较小。由于剖面离岸150～200 m处为破波区域，水体紊动能量较强，使底床泥沙起悬并发生侵蚀，剖面2、剖面3和剖面4底床下蚀深度均为0.2 m左右。泥沙被搬运至岸滩设计滩脚处，淤积厚度约为0.2 m，剖面1淤积厚度较大，为0.3 m，4条剖面单宽侵蚀量和淤积量大致相当。总体看，第一阶段（9月4日至10月2日）4条剖面均呈现向岸演变特征。

d. 风暴环境下岸滩剖面的侵蚀

采用XBeach一维模型模拟10月2日至10月6日风暴影响期间剖面1、剖面2、剖面3和剖面4的演变情况，模拟结果如图10.41至图10.48所示。分析得到，10月2日至10月6日风暴作用期间，由于风暴潮增水及波浪的作用，4条剖面均发生了不同程度的调整。

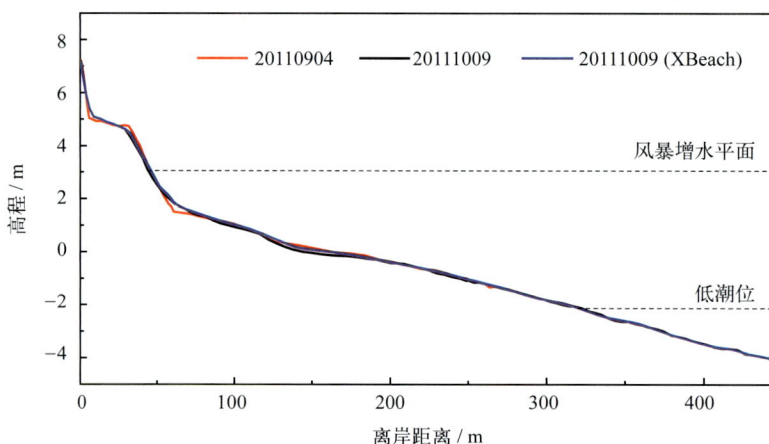

图10.41　剖面1模拟结果

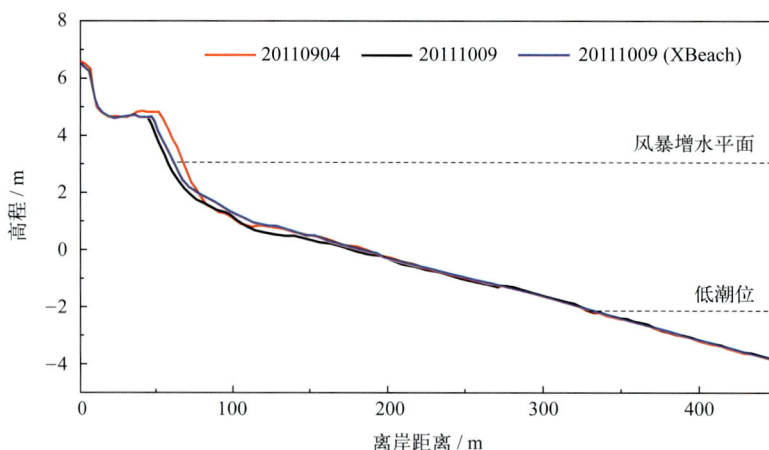

图10.42　剖面2模拟结果

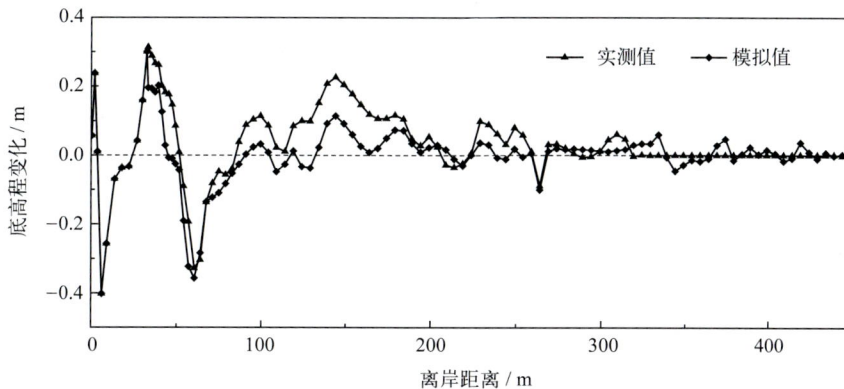

图10.43　剖面1沿剖面底高程变化

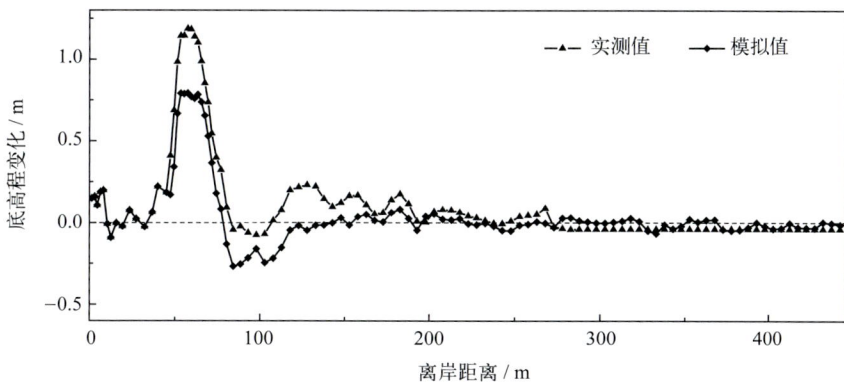

图10.44　剖面2沿剖面底高程变化

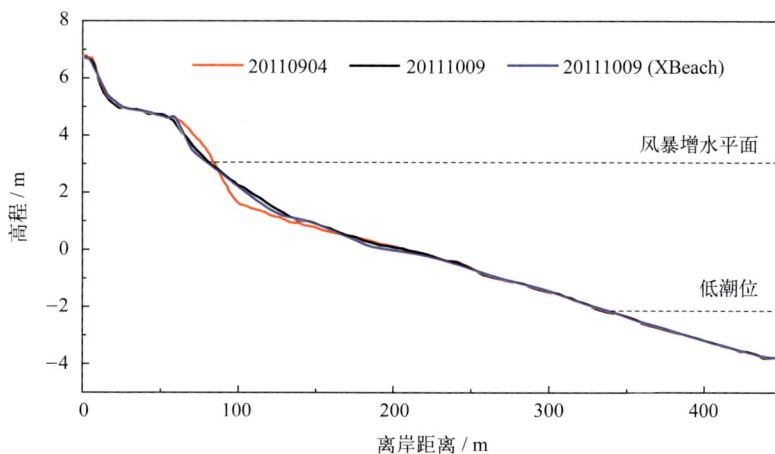

图10.45　剖面3模拟结果

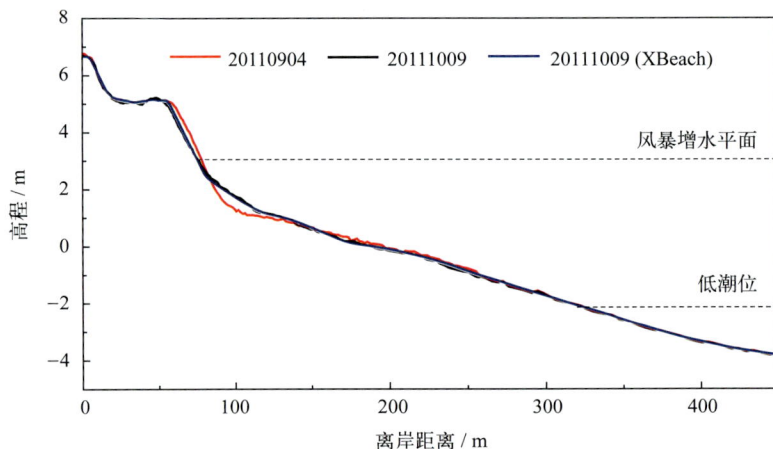

图10.46　剖面4模拟结果

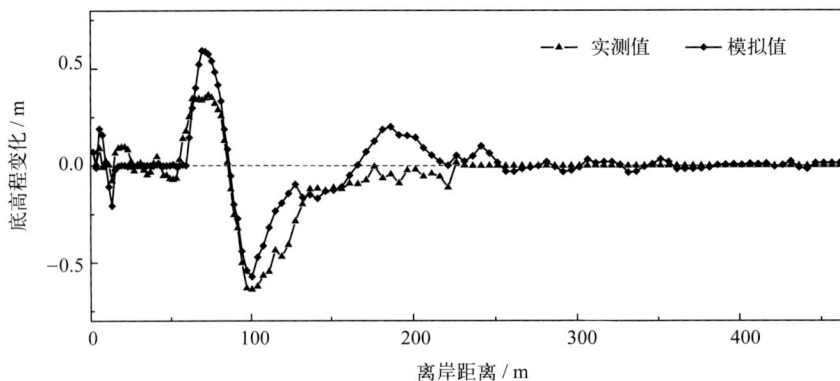

图10.47　剖面3沿剖面底高程变化

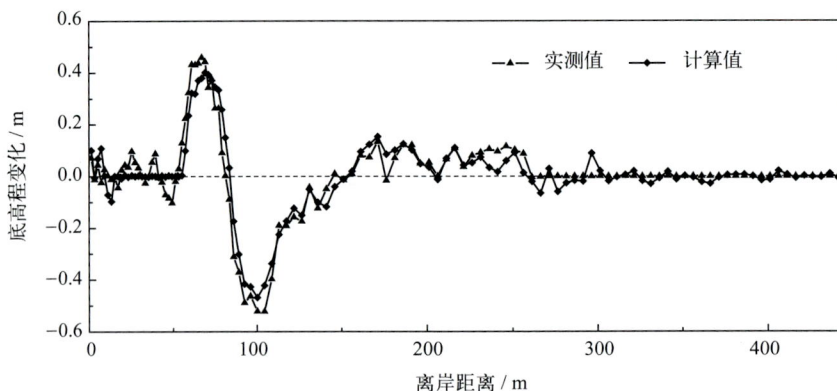

图10.48　剖面4沿剖面底高程变化

剖面1滩肩后退4 m左右，下蚀量最大0.35 m，破波带（120～170 m）最大下蚀量约0.2 m。由于高潮带和滩肩的蚀退调整，泥沙堆积到中高潮带附近坡折处，产生了淤积，单宽淤积量与滩肩附近的蚀退量相当。风暴增水平面以上的侵蚀量为3.82 m³/m。

剖面2滩肩附近发生了大幅调整，滩肩附近侵蚀最为显著，滩肩线后退8.5 m，大于南端的剖面1，剖面最大下蚀量达1.2 m，滩肩侵蚀沙被搬运至剖面坡折处略有淤涨，平均淤涨高约0.2 m，淤涨区域范围较小，潮下带侵蚀变化不显著。剖面整体侵蚀量大于淤积量，原因可能是其南部约300 m处的龙王头岬角影响沿岸流，导致沿岸输沙不平衡。同时，在风头沙滩南端有一大型的直立人工建筑物，全年ENE向传播的波浪发生反射，沿岸输沙为自南向北，由于南端无沙源补给，从而造成了这一区域内的强侵蚀。总体看，剖面坡度变缓，使海滩剖面向平衡剖面逐渐过渡。风暴增水平面以上的侵蚀量为9.43 m³/m。

从10月2日至10月6日期间的剖面变化可以看出，剖面3的重塑调整主要发生在滩肩外缘至海滩中高潮斜坡带之间，表现为上蚀下淤，滩肩向海侧的上半部斜坡面发生下蚀，下蚀范围约40 m，最大下蚀量0.5 m，沙被搬运到斜坡下半部分，在坡折处发生明显堆积，淤涨量最大达0.7 m。低潮带变化较小。从总体看，剖面侵蚀量略大于淤积量，可能与其南侧排水沟造成的沿岸输沙不平衡有关。风暴增水平面以上的侵蚀量为7.39 m³/m。

剖面4在10月2日至10月6日期间的剖面变化与剖面3相似，滩肩后退，海滩斜坡上半部分侵蚀，下半部分堆积。滩肩蚀退3.5 m，最大下蚀0.4 m。斜坡下半部发生淤涨，淤涨最大值约0.5 m，潮下带有一定的侵蚀。风暴增水平面以上的侵蚀量为8.84 m³/m。

在评价剖面模拟结果时，除了上述用到的沿程底高程变化指标，BSS（Brier Skill Score）指数也广泛应用于岸滩演变模拟评价中，用于评估剖面模拟精度。由于岸滩横向剖面是连续变量，将其离散化，用均方根误差（Root Mean Square Error，RMSE）作为评价指标，见式10.8。

$$BSS = 1 - \frac{RMS(X_m, X_p)}{RMS(X_p, X_b)} = 1 - \frac{\left\langle (X_m - X_p)^2 \right\rangle^{1/2}}{\left\langle (X_p - X_b)^2 \right\rangle^{1/2}} \qquad (10.8)$$

式中，X_m表示模型模拟结果；X_p是风暴后实测值；X_b是风暴前实测值；$\langle ... \rangle$代表时间平均，最佳值是1，基准值是0。当分母很小时参数对微小变化很敏感。

M I Vousdoukas和L P Almedda（2011）采用Xbeach模型模拟葡萄牙Faro海滩的768组次计算中，BSS参数变化范围为0.2～0.7；M I Vousdoukas等（2012）用XBeach模型进行的10 000多组次模拟中，BSS参数变化范围为−3 000～0.72；由大量试验及模拟数据归纳得到的BSS水平及对应的模拟结果评价见表10.7。

表10.7　BSS取值和模拟结果对应关系

BSS取值	<0	0～0.3	0.3～0.6	0.6～0.8	0.8～1.0
评价	差（bad）	较差（poor）	合理（reasonable/fair）	好（good）	优（excellent）

依BSS定义得到的4条剖面对应的沿剖面累计BSS水平如图10.49所示，剖面总体BSS水平见图10.50。从沿剖面累计BSS水平和总体BSS水平可见，剖面1的BSS水平较低，仅

在合理的范围，但模拟剖面结果与实测剖面吻合较好。可见，在初始剖面和风暴后实测剖面接近时，由于分母较小，导致BSS参数敏感性较大，从而误差较大。

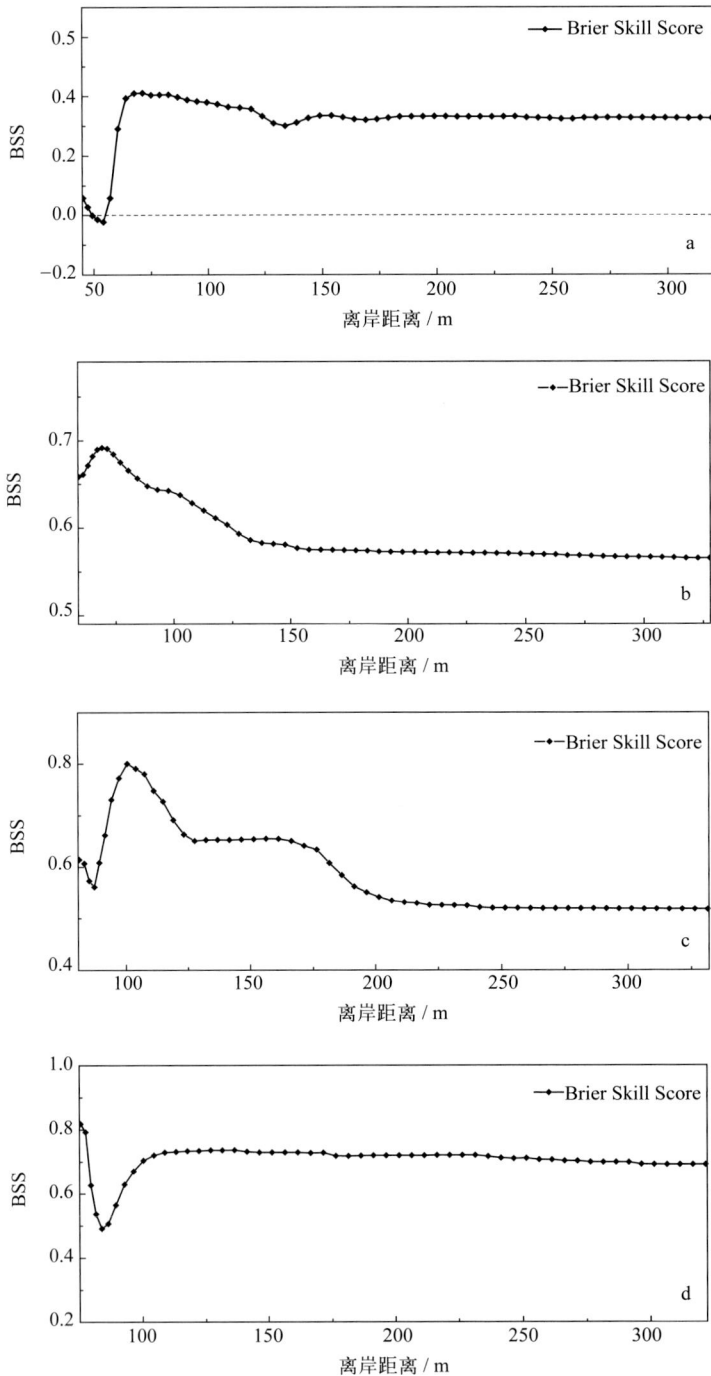

图10.49　4条剖面沿程BSS水平

a. 剖面1 BSS结果；b. 剖面2 BSS结果；c. 剖面3 BSS结果；d. 剖面4 BSS结果

剖面2、剖面3的结果也在合理范围之内，其中剖面2接近良好水平。二者在风暴增水位附近滩面模拟精度均大于0.6，为良好水平。剖面3模拟结果相对较差，可能是由于该剖面南部排水沟影响岸滩沿岸输沙，导致横向剖面模拟精度不高。剖面4 XBeach模拟结果和实测剖面吻合度最高，BSS值大于0.6，模拟结果良好。

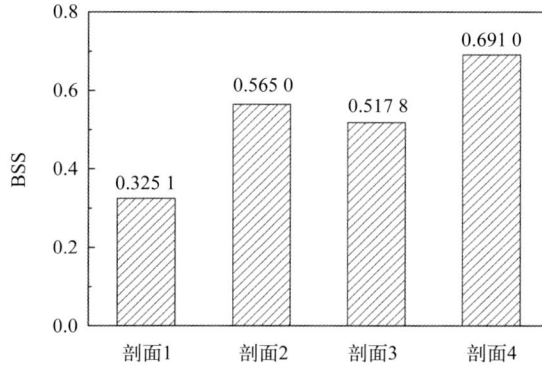

图10.50 4条剖面总体BSS水平

通过对以上4条剖面变化的分析，发现风暴环境下滩面逐渐向平衡剖面过渡，主要表现为滩肩后退，中高潮带海滩下蚀，中低潮和斜坡带发生淤涨，海滩坡度逐渐变缓，趋于稳定平衡。剖面1、剖面2靠近工程区南部，在工程区域的最南端有大型人工直立建筑物，反射的波浪和入射波浪叠加，可能会造成两条剖面侵蚀量偏大。同时，剖面3可能受到其南侧排水沟的影响导致侵蚀量略大于淤积量，但资料有限，未能验证。

第 11 章

示范区（深圳市）风暴潮
影响评估

深圳市是我国经济发达、人口稠密的沿海城市之一，也是风暴潮等海洋灾害多发区域。2017年，深圳市GDP为22 438亿元，几乎与香港特别行政区持平。同时深圳市经济增长迅速，基本保持在8%以上。2017年，深圳市常驻人口达到1 190.84万人，人口年净增量超过60万人。广东省是台风等灾害登陆集中地区，深圳市恰位于台风风暴潮灾害多发地区。

经济总量高、人口稠密、位于风暴潮灾害多发地区，是本书选择深圳市作为评估示范区的主要原因。而海平面影响调查工作中积累的大量调查数据和测绘成果，也为本次风暴潮影响评估提供了数据基础。

11.1 数据来源

深圳市概况信息数据来源于行政区划网（2014年8月）。高程数据、堤防数据、遥感影像数据、基础地理信息数据等来源于海平面变化影响调查成果。台风数据来源于中央气象台西北太平洋最佳台风路径集，水深和岸线数据来源于国家海洋信息中心基础地理信息数据库，用于模式验证的潮位数据来源于国家海洋观测站网。

1）高精度堤防数据

从2014年到2017年，深圳市在海平面变化影响调查工作中完成了全市海堤测量工作，全面掌握了海堤空间分布和高程，共布设勘测点2 870个。通过海堤实地勘测和历史资料，形成最新海岸线空间信息（图11.1和图11.2）。

2）高精度地面高程模型数据

以深圳市1∶2 000高程测绘成果为基础，通过空间插值生成1 m空间分辨率的DEM栅格数据，用于GIS分析和水动力数值模型计算（图11.3）。

整体上看，深圳市地面高程较高，基本上在10 m以上，辖区内多丘陵，低洼区域占总体比重较小。从空间分布上看，深圳市低洼地区主要分布在沿海区域，距离海岸线越远，则地面高程越高。从东西两段岸线看，东部地面高程要明显高于西部，低海拔地区在东部只有零星分布，西部则分布面积较大。

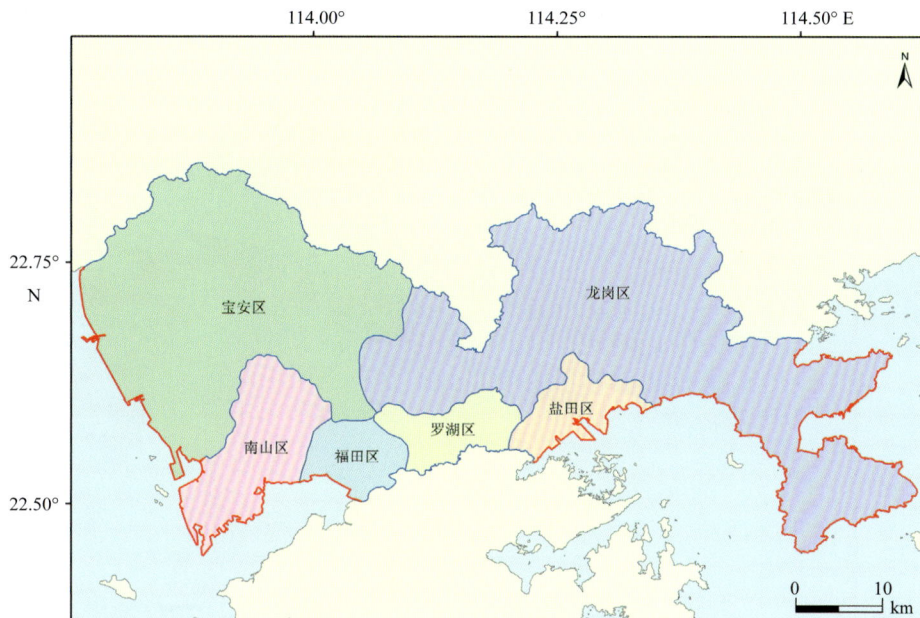

图11.1 深圳市海岸线空间信息

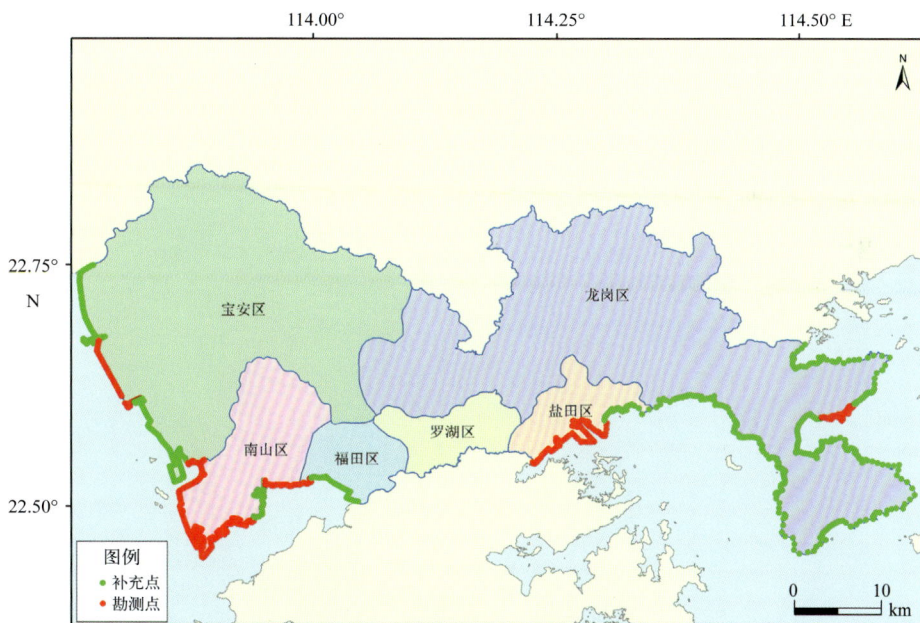

图11.2 深圳市海堤测量信息

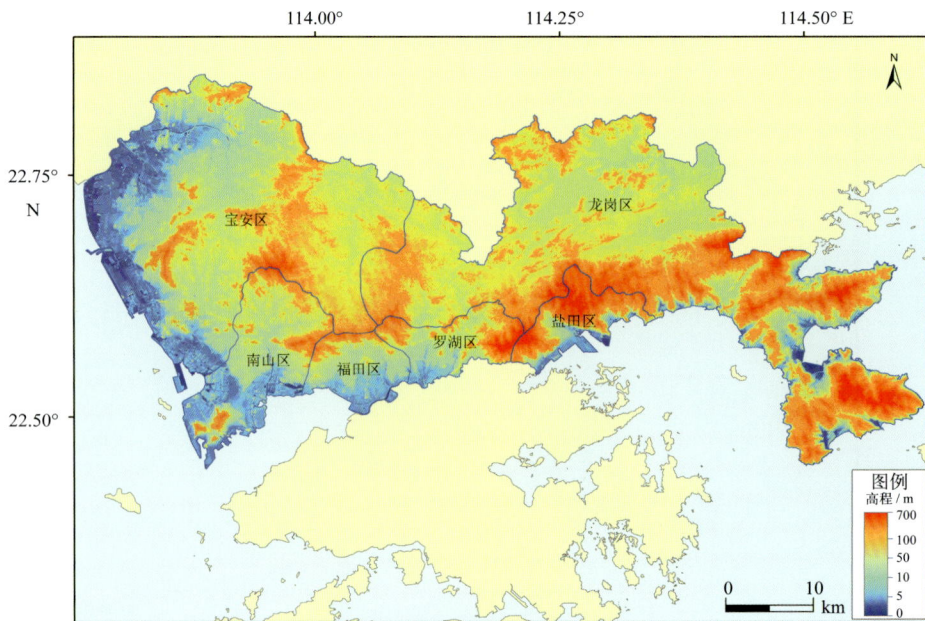

图11.3 深圳市高程信息

3）高精度基础地理信息数据

在海平面变化影响调查工作中，收集了深圳市基础地理信息数据，如行政区划、土地利用、承灾体分布、交通、水系、遥感影像等。

深圳市基础地理信息数据比例尺为1：2 000（图11.4和图11.5），遥感影像数据空间分辨率为0.6 m（图11.6）。

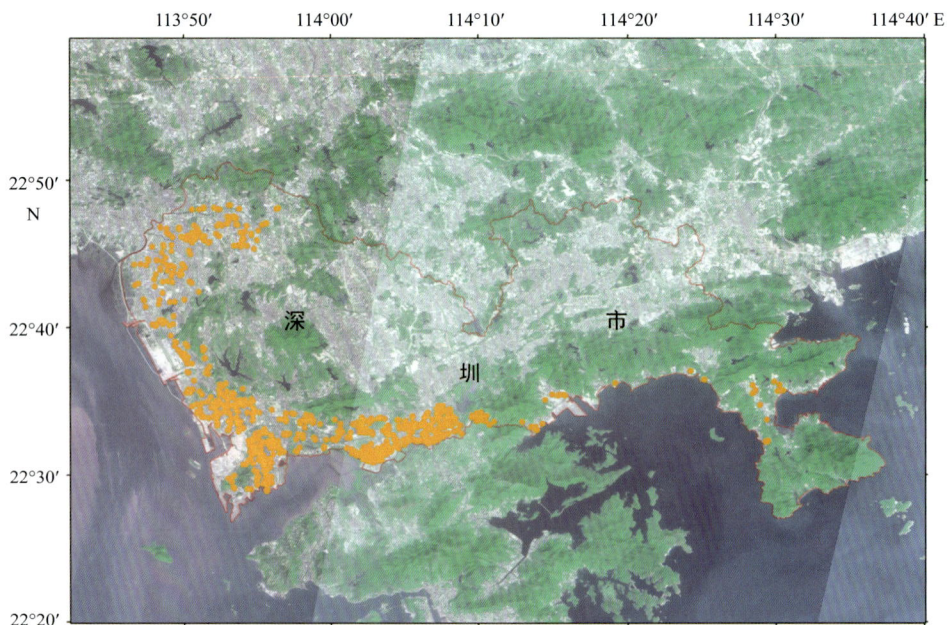

图11.4 深圳市沿海地区承灾体空间信息（学校）

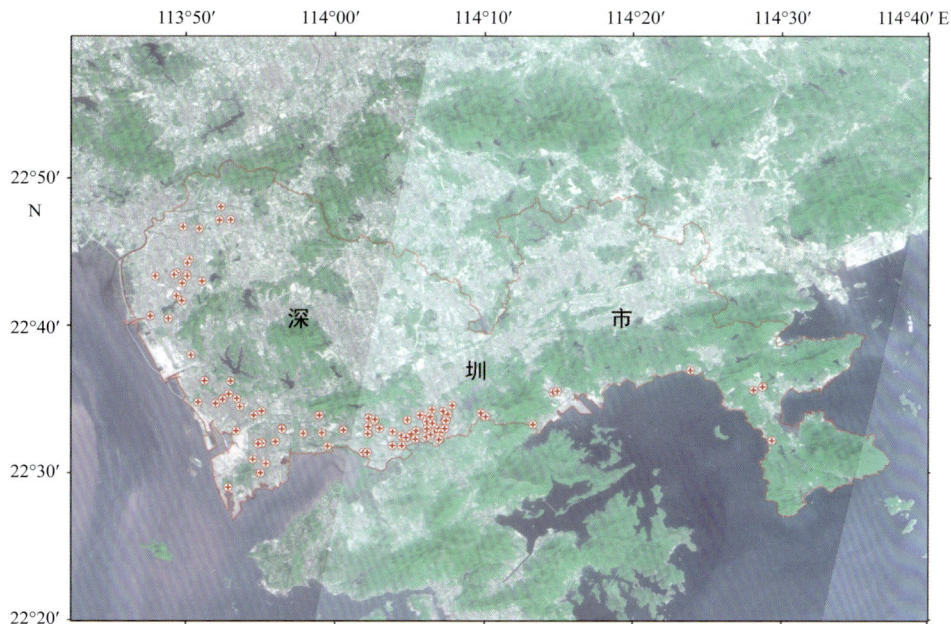

图11.5 深圳市沿海地区承灾体空间信息（医院）

图11.6 高分辨率遥感影像（Quickbird 影像）

11.2　评估方法

基于海平面变化影响调查成果，设计对深圳海域影响最严重、引起增水最大的可能最大台风路径及参数。采用经验台风模型重构海表面风场，驱动风暴潮模型计算可能最大风暴潮，评估不同海平面情景下可能最大风暴潮的影响。

1）台风模型

采用Holland经验台风模型（Holland，1980）模拟理想的台风风场和气压场，用下式计算：

$$P = P_c + (P_n - P_c) \exp(-A/r^B) \tag{11.1}$$

$$V = \left[\frac{AB(P_n - P_c)\exp(-A/r^B)}{\rho r^B} \right]^{\frac{1}{2}} \tag{11.2}$$

$$A = R_{max}^B \tag{11.3}$$

$$B = e\rho_{air} V_{max}/(P_n - P_c) \tag{11.4}$$

式中，P和V分别为半径r处的大气压强和风速；P_c和P_n分别为台风中心气压和背景大气压；A和B为描述台风形状的参数；R_{max}则表示最大风速半径；V_{max}为最大风速；e为自然对数的底数。B的范围值为1～2.5（Holland，1980），这里B采用1.9。

模型风场应该考虑台风移动风速的影响，所以通常在圆对称风场上添加移动风场，叠加计算的公式为：

$$\vec{V_a} = \vec{V_s} + 0.5\,\vec{V_t}\sin(\beta) \tag{11.5}$$

式中，$\vec{V_a}$为不对称风场风速矢量；$\vec{V_s}$为响应的圆形风场矢量风速；$\vec{V_t}$为移行风速；β为台风场中任意位置与台风来向的夹角。为了防止计算出的台风风速失真，在计算圆形风场时，先将最大风速减去移行风速，利用式（11.2）计算圆形风场，再利用式（11.5）将移行风速叠加到圆形风场上。

西太平洋台风基本沿副热带高压等压线移动，台风中心右侧压力梯度要大于左侧，因此，该区域台风风场本身有着右侧强化的特征，当引入移动速度后，Holland理想模型由原本的对称圆形风场，变为右侧较强的非对称性风场，更加符合台风自身特性。

2）风暴潮模型

ADCIRC是由北卡罗来纳大学的R A Luettich 博士和圣母大学的J J Westerink博士联合研发的水动力数值模式，可对二维和三维的自由海表面流动和物质输运问题求解，模拟海洋、近岸与河口的水位、流场等。它基于有限元方法，采用可任意局部灵活加密的无结构网格。该模式较适合于计算潮汐、风生环流、台风增水等情形，计算速度相对较快。

a. 网格配置

为了减少计算区域开边界对模拟结果的影响，在计算区域设置两条开边界，如图11.7中蓝线所示。南海开边界附近网格分辨率为20 km，台风登陆点深圳附近海域网格分辨率为200 m，从开边界到近岸逐渐加密。为了更好地拟合岸线，采用非结构三角网格，包含17 363个网格节点，32 504个网格单元。

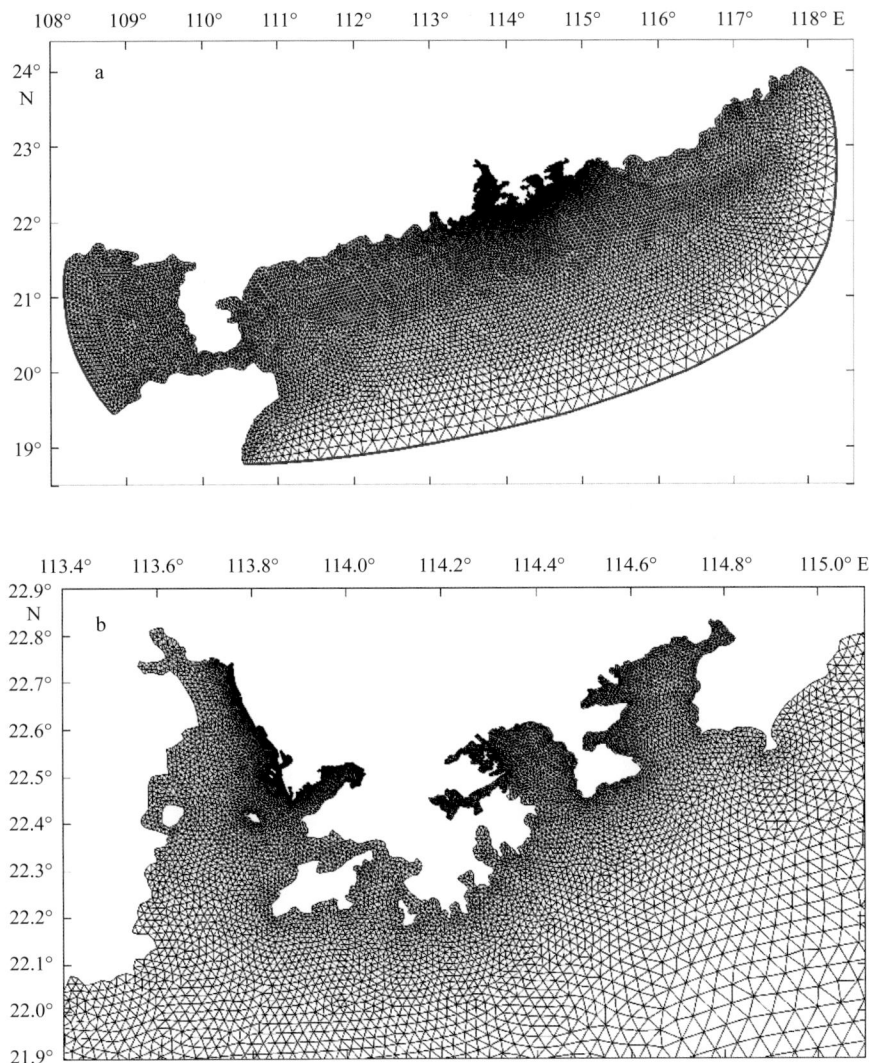

图11.7　计算海域（a）及深圳周边海域（b）网格配置

b. 地形水深

运用ArcGIS等专业软件完成不同分辨率海图的拼接工作，并从国家海洋信息中心的基础地理信息库提取相关地形和岸界信息进行补充，采用设定阈值的最近点插值方法，完成了计算区域高精度地形数据产品的制作，插值得到计算区域的水深地形，见图11.8。

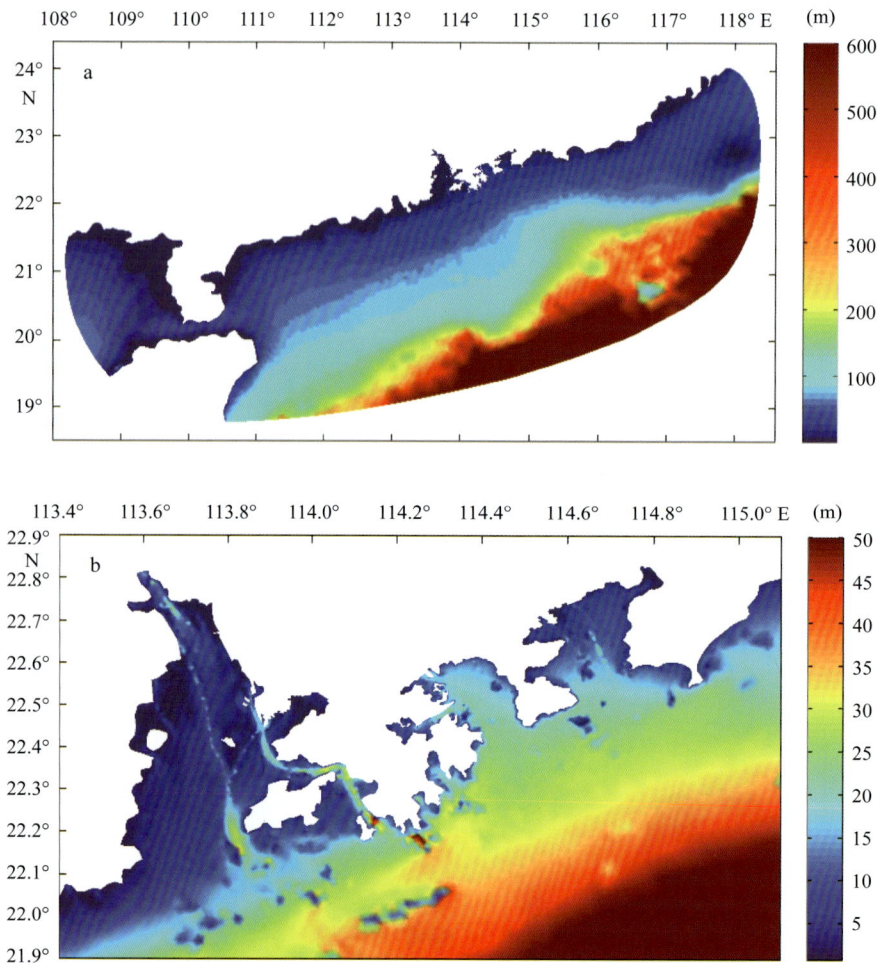

图11.8　计算海域（a）及深圳周边海域（b）水深地形分布情况

c. 模式验证

天文潮计算验证

开边界采用8个主要分潮的调和常数：M_2、S_2、N_2、K_2、K_1、O_1、P_1、Q_1，所用的潮汐调和常数来自于全球潮汐模式OTIS结果。采用该模式模拟计算了研究海域内1个月的天文潮位，利用珠海站、赤湾站、盐田站和惠州站的实测潮位进行检验。图11.9为模式模拟结果与观测数据的对比，可以看出，模式能够较好地模拟潮位过程，检验时间段内4个站的潮位计算绝对平均误差分别为13 cm、13 cm、12 cm和12 cm。

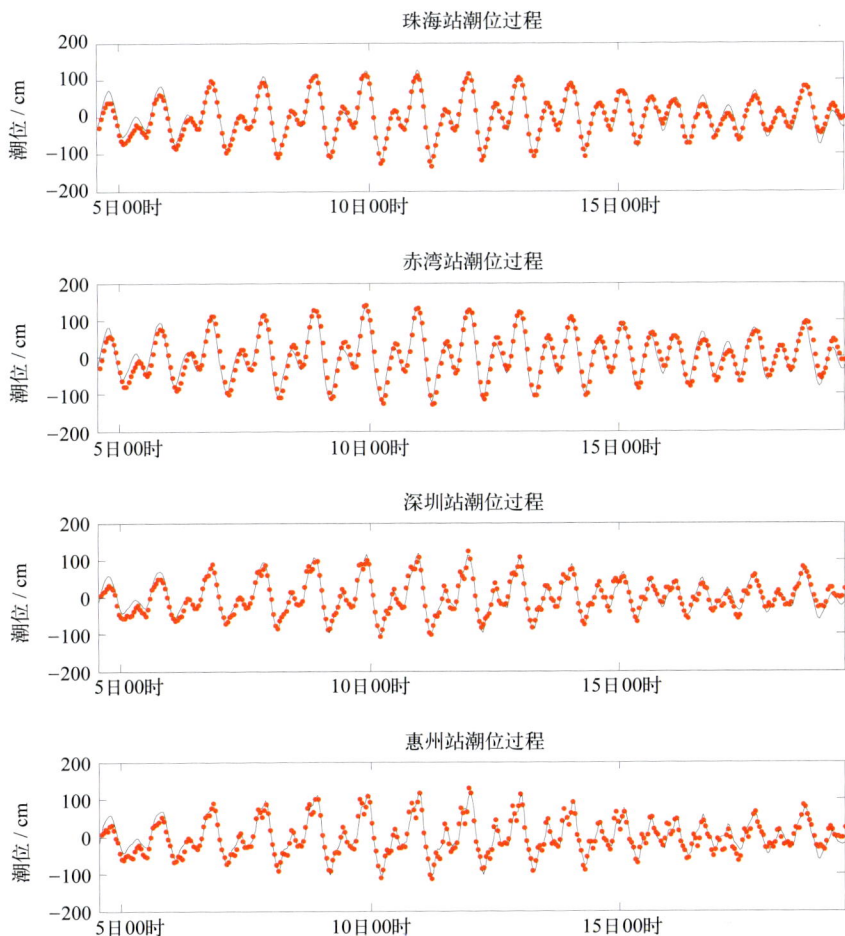

图11.9 潮位过程对比

黑线代表模式结果；红点代表观测数据

典型风暴潮过程潮位检验

根据深圳历史风暴潮情况，挑选了4次典型的风暴潮过程分别进行了两潮耦合的潮位后报，台风资料来自于中央气象台西北太平洋最佳台风路径集。典型风暴潮过程分别为9316号台风"贝姬"，0814号台风"黑格比"，1208号台风"韦森特"和1604号台风"妮妲"。对历次过程的最高潮位误差进行统计，结果见表11.1，最高潮位平均误差为25 cm，0814号台风过程中的潮位验证对比见图11.10。

表11.1 典型台风过程最高潮位误差统计 （单位：cm）

台风编号	误差	大万山站	珠海站	赤湾站	盐田站	惠州站
9316	最高潮位误差	28	—	48	—	—
0814	最高潮位误差	33	—	2	41	45
1208	最高潮位误差	—	12	14	15	13
1604	最高潮位误差	—	20	21	22	32

"—"代表无数据。

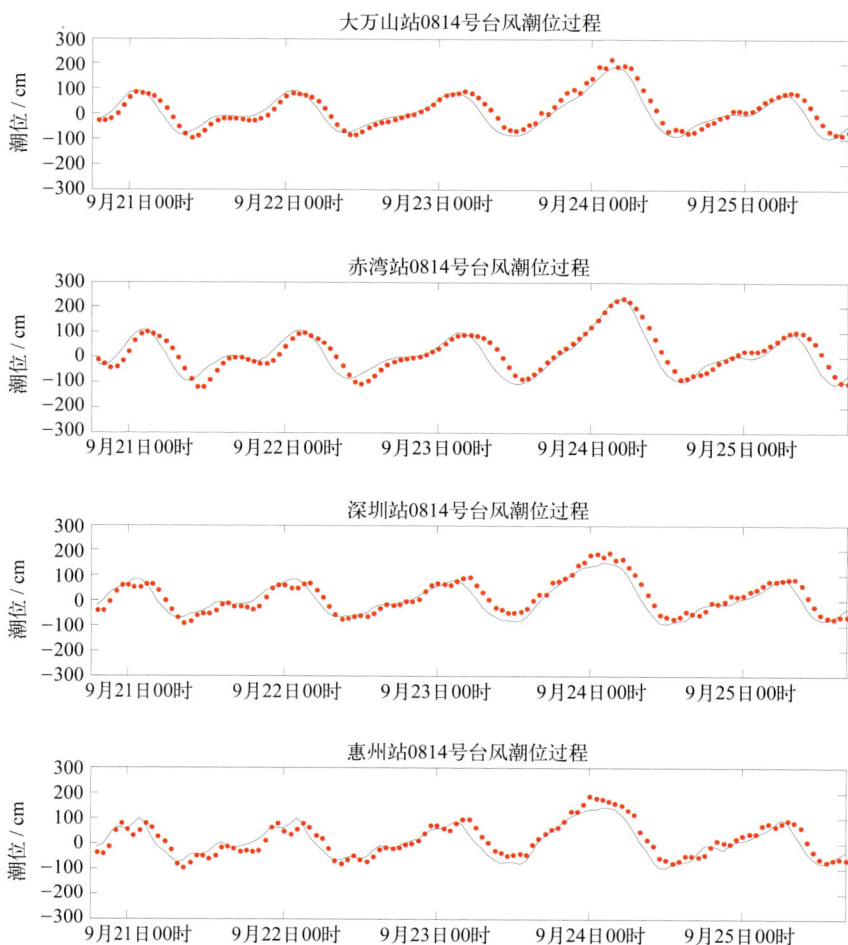

图11.10 0814号台风期间潮位过程对比
黑线代表模式结果；红点代表观测数据

3）淹没计算

采用堰流模型计算风暴潮漫堤过程。当堤前水位高于当地海堤高程时，使用亨德森（Henderson，1966）经典水力学公式计算出单位宽度溢流量。

$$q = C_d \frac{2}{3} \sqrt{2g}\, h_1^{3/2} \qquad (11.6)$$

通过大量的实验，给出了流量系数C_d的近似形式：

$$C_d = 0.611 + 0.08 \left(\frac{h_1}{h}\right) \qquad (11.7)$$

式中，h为水深；h_1为高于堰顶的水位高度。对于较小的h_1/h，流量系数近似为0.611。

总过水量：

$$Q = q \times t \times L \qquad （11.8）$$

式中，q为单位宽度溢流量；t为溢流时间；L为溢流宽度。

以DEM数据为基础，根据模型计算出发生越堤的位置和过水量，通过GIS分析功能确定影响区域。前端采用高精度数值模型分析风暴潮灾害发生过程，准确计算出过水量。后端采用GIS技术将高精度的数字高程模型数据引入影响分析工作，提高成果的可靠性。影响分析通过逐步推进方法，计算越堤点邻近区域中水位达到最大高程时可容纳的水量，如果等于计算出的过水量，则终止；如果小于计算出的过水量，则增加高程值重新计算邻近区域并重复前面的操作直至可容纳的水量等于计算出的过水量。

11.3 气候情景

海平面上升情景采用RCP2.6、RCP4.5和RCP8.5多模式集合预测结果，深圳市位于南海海域，2100年南海海平面上升值中值分别为46 cm、54 cm和75 cm（详见2.2.4节）。

11.4 影响评估

深圳西部和西南部水域是珠江口、伶仃洋，东部和东南部是大鹏湾、大亚湾，土地面积为1 996.78 km²（《2014深圳统计年鉴》），海岸线总长为2 57.3 km，市辖海域面积1 145 km²。深圳市海岸地貌自东向西分大鹏半岛山地丘陵区、东部沿海山地区、中部台地谷地区、西南部滨海台地平原区、西部滨海平原台地区等。

深圳市属热带气旋影响的高发区，53年来（1953—2005年）给深圳市造成影响的热带气旋共有224个，年均4.2个。1953—1986年的34年间共有155个热带气旋影响深圳，1987—2008年22年间仅有79个热带气旋影响深圳。

影响风暴潮主要有三个因素：一是台风的强度，强度越大，风暴潮位越高；二是台风的路径，我国沿海台风的右半圈风向与台风移动方向相同，因此右半圈风速大于左半圈，登陆时处在台风右半圈内的水域潮位也高于左半圈；三是天文大潮和海平面，台风登陆时如遇天文大潮和高海平面，风暴潮位将更大。

11.4.1 风暴潮模拟

1）可能最大台风的路径设置

历史上对深圳造成严重风暴潮灾害或引起较大增水的台风过程有6808号、7908号、9302号、9316号、9908号、0313号、0814号、1208号、1319号、1604号等。其中，7908

号台风"荷贝",过程最低气压为898 hPa,最大风速为70 m/s;登陆气压最低的是1319号台风"天兔",登陆气压为935 hPa,登陆时中心风速为45 m/s;9302号台风引起赤湾站最大增水165 cm;9316号、0814号和9908号台风引起的风暴潮灾害较为严重;6808号、9908号、1604号等台风是从正面袭击深圳,其中1604号台风"妮妲"登陆时风力达到14级,为近年来正面登陆珠江三角洲的最强台风。

为便于通过比较找到直接影响深圳市的最强台风,需比较同等条件下这10条台风路径(图11.11)中哪条路径能够引起最大风暴增水。选定9316号台风路径为基准路径,将其他9个台风平移到9316号台风相同的登陆地点(图11.12),采用同样的台风参数驱动。结果显示,1604号台风"妮妲"引起的增水最大,且1604号台风是近年来正面登陆深圳的最强台风,登陆时风力达到14级。基于上述分析,本研究选定1604号台风"妮妲"为最终计算的台风路径。

将1604号台风路径沿着与岸线平行的方向向东、向西平移,间隔为6 km,最东平移到台山附近,最西平移到陆丰一带,构造出49条相互平行的路径(图11.13),登陆范围西至台山、东至陆丰,覆盖珠江口以及深圳海域。将这49条路径从西至东编号为T01~T49,其中T36为1604号台风真实路径。利用已建立的风暴潮数值模式,采用相同的台风参数,计算每条路径下引起的增水,以宝安机场、赤湾、深圳湾、盐田、惠州等站点为代表点,找出该地区可能最大台风路径。

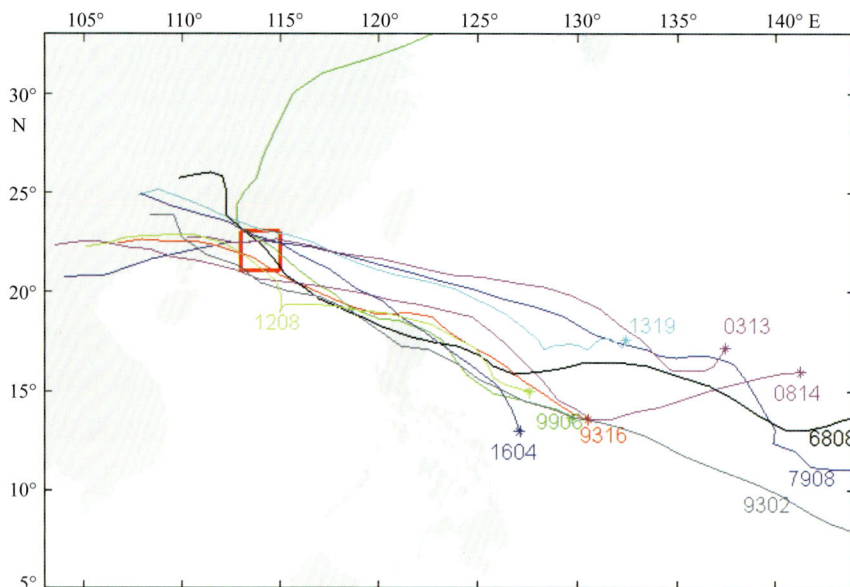

图11.11 历史上引起深圳较大风暴潮灾害的台风路径

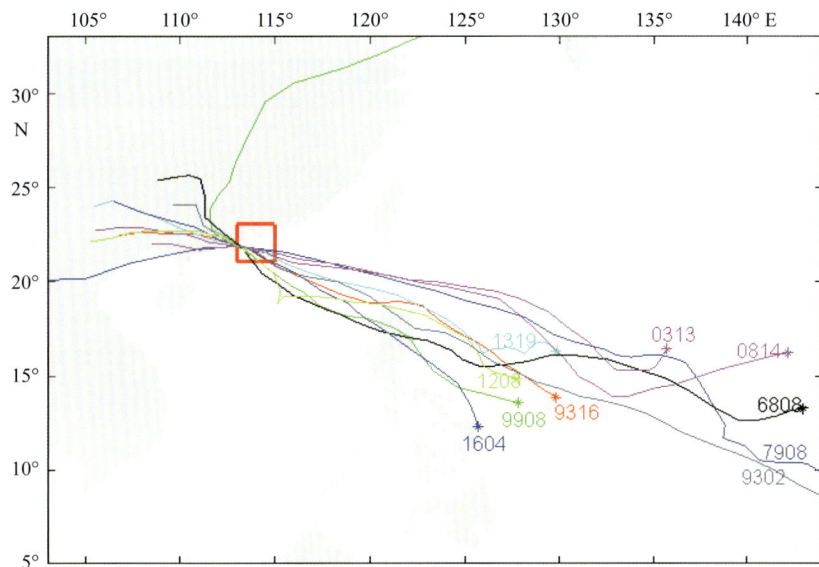

图11.12　平移至9316号台风登陆位置的台风路径

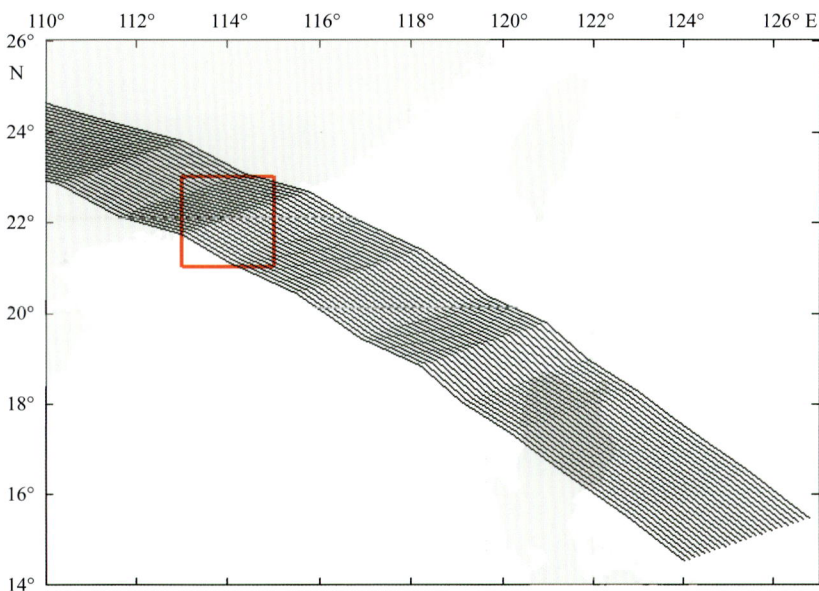

图11.13　基于1604号台风构造的49条路径（部分显示）

　　每条路径均用相同强度的台风进行驱动，采用1319号台风"天兔"的参数，最后得出每条路径影响下各代表站点的过程最大增水值。由于T26路径以后继续往东平移，计算出各代表站点的增水呈减小的趋势，故只列出前26条路径的增水值，见表11.2。

表11.2　构造台风路径下代表站点增水计算结果统计　　　　（单位：m）

路径编号	宝安机场	赤湾	深圳湾	盐田	惠州
T01	3.16	2.26	2.26	2.11	2.08
T02	3.25	2.37	2.41	2.17	2.14
T03	3.34	2.48	2.54	2.22	2.21
T04	3.47	2.57	2.67	2.26	2.27
T05	3.58	2.65	2.78	2.31	2.33
T06	3.64	2.71	2.86	2.34	2.38
T07	3.65	2.74	2.92	2.37	2.43
T08	3.64	2.72	2.93	2.39	2.47
T09	3.55	2.67	2.87	2.40	2.50
T10	3.37	2.56	2.75	2.41	2.53
T11	3.18	2.40	2.58	2.40	2.55
T12	2.91	2.18	2.33	2.39	2.57
T13	2.60	1.93	2.04	2.36	2.56
T14	2.24	1.65	1.72	2.33	2.56
T15	1.86	1.41	1.41	2.29	2.54
T16	1.51	1.20	1.21	2.24	2.51
T17	1.28	1.05	1.15	2.27	2.49
T18	1.30	0.97	1.11	2.37	2.45
T19	1.35	0.91	1.10	2.45	2.41
T20	1.40	0.88	1.10	2.51	2.48
T21	1.41	0.86	1.09	2.56	2.58
T22	1.41	0.84	1.08	2.55	2.67
T23	1.39	0.82	1.06	2.49	2.73
T24	1.40	0.82	1.07	2.37	2.77
T25	1.40	0.82	1.06	2.20	2.78
T26	1.41	0.82	1.08	1.97	2.76

从表11.2可以大致看出，不同设计路径在深圳海域引起的风暴增水变化很大，一般来说，位于台风东部的各点增水较大，湾内增水大于开阔海域。T07路径影响下，深圳西部海域的3个站点增水较大，所以选择T07作为深圳西部海域的最大台风路径。T21路径影响下，盐田站增水最大，所以选择T21路径作为大鹏湾的最大台风路径。T25路径影响下，惠州站增水最大，所以选择T25路径作为大亚湾的最大台风路径，见图11.14。

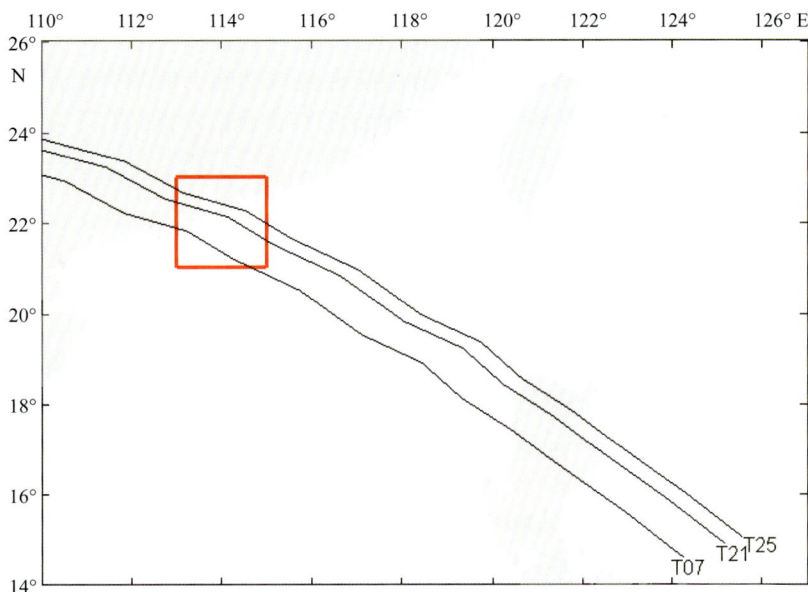

图11.14　T07、T21和T25台风路径

2）可能最大台风的强度设置

根据历史资料统计，影响深圳的台风中，过程最强的为7908号台风"荷贝"，气压最低为898 hPa，对应风速70 m/s，登陆气压和对应风速分别为955 hPa和45 m/s。登陆气压最低的是1319号台风"天兔"，该台风是近年来出现的最强台风之一，登陆气压仅为935 hPa，对应风速45 m/s也最大。以登陆气压为判定依据，1319号台风是直接影响深圳海域的台风中登陆气压最低的，所以选取1319号台风"天兔"作为最终计算的台风参数。

3）天文高潮位的叠加

在陆架宽阔的浅海沿岸，由于浅水非线性效应，天文潮与风暴潮耦合作用产生的风暴增水计算尤为重要。由于台风可在天文潮过程中任一时段登陆，大、中、小潮不同潮汐，高、中、低不同潮时都有可能登陆。台风登陆时遭遇天文潮的不同潮汐和潮时有一定的随机性。当台风登陆时间与天文大潮的高潮位出现的时刻重合时，就可能产生最为严重的风暴潮位，其对环境的危害也最大。

设计最大增水与天文高潮位（10%超越概率天文高潮位值）叠加，即设计天文高潮位与最大增水同时发生，这样计算得到的风暴潮位是危害最大的。根据赤湾站、盐田站、惠州站的潮位资料计算得出10%超越概率天文高潮位值分别为1.51 m、1.26 m和1.29 m，在天文潮预报潮位序列中找到与之接近的潮位，假定该潮位与最大增水同时发生，推算出模式模拟的起始时间，进行风暴潮计算。

4）可能最大风暴潮位计算

当波浪传播到近岸地区时，会产生反射、折射和破碎等现象，从而使水体受到一种压力，迫使水体向岸堆积起来形成增水，特别是在台风期间，波浪在近岸的增水现象较为显著，因而在计算风暴潮时，除了考虑风暴潮和天文潮相互作用外，还应包含波浪对近岸水位过程的影响。表11.3给出了浪潮耦合情况下T07、T21和T25路径下各代表点的最大可能风暴潮位。

表11.3 代表点最大可能风暴潮位　　　　　　　　　　　　　　　　（单位：m）

起算面	实验条件	宝安机场	赤湾	深圳湾	盐田港	核电站
平均海平面	耦合海浪	4.19	3.63	3.95	3.83	3.81

模式计算结果是相对于平均海平面的，根据当地平均海平面与1985国家高程的关系，将计算结果转换成1985国家高程。其中，西部海域采用赤湾站高程关系，即计算结果加上0.57 m；东部海域采用盐田站高程关系进行转换，即加上0.73 m。表11.4为相对1985国家高程的最大可能风暴潮位，宝安机场、赤湾、深圳湾、盐田港、核电站等代表点的最大可能潮位分别为4.76 m、4.20 m、4.52 m、4.56 m和4.55 m。

表11.4 设计台风路径下最大可能风暴潮位　　　　　　　　　　　　（单位：m）

起算面	实验条件	宝安机场	赤湾	深圳湾	盐田港	核电站
1985国家高程基准	耦合海浪	4.76	4.20	4.52	4.56	4.55

根据模式输出的10分钟一次的潮位数据，西侧最高风暴潮位为5.01 m（1985国家高程），东侧最高风暴潮位为4.20 m。基于此，对在最大可能风暴潮位情况下是否会发生越堤进行分析。结果显示，深圳西海堤北部的沙井段、西乡段和深圳湾段越堤范围较大，大铲湾和前海湾有少量岸段发生越堤；深圳东海堤盐田段越堤较多，新大段有少量越堤（图11.15）。

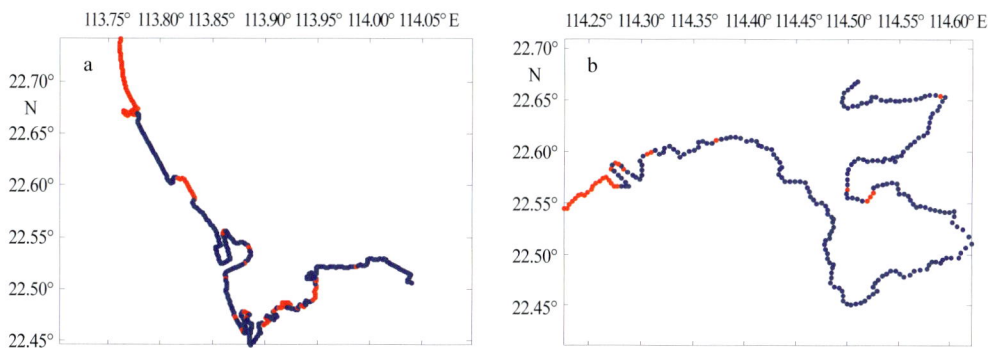

图11.15 西侧（a）和东侧（b）堤防风暴潮可能越堤分析
红点表示发生越堤

5）海平面上升后的可能最大潮位

假设海平面上升后设计台风的路径和参数不变，分别计算在RCP2.6、RCP4.5和RCP8.5情景下2100年的可能最大潮位，并根据堤防高程判断是否发生越堤（图11.16至图11.18，表11.5至表11.7）。模拟结果显示，海平面上升后，风暴潮位增加，越堤点也随之增加。RCP8.5情景下西侧堤防大部分将发生越堤，而东侧堤防高程较高，越堤点较少，主要发生在盐田港段。

表11.5 海平面上升46 cm下最大可能风暴潮位 （单位：m）

起算面	宝安机场	赤湾	深圳湾	盐田港	核电站
1985国家高程基准	5.22	4.67	4.96	5.00	4.99

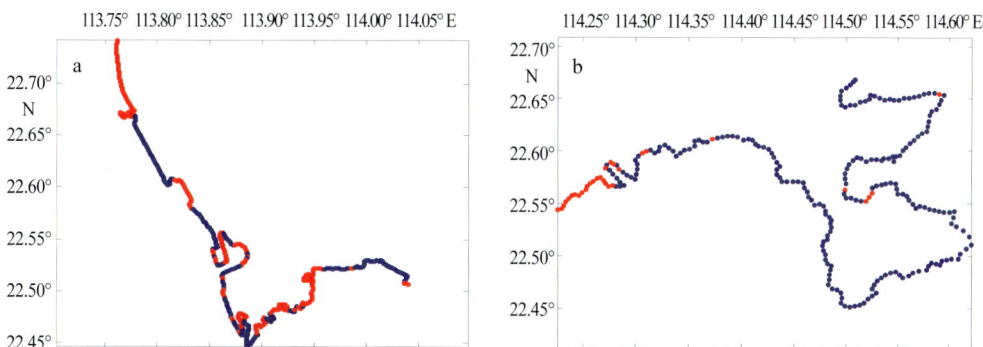

图11.16 RCP2.6情景下西侧（a）和东侧（b）堤防风暴潮可能越堤位置
红点表示发生越堤

表11.6 海平面上升54 cm下最大可能风暴潮位 （单位：m）

起算面	宝安机场	赤湾	深圳湾	盐田港	核电站
1985国家高程基准	5.29	4.77	5.04	5.06	5.06

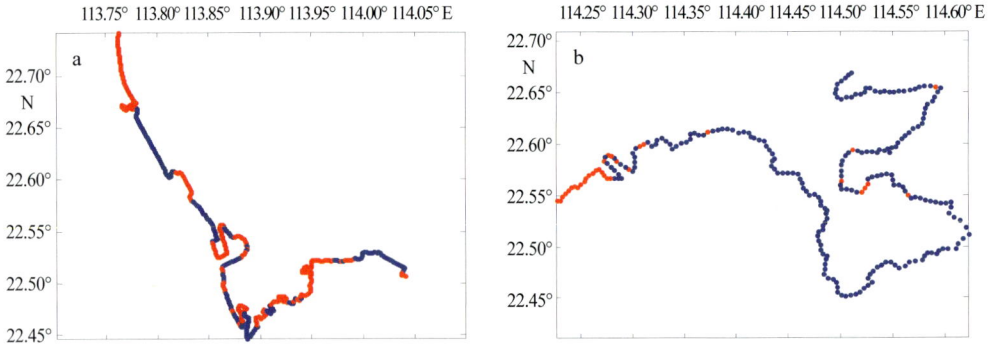

图11.17　RCP4.5情景下西侧（a）和东侧（b）堤防风暴潮可能越堤位置

红点表示发生越堤

表11.7　海平面上升75 cm下最大可能风暴潮位　　　　　　　（单位：m）

起算面	宝安机场	赤湾	深圳湾	盐田港	核电站
1985国家高程基准	5.49	4.98	5.24	5.24	5.26

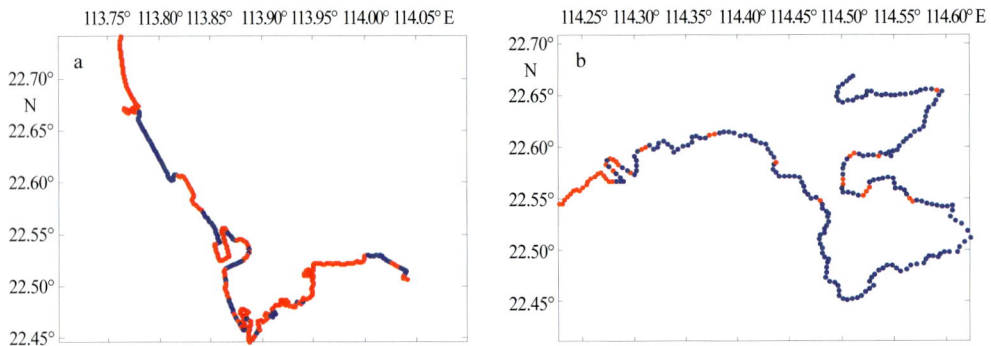

图11.18　RCP8.5情景下西侧（a）和东侧（b）堤防风暴潮可能越堤位置

红点表示发生越堤

11.4.2　影响区域

1）越堤过水量

计算得到深圳西段和东段堤防漫堤总水量，如表11.8所示。深圳西侧堤防高程较低，容易发生淹没，且越堤水量较大，在海平面上升46 cm和54 cm情景下越堤水量分别为1.95×10^8 m³和3.24×10^8 m³，海平面上升75 cm后越堤水量增加至4.50×10^8 m³。东侧堤防整体高程较高，在当前海平面下越堤水量很小，主要可能淹没区域为盐田区，原因是该海域处堤防高程较低，仅为3.2 m左右。在海平面上升75 cm后越堤水量显著增加，可达1.21×10^8 m³。

表11.8　不同海平面情景下潮位及越堤过水量（1985国家高程）

海平面上升 / cm		0	46	54	75
最高潮位 / m	西侧堤防	5.01	5.47	5.55	5.76
	东侧堤防	4.84	5.30	5.38	5.59
平均潮位 / m	西侧堤防	4.48	4.94	5.02	5.23
	东侧堤防	4.37	4.83	4.91	5.12
越堤水量 / (×10^8 m^3)	西侧堤防	1.04	1.95	3.24	4.50
	东侧堤防	0.33	0.60	0.89	1.21

2）影响区域分析

当前海平面、海平面上升46 cm、海平面上升54 cm和海平面上升75 cm情景下，影响区域面积分别为117.4 km²、137.0 km²、156.5 km²和172.3 km²，如图11.19至图11.22所示，随着海平面上升，影响范围逐渐增大。各情景下宝安区都存在较大面积越堤淹没，主要是由于宝安区地势较低，且西侧海域位于珠江口狭长区域，潮位较高。而深圳东部由于地势和海堤高程较高，淹没较少。

图11.19　当前海平面情景下最大可能淹没范围

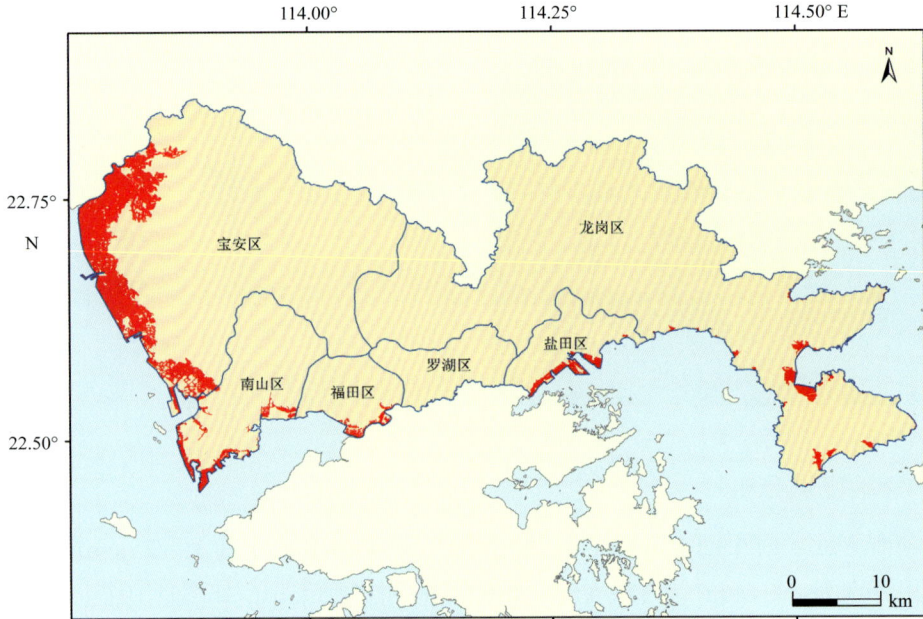

图11.20　海平面上升46 cm情景下最大可能淹没范围

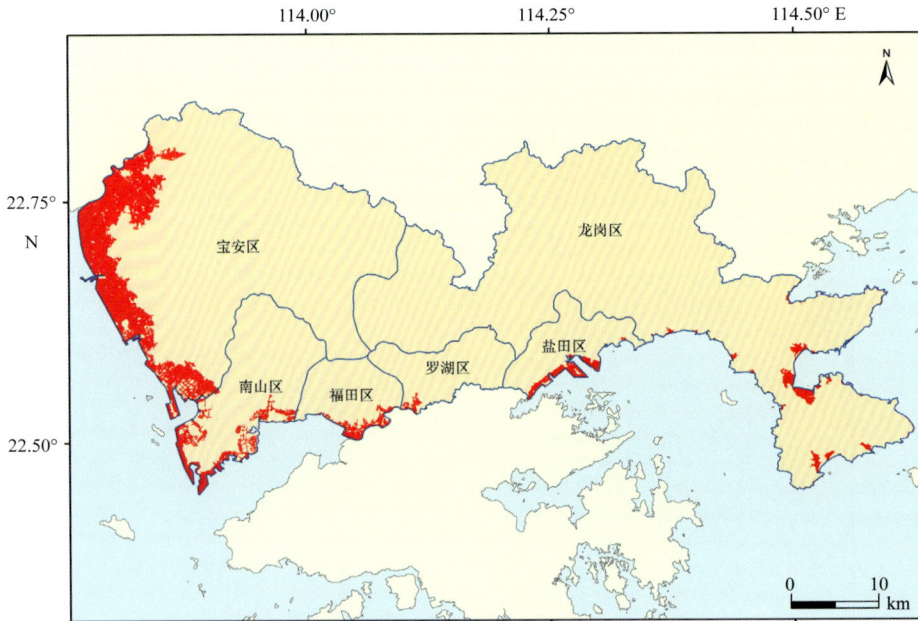

图11.21　海平面上升54 cm情景下最大可能淹没范围

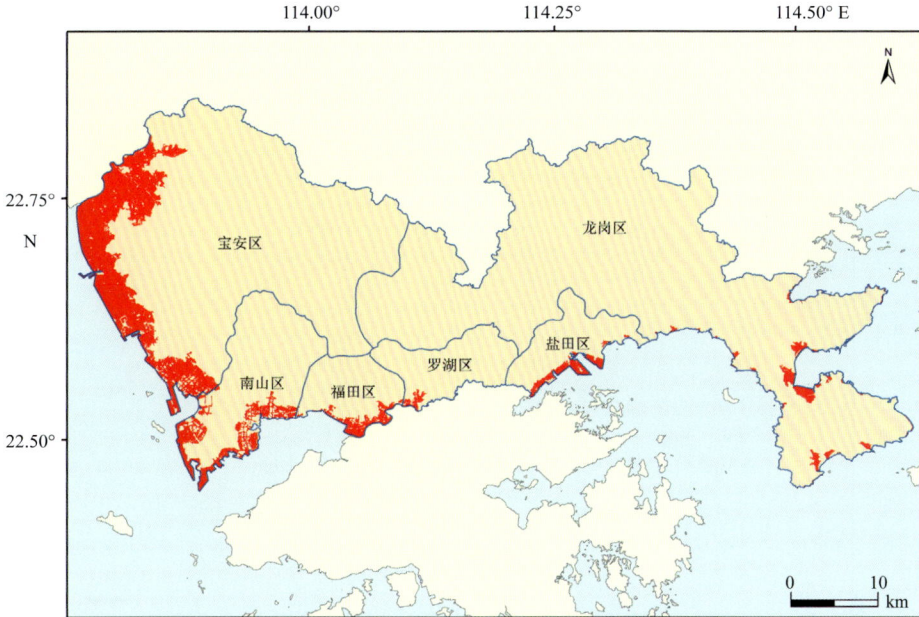

图11.22　海平面上升75 cm情景下最大可能淹没范围

11.4.3　城市安全影响

海平面上升背景下，深圳沿海区域受到不同程度的淹没风险，自然环境要素、机关单位、城市基础设施、社区等将会受到海平面上升灾害威胁。海平面上升75 cm情景下影响范围最大，以下详细分析该情景下政府部门、居委会、教育机构、金融机构、企业、码头等受影响情况，评估海平面上升对深圳城市安全带来的影响。

1）对政府部门的影响

暴露在风险区的政府部门共计18个，包括深圳市供电局、宝安区国税局、机场公安分局等，如图11.23所示。

2）对社区居委会的影响

暴露在风险区内的居委会共计54个，包括海滨社区居委会、蛇口街道办事处、南水居委会、下沙社区居委会、南澳街道办事处等，如图11.24所示。

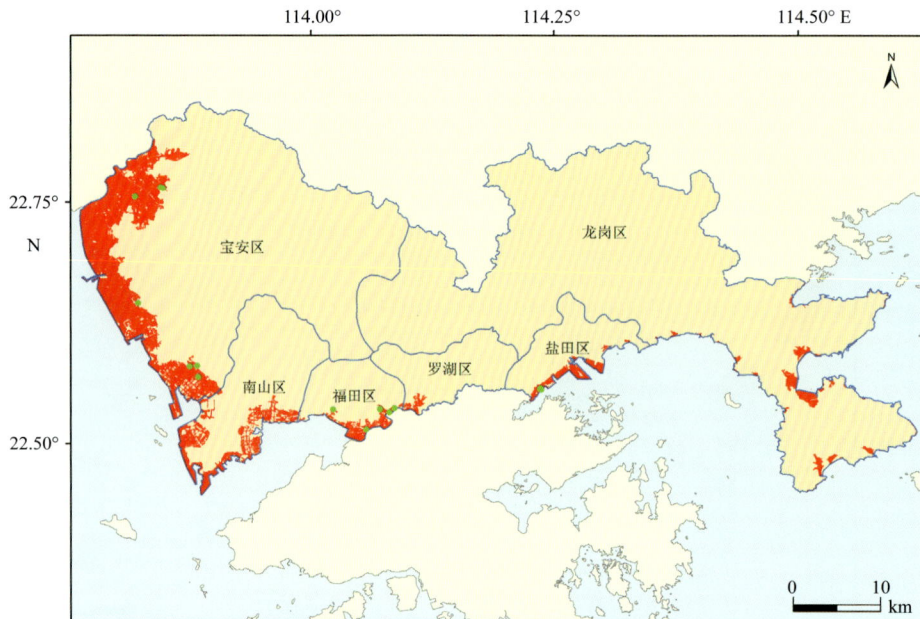

图11.23　暴露在风险区内的政府部门

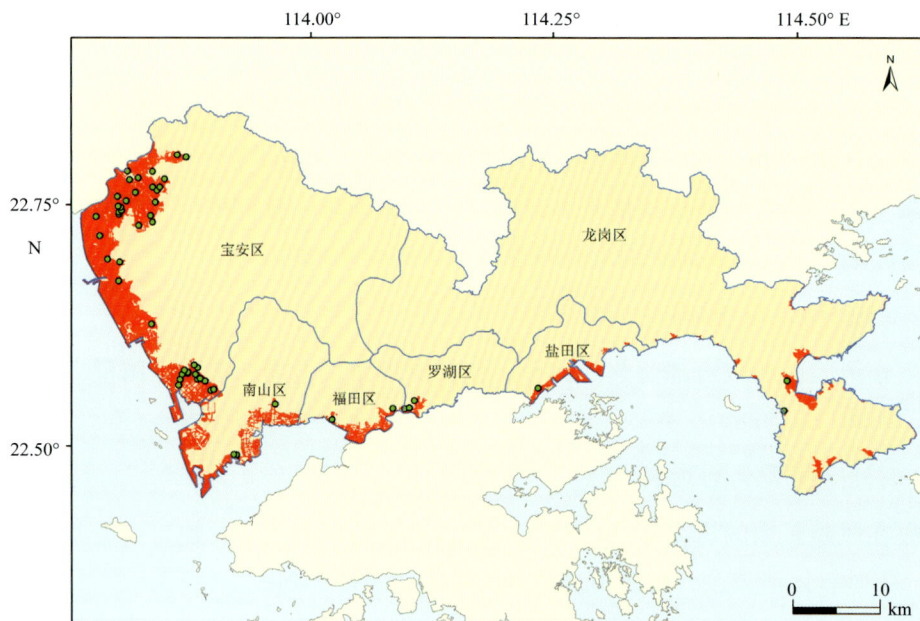

图11.24　暴露在风险区内的居委会

3）对居民地的影响

暴露在风险区内的居民地共计507个，总面积20.7 km²，如图11.25所示。

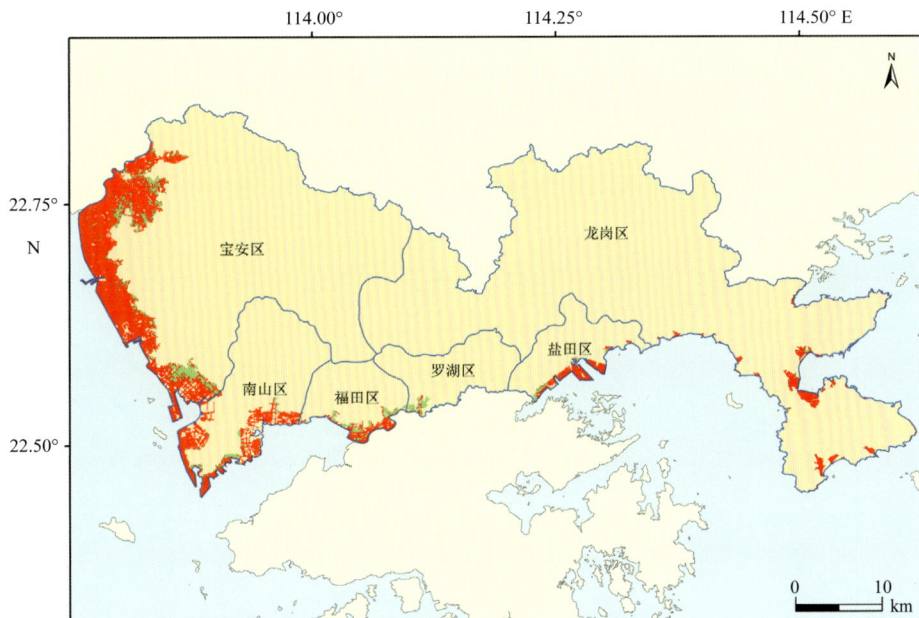

图11.25 暴露在风险区内的居民地

4）对居民点的影响

暴露在风险区内的居民点共计261个，分布如图11.26所示。

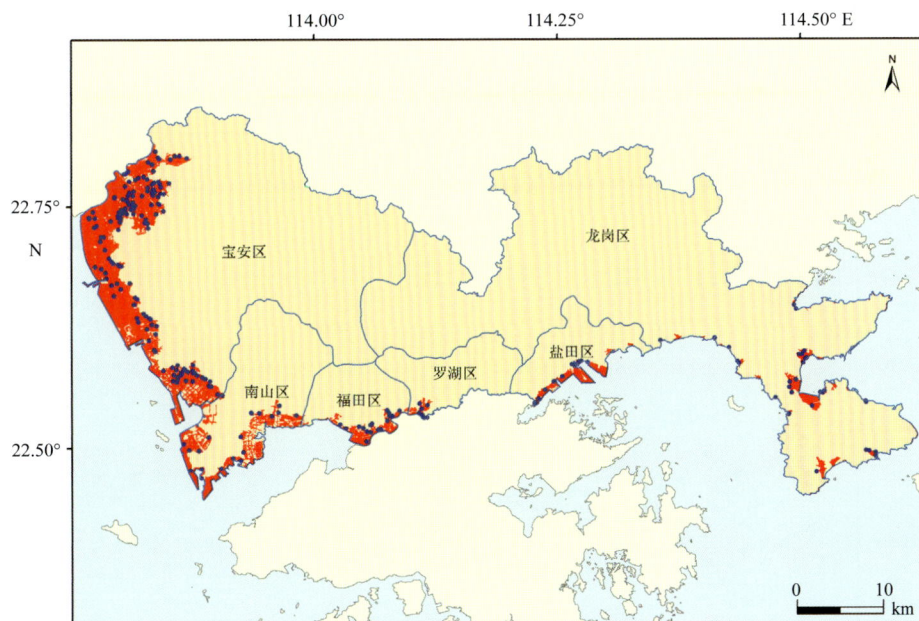

图11.26 暴露在风险区内的居民点

5）对教育机构的影响

教育机构包括幼儿园、中小学、高中、大专院校、培训机构等。暴露在风险区内的

教育机构共计179所，包括QS国际学校、进育学校、海湾小学等，如图11.27所示。

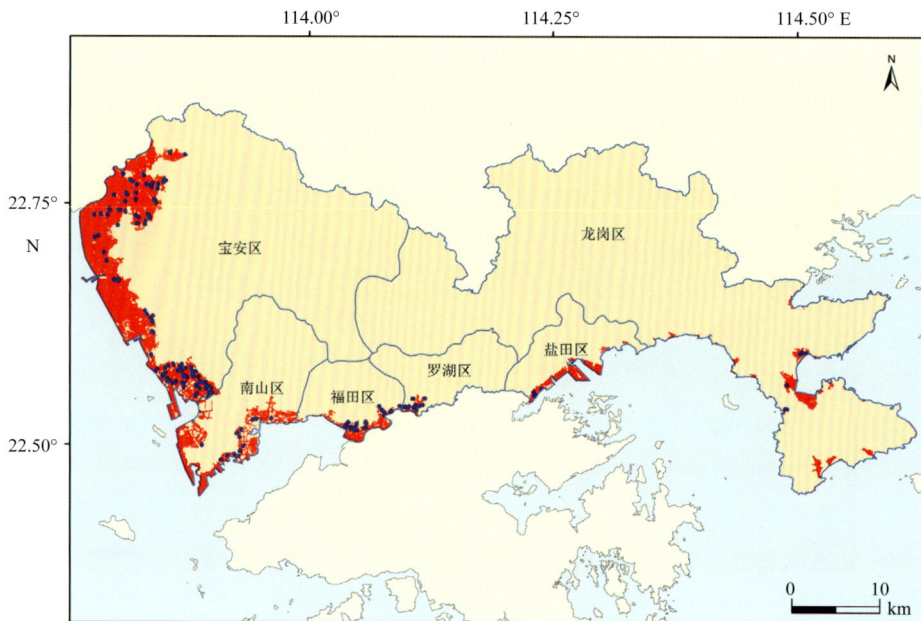

图11.27　暴露在风险区内的教育机构

6）对金融机构的影响

暴露在风险区内的金融机构共19家，包括发展银行蔡屋围支行、南洋商业银行、中国建设银行罗湖支行、工行罗湖支行等，如图11.28所示。

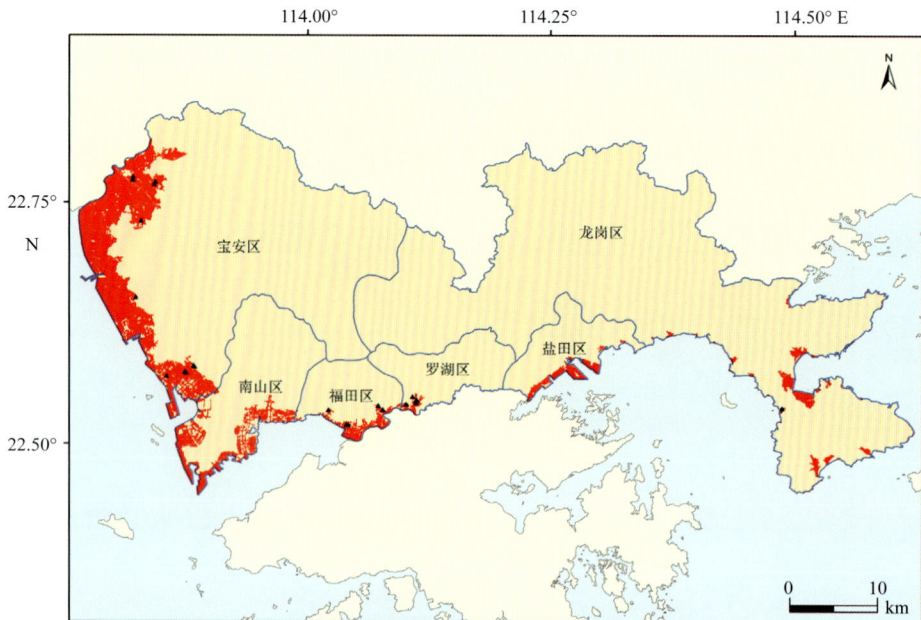

图11.28　暴露在风险区内的金融机构

7）对企业的影响

暴露在风险区内的企业共计2 460家，包括蛇口工业区物资公司、蛇口招商港务股份有限公司等，如图11.29所示。

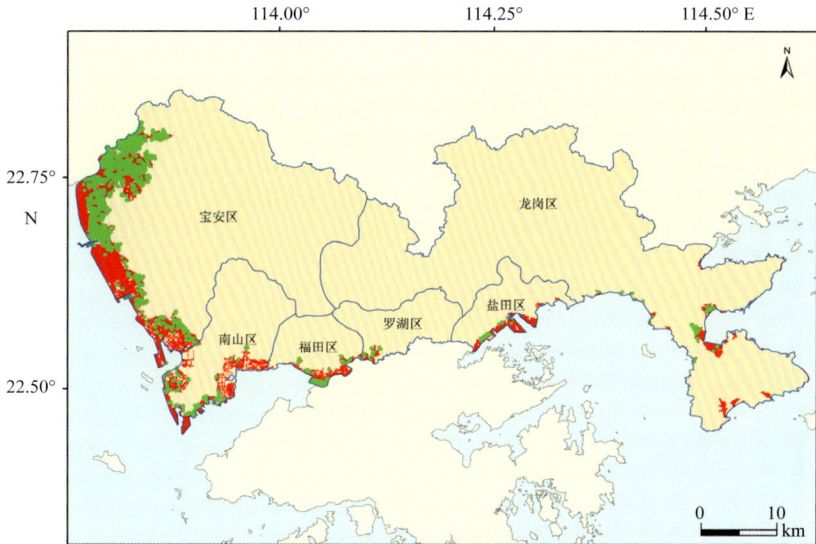

图11.29 暴露在风险区内的企业

8）对建筑物的影响

建筑物包括用于生产、生活、公共服务等的建筑。分析海平面变化对建筑物的影响，结果表明暴露在风险区内的建筑物共计211 040处，总建筑面积28.3 km²，如图11.30所示。

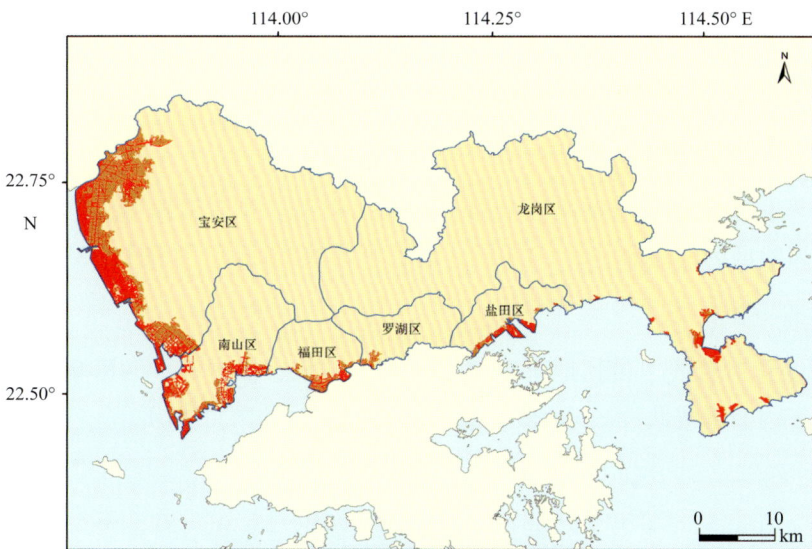

图11.30 暴露在风险区内的建筑物

241

9）对土地利用的影响

暴露在风险区内的土地按大类进行分类，其中农用地2 053宗，面积共计21.5 km²；建设用地9 225宗，面积共计134.3 km²；未利用地1 177宗，面积共计14.6 km²。暴露在风险区内的土地利用情况如图11.31所示。

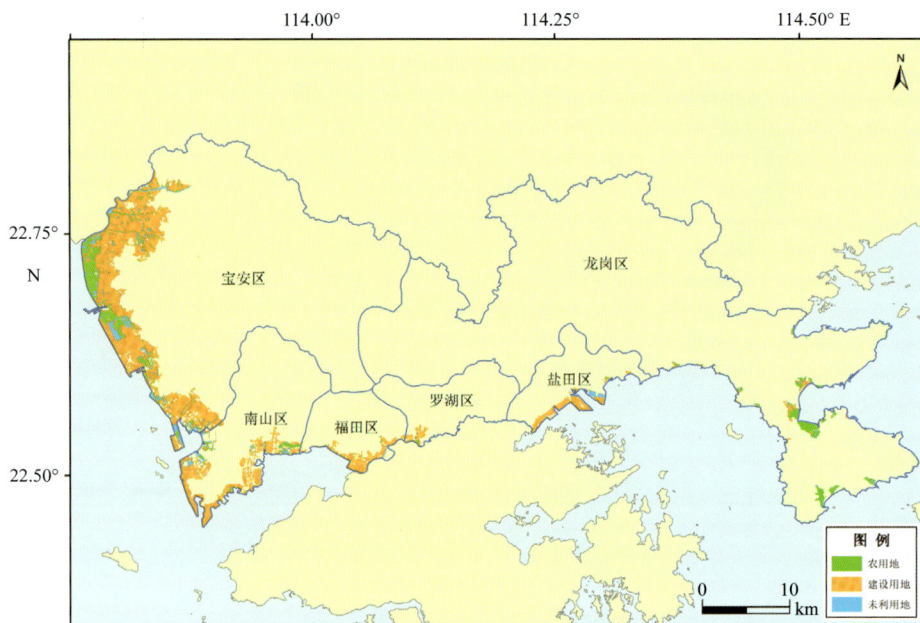

图11.31 暴露在风险区内的土地利用情况

10）对码头的影响

码头包括客运码头、渔港码头、航运码头等。分析海平面变化对码头的影响，结果显示暴露在风险区内的各类码头共计21个，包括招商港务码头、蛇口港客运站码头、赤湾码头、沙场码头、西乡码头等，如图11.32所示。

11）对道路的影响

海平面变化对道路（包括高速公路、国道、省道、乡村道路等）的影响分析结果表明，暴露在风险区内的道路共计1 370段，总长度为365.6 km，如图11.33所示。

12）对管线的影响

海平面变化对管线（包括地下电缆、供水、排水、供暖等）的影响分析结果表明，暴露在风险区内的管线共计43 444段，总长度459 km，如图11.34所示。

13）对面状水系的影响

海平面变化对面状水系（包括较大的河流、湖泊、水库、坑塘等）的影响分析结果表明，暴露在风险区内的面状水系共计1 800处，总面积69.2 km²，如图11.35所示。

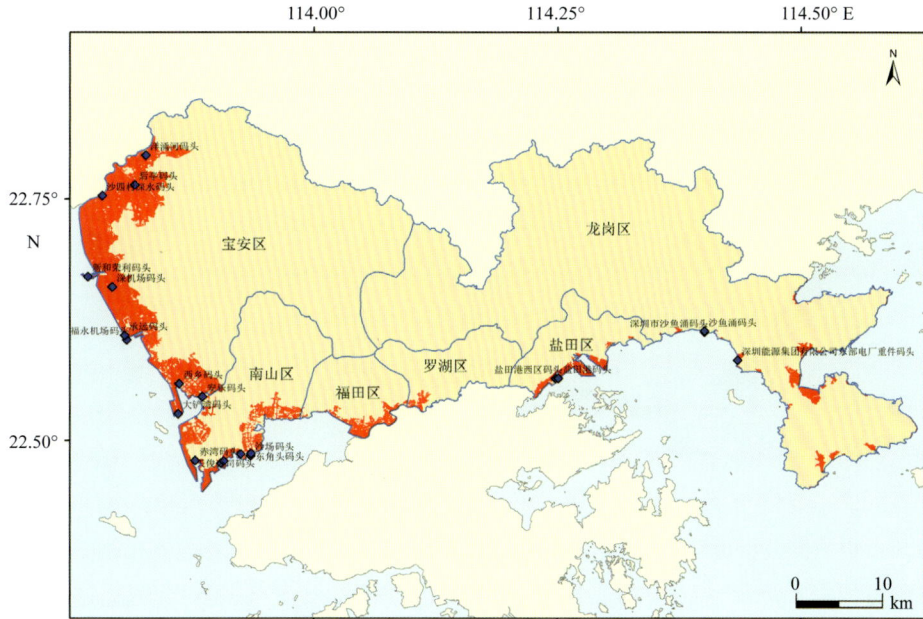

图11.32 暴露在风险区内的码头

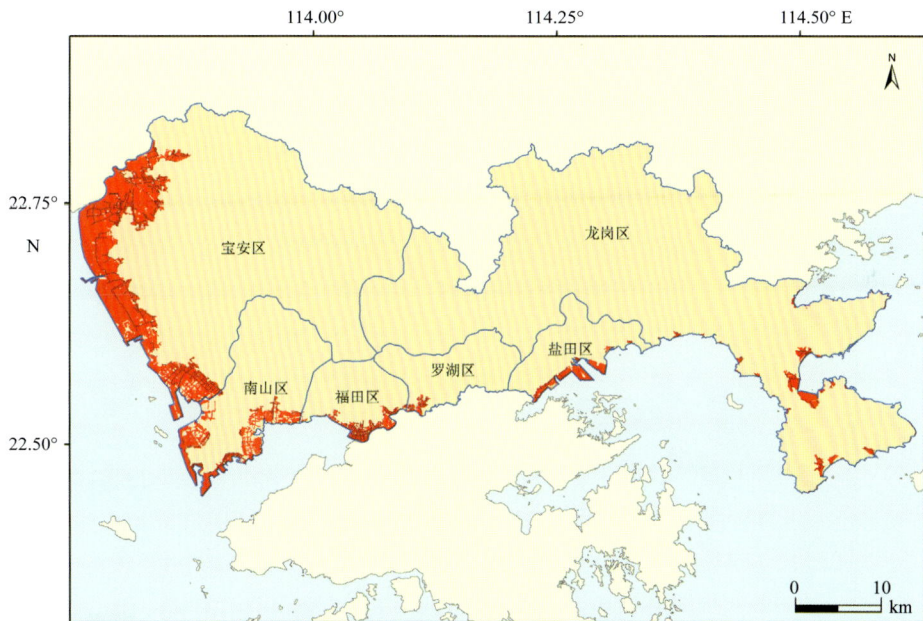

图11.33 暴露在风险区内的道路

图11.34　暴露在风险区内的管线

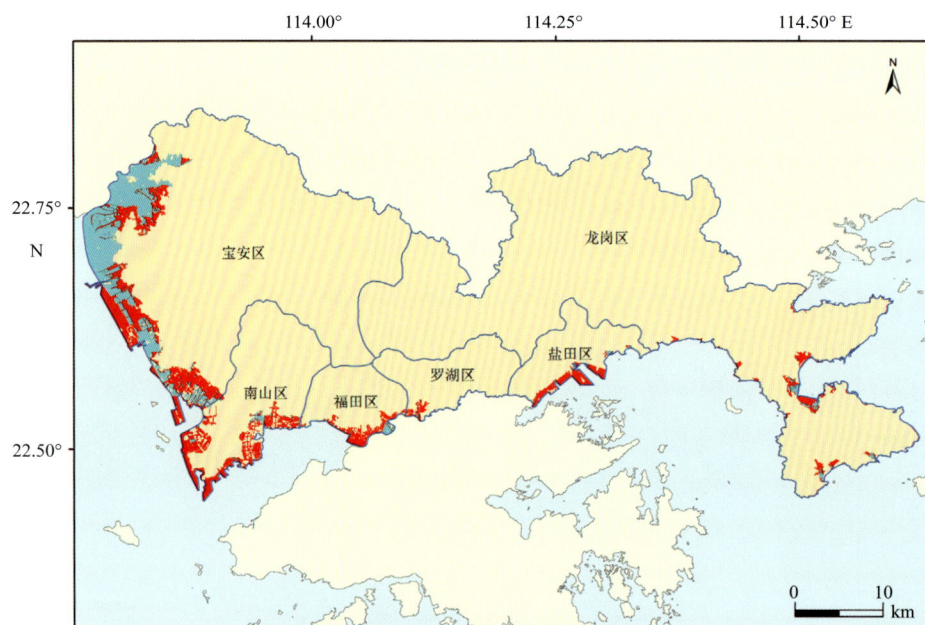

图11.35　暴露在风险区内的面状水系

14）对线状水系的影响

　　海平面变化对线状水系（包括小的河流、排水沟等）的影响分析结果表明，暴露在风险区内的线状水系共计4 246条，总长度946.9 km，如图11.36所示。

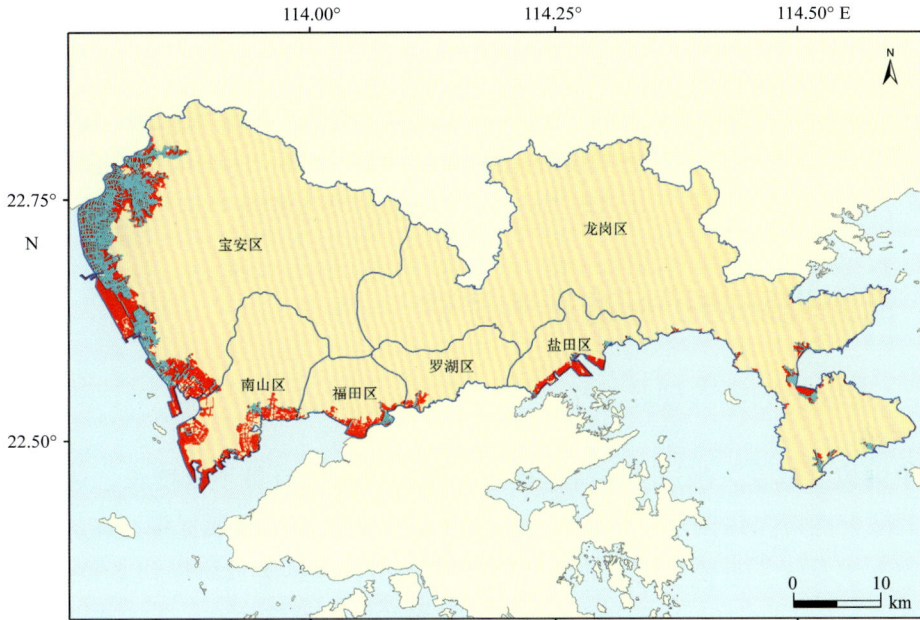

图11.36　暴露在风险区内的线状水系

第 12 章

海岸工程影响评估

海平面上升使沿海高潮位升高、极值水位重现期缩短、潮流与波浪作用增强，导致沿海防护、水利、港口等工程设施的设计标准降低、功能下降。为保证我国沿海社会经济和谐发展和人民生命财产安全，在沿海工程设计与建设中应考虑海平面上升的影响。

12.1 沿海堤防防护标准影响评估

12.1.1 海堤防护标准现状

新中国成立以来，经过多年持续建设，我国海堤保有量不断增长，达标率不断提高，防潮减灾能力大幅提升，为抗御台风风暴潮灾害提供了重要保障，在历次防御台风风暴潮灾害中发挥了重要作用。截至2015年年底，我国已建成海堤14 500 km，沿海主要城市基本形成了防御20年一遇以上台风风暴潮的抗灾保障体系，上海市防潮标准达到100～200年一遇，其他重要城市重点堤段防潮标准达到50～100年一遇及以上水平，其余大部分地区防潮标准仍不足20年一遇（全国海堤建设方案，2017）。本评估基于海平面变化影响调查成果，在统计全国沿海各省（自治区、直辖市）和计划单列市海堤防护标准的基础上，给出了全国海堤防护标准示意图，海堤整体防护能力按调查数据中长度占50%以上海堤的防护标准设定，详见图6.2。

12.1.2 海堤防护标准影响评估

1）重现期水位变化

基于RCP4.5情景下海平面上升的集合预测中值（表12.1），使用中国沿海28个长期验潮站近50年（1968—2017年）的重现期潮位数据，评估分析海平面上升对极值重现期水位的影响（表12.2和表12.3）。

表12.1　RCP4.5情景下未来海平面上升集合预测中值　　　　（单位：m）

年份	渤海与黄海	东海	南海	中国近海
2050年	0.23	0.26	0.23	0.24
2100年	0.51	0.56	0.54	0.55

表12.2 RCP4.5情景下海平面上升对验潮站100年一遇极值高水位重现期影响

序号	台站	重现期	
		2050年	2100年
1	葫芦岛	5～10年	小于2年
2	鲅鱼圈	10～20年	2～5年
3	秦皇岛	10～20年	小于2年
4	塘沽	20～50年	10～20年
5	龙口	20～50年	5～10年
6	小长山	10～20年	小于2年
7	老虎滩	10～20年	小于2年
8	烟台	20～50年	5～10年
9	成山头	20～50年	5～10年
10	日照	10～20年	2～5年
11	连云港	20～50年	5～10年
12	吕四	20～50年	10～20年
13	大戢山	10～20年	2～5年
14	滩浒	20～50年	5～10年
15	镇海	20～50年	10～20年
16	大陈	10～20年	2～5年
17	坎门	50～100年	20～50年
18	三沙	20～50年	5～10年
19	平潭	20～50年	5～10年
20	厦门	20～50年	5～10年
21	东山	10～20年	2～5年
22	汕尾	20～50年	5～10年
23	赤湾	20～50年	10～20年
24	闸坡	20～50年	5～10年
25	北海	20～50年	5～10年
26	海口	20～50年	10～20年
27	东方	5～10年	小于2年
28	清澜	20～50年	5～10年

表12.3 RCP4.5情景下海平面上升对验潮站50年一遇极值高水位重现期影响

序号	台站	重现期	
		2050年	2100年
1	葫芦岛	5~10年	小于2年
2	鲅鱼圈	5~10年	小于2年
3	秦皇岛	5~10年	小于2年
4	塘沽	10~20年	5~10年
5	龙口	10~20年	5~10年
6	小长山	5~10年	小于2年
7	老虎滩	5~10年	小于2年
8	烟台	10~20年	2~5年
9	成山头	10~20年	2~5年
10	日照	5~10年	小于2年
11	连云港	10~20年	2~5年
12	吕四	10~20年	5~10年
13	大戢山	5~10年	2~5年
14	滩浒	10~20年	5~10年
15	镇海	10~20年	5~10年
16	大陈	10~20年	2~5年
17	坎门	20~50年	10~20年
18	三沙	10~20年	2~5年
19	平潭	10~20年	2~5年
20	厦门	10~20年	2~5年
21	东山	5~10年	小于2年
22	汕尾	10~20年	2~5年
23	赤湾	20~50年	5~10年
24	闸坡	10~20年	2~5年
25	北海	10~20年	2~5年
26	海口	20~50年	5~10年
27	东方	5~10年	小于2年
28	清澜	10~20年	5~10年

2050年，预计中国沿海28个长期验潮站中约有25%台站的100年一遇高潮位将变为不足20年一遇，约有29%台站的50年一遇高潮位将变为不足10年一遇；如辽宁老虎滩、上海大戢山和福建东山等站100年一遇高潮位均将变为10~20年一遇，50年一遇高潮位均将变为5~10年一遇（图12.1和图12.2）。

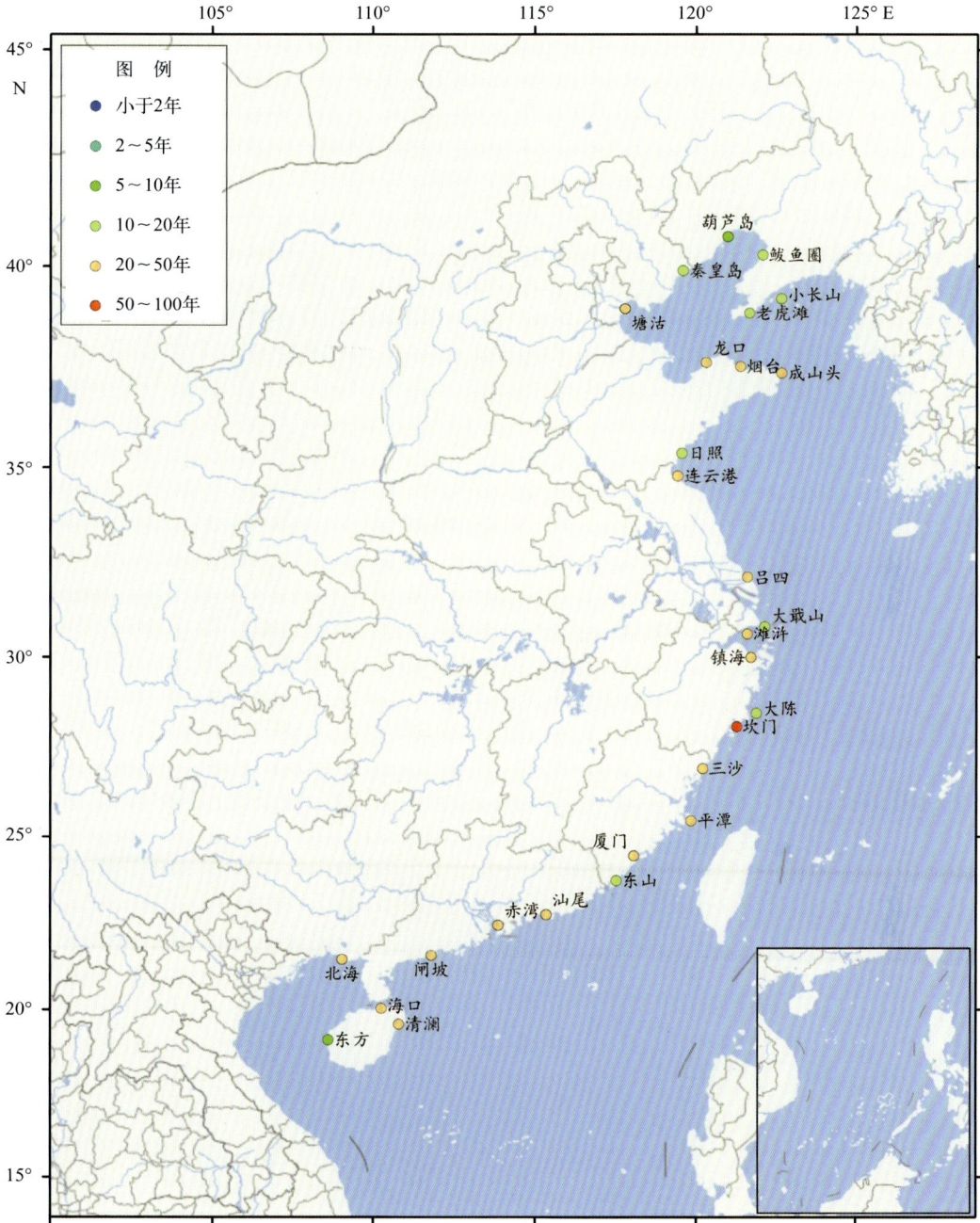

图12.1　2050年中国沿海验潮站100年一遇极值高水位重现期变化

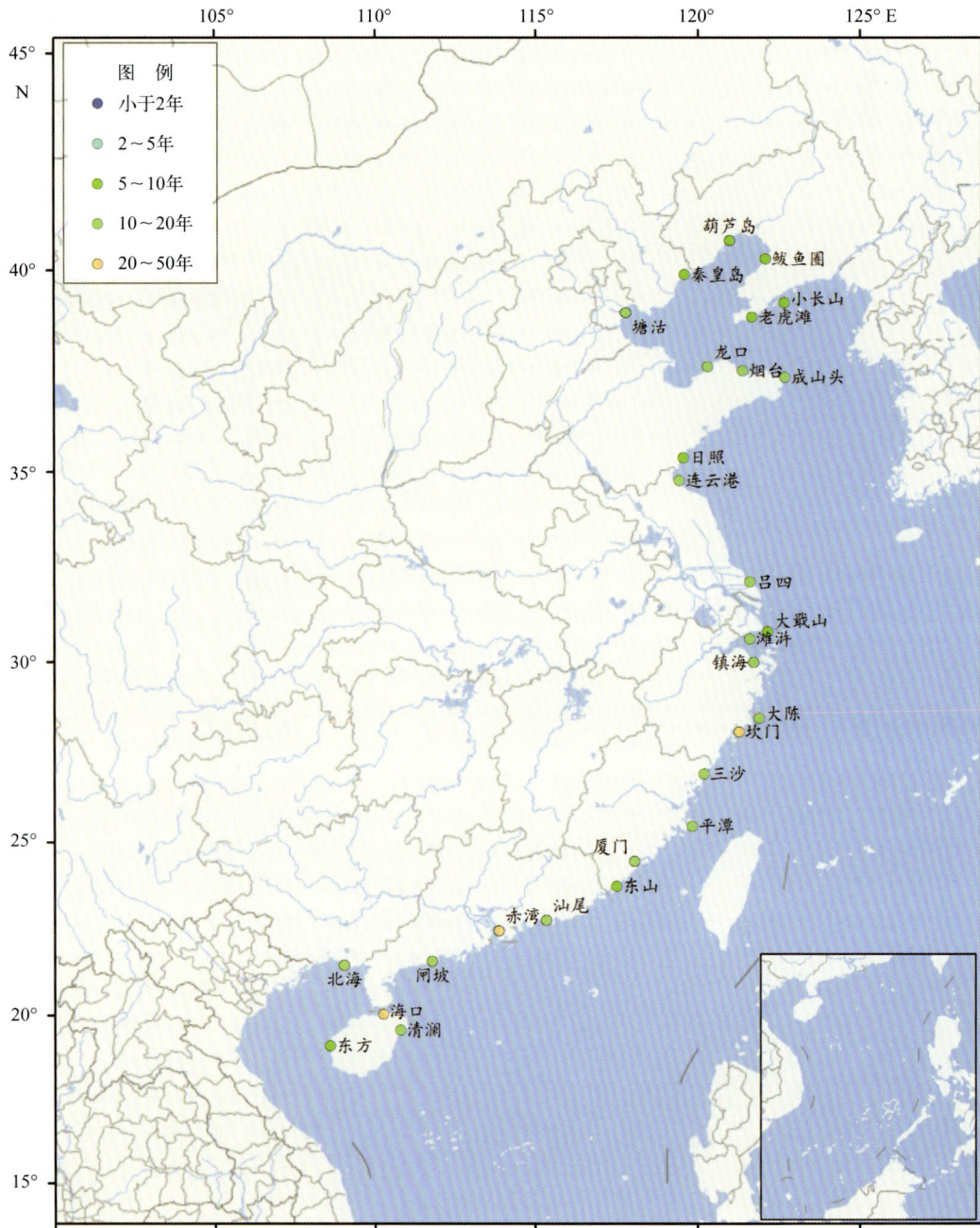

图12.2　2050年中国沿海验潮站50年一遇极值高水位重现期变化

2100年，预计中国沿岸28个长期验潮站中约有97%台站的100年一遇高潮位均将变为不足20年一遇，约有97%台站的50年一遇高潮位将变为不足10年一遇；如天津塘沽、浙江镇海和广东赤湾等站100年一遇高潮位均将变为10～20年一遇，50年一遇高潮位均将变为5～10年一遇（图12.3和图12.4）。

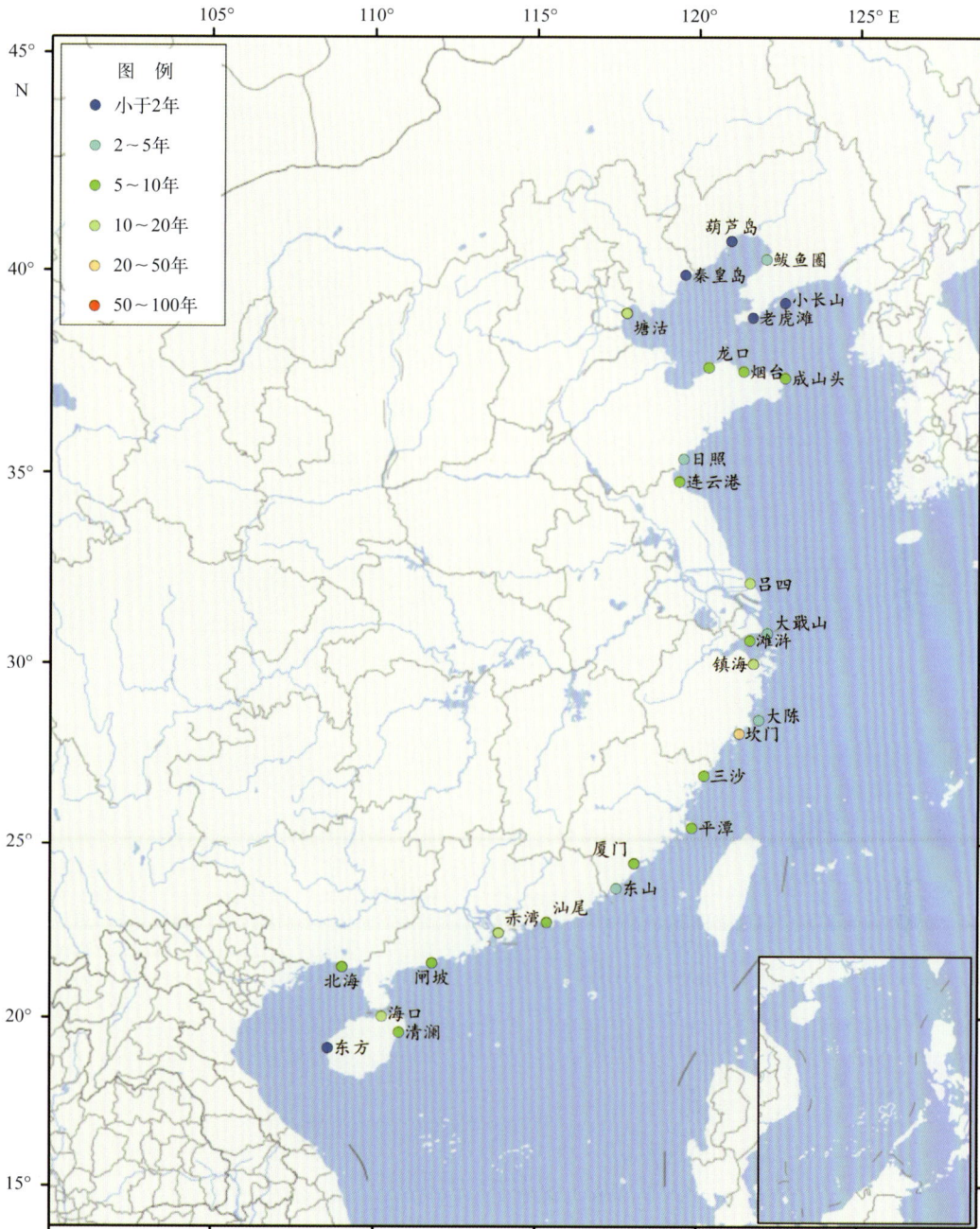

图12.3 2100年中国沿海验潮站100年一遇极值高水位重现期变化

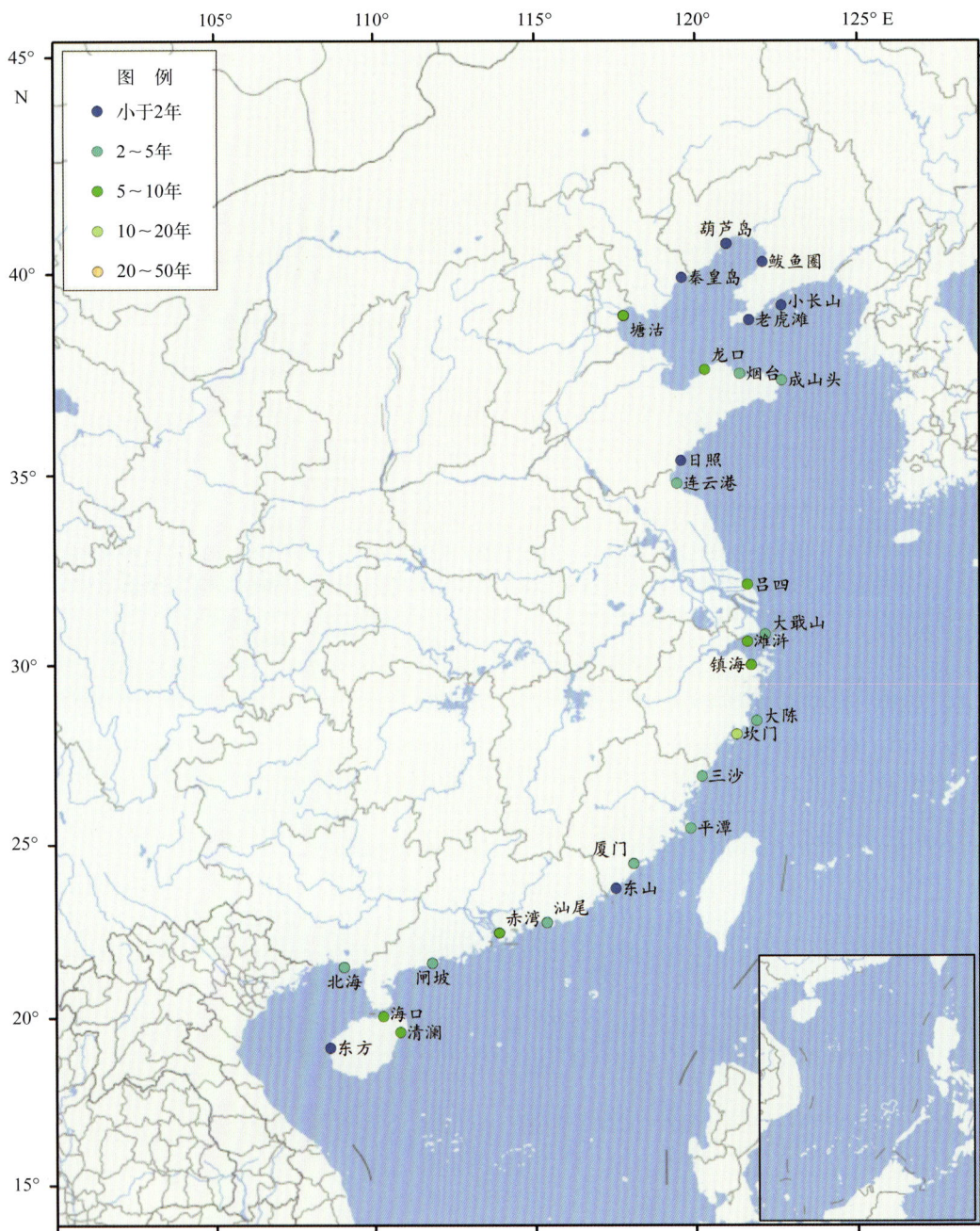

图12.4　2100年中国沿海验潮站50年一遇极值高水位重现期变化

2）堤防防护标准变化

评估结果显示，海平面上升情景下，中国沿海海堤防护标准将受到影响，呈现不同程度的降低（表12.4，图12.5和图12.6）。其中，上海市沿海堤防多按100~200年一遇防洪标准修建，如果2100年海平面上升0.56 m，则其堤防标准将降为2 ~10年一遇，抗灾能力显著降低。在珠江三角洲地区，2100年海平面预计上升0.54 m，目前100年一遇的堤防防御标准，将变成10~20年一遇。此类影响在其他一些海堤防潮标准更低的沿海地区（如老黄河口与现代黄河三角洲等）可能更加严重。海平面上升、潮差增大以及潮流与波浪作用加强，还会导致海浪、潮流直接侵蚀海堤的强度和机率增大。当侵蚀达到一定程度时，在风暴潮、巨浪等灾害发生时极易发生海堤崩坍。堤防损毁不仅会造成经济损失，同时在堤防重建或修复期间无法抵御海洋灾害。

表12.4　RCP4.5情景下海平面上升对海堤防护标准影响

省（自治区、直辖市）		现有堤防标准	2050年堤防标准	2100年堤防标准
辽宁		20年一遇	2 ~ 5年一遇	小于2年一遇
河北		30 ~ 50年一遇	5 ~ 20年一遇	2 ~ 5年一遇
天津		100年一遇	30 ~ 50年一遇	10 ~ 20年一遇
山东		50年一遇	10 ~ 20年一遇	2 ~ 5年一遇
江苏		50 ~ 100年一遇	10 ~ 50年一遇	5 ~ 10年一遇
上海		100 ~ 200年一遇	10 ~ 50年一遇	2 ~ 10年一遇
浙江		50 ~ 100年一遇	10 ~ 50年一遇	5 ~ 20年一遇
福建		50年一遇	10 ~ 20年一遇	2 ~ 5年一遇
广东	粤东	50 ~ 100年一遇	10 ~ 50年一遇	2 ~ 20年一遇
	珠江三角洲	100年一遇	30 ~ 50年一遇	10 ~ 20年一遇
	粤西	50 ~ 100年一遇	10 ~ 50年一遇	2 ~ 20年一遇
广西		20年一遇	5 ~ 10年一遇	小于2年一遇
海南		20年一遇	5 ~ 10年一遇	小于2年一遇

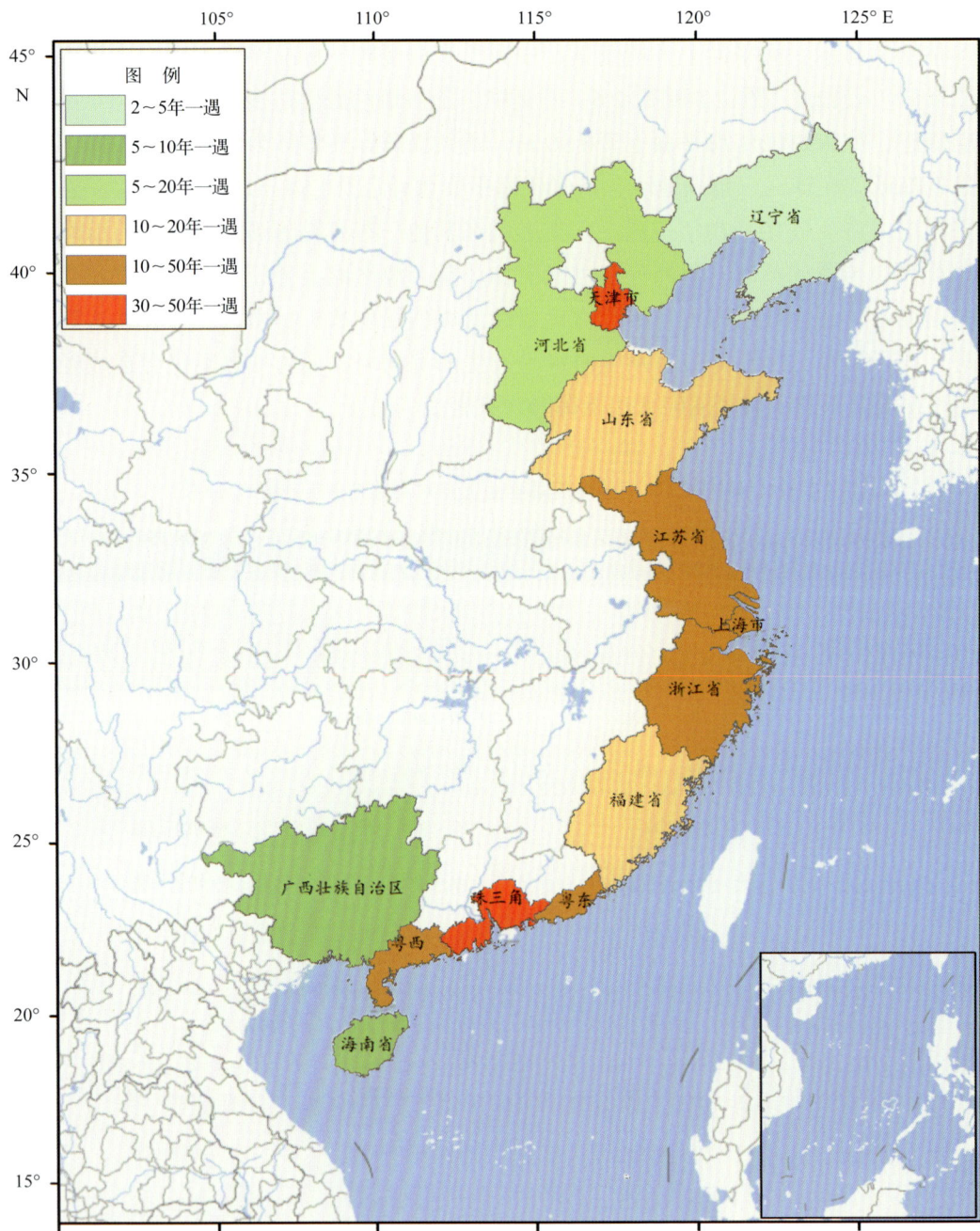

图12.5　2050年全国海堤防护标准示意

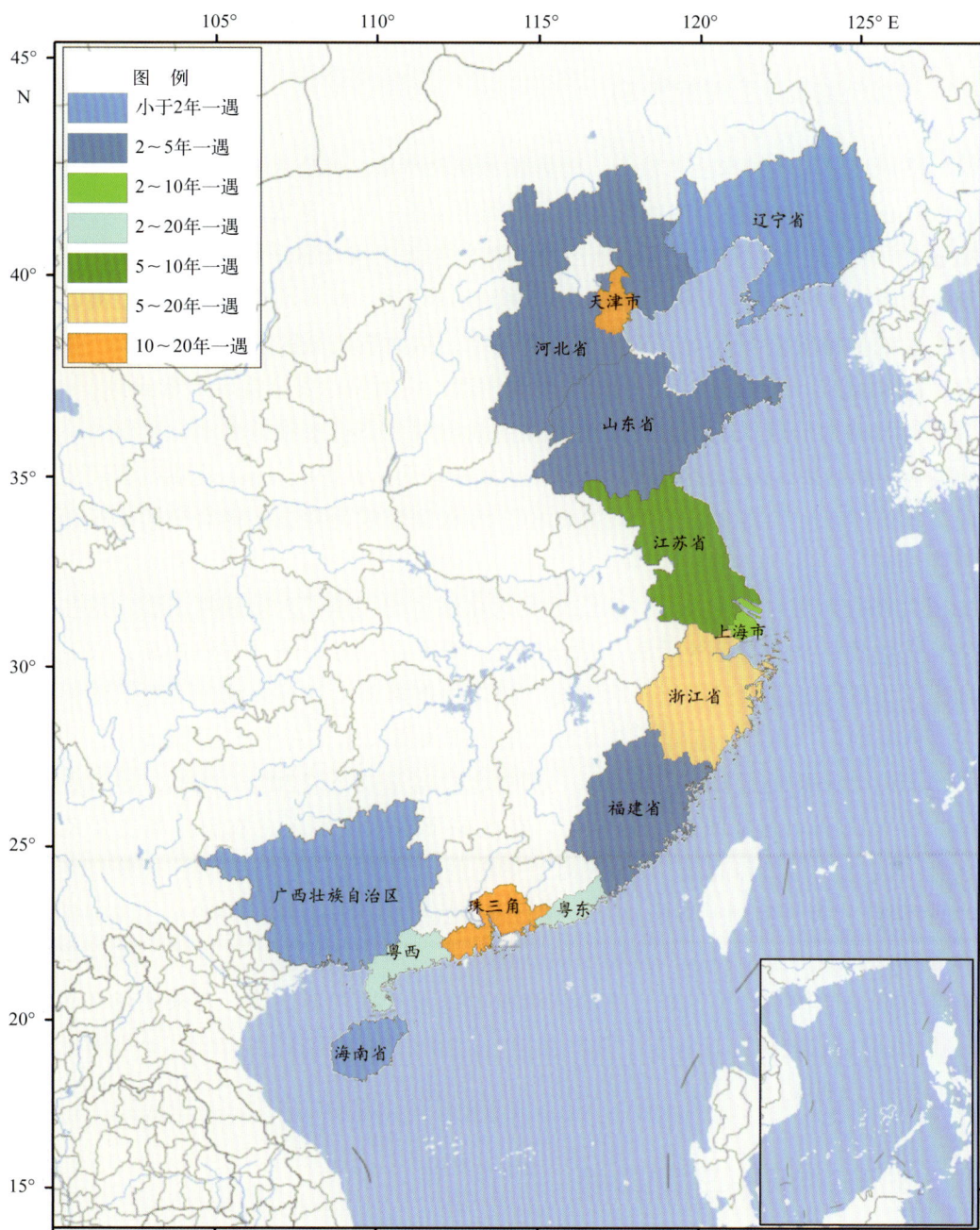

图12.6 2100年全国海堤防护标准示意

12.2 对典型工程的影响

12.2.1 对防洪排涝工程的影响

沿海平原地区城市排水能力较低，雨后积水现象严重。如作为全国最大经济中心的上海市，市中心区排水控制范围内的排水能力达到半年至一年一遇规划要求（即每小时抽排27~36 mm雨水）的仅占60%，其他地区排水能力更低，相当部分街区完全靠自流排水。1991年汛期两次暴雨，曾先后造成市区200多条街道积水。海平面上升，潮位抬高，导致城市排水系统抽排效率降低，自流排水发生困难，从而造成城区积水时间延长、积水范围扩大、积水加深。若天文大潮、台风和暴雨相遇，将对城市安全构成严重威胁。

深圳锦程路地势较低的路段，天文大潮期间出现地下排水管道海水倒灌现象。根据海平面集合预测结果，RCP4.5情景下2100年南海海平面上升约0.54 m，深圳锦程路地势较低路段高程低于东宝河排水口处平均高潮位，海水倒灌成为常态，将对交通出行造成严重影响。

中国大部分入海河口（长江、珠江等大河除外）均兴建了大量涵闸工程，这些工程一般都具有挡潮、排涝与蓄淡灌溉等综合功效。海平面上升，闸下潮位抬高，潮流顶托作用加强，将导致涵闸自然排水历时缩短、排水强度降低。如苏北滨海平原低洼地洪涝积水主要依靠射阳、黄沙、新洋与斗龙四大港自排入海。未来海平面上升0.5 m，四闸的一潮排水历时将平均缩短15%~19%，一潮排水总量平均下降20%~30%，导致各涵闸排水能力显著降低（都金康等，1993）。在太湖下游低洼地区，农田排灌主要依靠浏河、杨林、戚浦、白茆和浒浦5条入江河道下游的河闸控制。计算表明，未来海平面上升0.4 m，柑江代表性河闸一潮排水总量就将下降20%左右（毛锐，1992）。涵闸排水能力下降导致低洼地排水不畅、内涝积水时间延长，从而加剧洪涝灾害损失。珠江三角洲地势极低，低洼地积水自排困难，大多依赖机电排水。据初步估算，若未来海平面上升0.5 m，则机电排水装机容量将至少需增加15%~20%，才能保证现有低洼地排涝标准不降低（范锦春，1994）。

12.2.2 对港口与码头工程的影响

中国沿海众多的港口（包括海港与河口港），承担着全国主要进出口物资和大宗货物的运输任务，在国民经济发展中发挥着巨大作用。未来海平面上升将给港口与码头设施造成诸多不利影响。

根据《港口与航道水文规范》（JTS 145—2015）规定，海港工程的设计潮位包括：设计高、低水位和极端高、低水位。设计水位是指港口或建筑物在正常使用条件下的高、低水位。如对码头来说，在设计高、低水位的范围内，应保证设计船型的船舶可安

全靠泊并作业。设计高水位采用高潮累计频率10%或历时累计频率1%的潮位；设计低水位采用低潮累计频率90%或历时累计频率98%的潮位。极端高、低水位相当于校核水位，对码头来说，出现极端水位时，可不再靠船和作业，但要求在非使用时的各种荷载作用下，码头各部分有一定的安全度。极端高、低水位分别采用重现期为50年的年极值高、低水位。

海平面上升，潮位抬高，将导致港口原设计标准降低，使码头、港区道路、堆场以及仓储设施等受淹频率增加，范围扩大。如天津港老港区，自20世纪70年代以来，因地面快速下沉，码头前沿相对海平面升高了0.5~0.7 m，码头最低处已降到历史最高潮位以下近1.0 m。1992年受强台风风暴潮侵袭，造成港区码头、客运站、仓库和堆场等设施全部被淹，直接经济损失达4.0亿元人民币。据初步统计，如果海平面上升0.5 m，遇当地历史最高潮位，中国沿岸16个主要港口有超过60%的会不同程度受淹，若加上波浪爬高的影响，受灾情况将更加严重（杨桂山等，1995）。

同时，海平面上升引起的潮流等海洋动力条件变化，将可能改变港池、进出港航道和港区附近岸线的冲淤平衡，影响泊位与航道的稳定性，增加营运成本。此外，海平面上升，波浪作用增强，还将导致波浪对各种水工建筑物的冲刷和上托力增强，直接威胁码头、防波堤等设施的安全和使用寿命。

《港口与航道水文规范》（JTS 145—2015）考虑了海平面上升对工程设计潮位的影响，指出：根据海港工程的重要性，当需要考虑当地海平面上升时，可参照国家海洋局发布的《中国海平面公报》中的有关数值，确定工程使用期内的上升值。

12.2.3 对核电工程的影响

随着我国经济快速迅猛发展，全国对电力的需求持续高速增长。针对电力供应大范围缺乏的严峻市场形势，国家将核电建设作为重点发展领域，增加对核电项目的投入，加快核电项目的建设，2020年全国全口径核电装机容量达$4\,989 \times 10^4$ kW，占全部装机容量的2.27%。目前，我国已竣工发电的滨海核电项目有辽宁红沿河核电厂、山东海阳核电厂、江苏田湾核电厂、浙江秦山和三门核电厂、福建宁德和福清核电厂、广东大亚湾和岭澳核电厂、广西防城港核电厂和海南昌江核电厂等。

核电是一种清洁、高效的能源，但一旦发生事故会造灾难性的后果。因此核电建设对安全要求很高，新颁布的《核电厂海工构筑物设计规范》（NB/T 25002—2011）已将海平面上升影响纳入设计基准洪水位的计算。新规范中，设计基准洪水位为10%超越概率天文最高潮位叠加80年平均海平面的上升值以及可能最大风暴增水。

《核电厂海工构筑物设计规范条文说明》指出，海平面上升是由绝对海平面上升和相对海平面上升两部分构成。绝对海平面上升是由全球气候变暖导致海水热膨胀和冰川融化而造成的，而相对海平面上升是由地面沉降、局部地质构造变化、局部海洋水文周

期性变化及沉积压实等造成的。众多的学者对我国近岸海域平均海平面上升问题从不同的角度做出大量的研究，关于海平面异常的原因众说不一。用历史资料计算平均海平面变化的方法有多种，用不同计算方法计算所得的结果目前还难以作准确度比较，要定量海平面上升速率尤为困难。考虑到核电厂的特殊性，《核电厂海工构筑物设计规范条文说明》推荐采用国家海洋局发布的最新《中国海平面公报》中的数值。

第四篇
海平面上升应对策略

第13章　海平面上升应对策略

综　述

　　在全球范围内，由气候变化引起的海平面上升已是不争的事实，如何应对海平面上升已成为倍受各沿海国家关注的战略问题。我国沿海地区人口集中，经济发达，是国家政治、经济、文化和社会发展的重要战略区域。海平面上升将导致一系列严重的生态、经济和社会问题，如淹没更多土地、加剧海洋灾害、破坏生态系统生产力等，甚至危害国土安全。鉴于我国在海平面上升问题上面临的严峻挑战，应将应对海平面上升工作提升至社会经济可持续发展战略高度，将其纳入到国家和地方发展规划和决策工作中。本篇针对我国沿海地区的特点和海平面上升及影响状况，从完善政策法规和管理机制、加强海平面业务体系能力建设、开展科学评估与规划、提升沿岸工程防护能力、推进海岸带整治修复、加强国际合作、积极进行教育宣传并增强公众参与等不同方面提出科学的应对策略，为国家和地方应对海平面上升提供决策支撑。

海平面上升应对策略

本章从完善政策法规与管理机制、加强海平面业务体系能力建设、科学评估与规划、提升沿岸工程防护能力、推进海岸带整治修复、增进国际合作、开展教育宣传等方面提出了有针对性的应对策略。

13.1 完善政策法规与管理机制

1）制定和完善相关政策法规体系

牢固树立科学用海、生态用海的理念和政策导向，深入贯彻实施《海域使用管理法》《海洋环境保护法》《海岸线保护与利用管理办法》《围填海管控办法》等法律法规及规范性文件。在制定和修订国家和地方有关管理法律法规时，充分考虑海平面上升的因素，合理调整开发利用及产业布局，加强适应海平面上升的配套制度建设。

编制国家层面的应对海平面变化工作方案，加强对海平面变化工作的政策支持力度，完善有利于减缓海平面上升影响和适应海平面上升的相关法规，为开展各项应对海平面上升工作提供制度支持。

2）建立和完善综合管理机制

各级政府在海洋工程项目建设和沿海地区经济开发活动中，应充分考虑海平面上升对本地区的影响程度。在堤坝、沿海公路、港口码头、沿岸电厂机场等重大工程的设计过程中，将海平面上升作为一种重要影响因素来加以重点考量，进行充分的气候论证。探索建立应对海平面上升综合管理体系，逐步建立并完善多部门联合应对机制；加强各级管理部门专业人员与设备配置，实现国家、省、市、县间在适应海平面上升方面工作上的合理、高效分工与合作。

13.2 加强海平面业务体系能力建设

1）加强海平面监测预测

对我国现有海平面观测站和规划站点进行科学分析，根据应对海平面上升工作的需要，在重点区域和岛屿建立新的高水准海平面观测站。海平面观测站在迁址、重建及仪器更换时要做好基准面的连测工作，对受环境变化影响较大的站点及时做好清淤及改

造。加强平台、海岛站的仪器维护、数据存储和传输，做好验潮仪器检定和备份。

及时掌握观测环境变化情况，开展海平面观测资料的代表性评估，为海洋站优化调整和科学布局提供基本信息及建设依据。开展海平面上升规律分析、成因机制及预测研究，为海平面上升影响评估及应对提供科学支撑。

2）加强海平面上升影响调查与监测

深入开展海平面变化影响调查。对受海平面变化影响的海岸带相关要素、地面高程、堤防设施和海上工程等进行基础信息采集和重点调查，为海平面变化影响评估提供完善、准确的信息。

加强海平面相关灾害监测。通过开展风暴潮、海浪、海岸侵蚀、咸潮入侵、海水入侵与土壤盐渍化监测，分析海平面相关灾害变化规律，为综合评估近海海平面变化对海平面相关灾害的影响状况提供基础信息。

3）加强海平面上升影响评估

集成海平面监测、预测和影响调查成果，基于基础地理信息平台和GIS技术，建立海平面上升影响评估体系，研发评估模型和应用软件，建设覆盖整个沿海地区的海平面上升影响评估系统，评估海平面上升对土地、经济、社会、生态和灾害等的影响，区划海平面影响的脆弱性，提高我国海平面上升影响的评价能力。

4）加强海平面上升应对策略研究

综合海平面上升监测、预测、影响调查和评估成果，制作并定期发布监测、预测结果与影响评价产品，建设面向沿海各级政府和沿海工程企业的辅助决策支撑平台，为沿海城市发展规划、海洋经济区选划、海洋功能区划、市政防洪能力建设等提供决策依据，提高应对海平面上升的决策水平。

13.3 科学评估与规划

1）加强海平面上升风险评估

开展海平面变化规律和上升趋势分析、海平面上升影响范围区划、沿海重点服务保障目标调查、社会-经济-生态系统脆弱性综合评价、海平面上升风险图绘制，为沿海地区科学制定发展规划、提出适宜有效的应对策略提供参考依据。

2）制定沿海发展规划

在沿海地区城市规划、土地利用规划和海域使用规划中，避免在海平面上升高风险区规划人口密集和产业密布的用地或用海类型；在沿海地区防洪排涝规划中，提升相应设计标准，适应海平面上升；在沿海地区水资源规划中，通过限制地下水开采量，控制地面沉降，减缓海平面相对上升。

13.4　提升沿岸工程防护能力

1）提升防潮排涝能力

充分考虑海平面上升的影响，重新校订沿海城市防潮排涝标准；采取抛石补沙、设离岸（潜）堤等方式减弱海堤的堤脚冲刷和堤前滩面下蚀强度；整治河流，提升河道的排涝能力，提高防护堤、下水管道、道路等基础设施的设计标高，以适应海平面上升。

2）提高海洋工程设防标准

海平面上升将使现有堤防防御标准降低，堤外岸滩下蚀威胁堤防安全，建议根据海平面上升评估成果对堤防加高加固。在海岸防护设施和大型海洋工程的规划设计中，充分考虑规划期甚至更长一段时期内海平面上升幅度，提高设防标准，保障防护对象的安全。

3）加强围填海工程风险评估

围填海土地的地面松软，易发生地面沉降；围填海的边岸面对大海，缺乏滩涂缓冲，直接受台风、风暴潮和巨浪等海洋灾害的冲击，是海平面上升的严重脆弱区。建议对围填海土地开展海平面上升影响评估，定期监测区域地面高程变化，制定相应的防治措施。

4）保障城市供水安全

在咸潮影响严重地区，参照海平面上升幅度和季节变化情况，制定和调整供水对策，合理调配淡水资源，保障生产生活供水安全。

13.5　推进海岸带整治修复

1）加强海岸防护

对重要的且具有开发意义的侵蚀岸段，可采取建造突堤、丁字坝、潜堤、护岸等海岸防护工程，以及采用人工补沙的办法来减轻海岸侵蚀。在自然沙丘发育的侵蚀岸段，应种植固沙植被，设置固沙栅栏等，保护海岸沙丘，必要时进行人工补沙，维护海岸沙丘-岸滩软防护系统的动态防护功能，科学应对海平面上升的影响。

2）强化生态系统保护与修复

加强滨海生态系统保护、修复技术研发和推广应用。为滨海湿地、红树林等滨海生态系统预留向陆的生存空间，提高其抵御和适应海平面上升的能力。

3）合理开发利用滩涂资源

充分考虑海平面上升带来的不利因素，合理确定围垦范围；对已围垦的滩涂，加高加固围堤，在围堤外侧种植红树林等植被，基于生态理念对现有海堤进行生态化改造，

构建生态、减灾协同增效的海岸综合防护体系。

4）控制地面沉降

加强地面沉降监测，合理利用地下水资源，采取减少地下水开采、人工回灌等措施，有效控制地面沉降，减缓相对海平面上升。

5）强化海岸带水资源管理

做好地下水禁限采工作，通过强化海岸带水资源管理，进一步控制沿海地区地下水超采和地面沉降，减轻海水入侵和土壤盐渍化危害。建议长江三角洲、黄河三角洲地区城市供水和农业灌溉引水按照不同阶段海平面上升的情况及其对应的成界位置，适时调整供水对策。

13.6 加强国际合作，参与全球治理

1）推进国际交流合作

加强区域合作，重视与非政府组织合作，建立跨区域合作治理网络，整合不同利益相关者，明确责任和义务，积极开展自然环境与社会经济影响的多学科合作研究，共同应对海平面上升影响。

2）积极参与小岛屿国家海洋治理

与易受到海平面上升直接影响的小岛屿国家联合开展海平面上升的观测预测、风险评估和科学应对等工作，围绕海岛经济可持续发展、海岛生态环境保护、应对气候变化与防灾减灾、提升海洋技术发展水平等方面，构建基于海洋合作和面向未来的蓝色伙伴关系，共担海洋环境和灾害风险责任，共建海洋发展利益共同体，全面打造全球海洋治理命运共同体。

13.7 强化教育宣传与公众参与

在沿海各省（自治区、直辖市）、市、区各级政府机关、学校等部门开展海平面上升领域适应对策的基础教育、概念示范，可通过电视、网络、广播、微信公众号、手机客户端等多种途径开展海平面上升领域的科普宣传，将海平面上升对经济社会发展的主要影响等知识宣传到社会各界，培养沿海公众对海洋领域的认识，增加海平面上升以及风暴潮、咸潮等海洋灾害的防范意识，推动沿海地区的社会经济可持续发展。

参考文献

陈吉余, 2010. 中国海岸侵蚀概要. 北京: 海洋出版社.

丁一汇, 2008. 中国气象灾害大典·综合卷. 北京: 气象出版社.

但新球, 廖宝文, 吴照柏, 等, 2016. 中国红树林湿地资源、保护现状和主要威胁. 生态环境学报, 25(7):1237−1243.

都金康, 史运良, 1993. 未来海平面上升对江苏沿海水利工程的影响. 海洋与湖沼, 24(3):279−285.

范锦春, 1994. 海平面上升对珠江三角洲水环境的影响//中国科学院地学部编. 海平面上升对中国三角洲地区的影响与对策. 北京: 科学出版社: 194−201.

范航清, 何斌源, 韦受庆, 2000. 海岸红树林地沙丘移动对林内大型地栖动物的影响. 生态学报, 20(9).

海洋图集编委会, 1992. 渤海、黄海、东海海洋图集·水文. 北京: 海洋出版社: 427−428.

海洋图集编委会, 2005. 南海海洋图集·水文. 北京:海洋出版社: 312−313.

国家海洋局, 2018. 2017年中国海平面公报.

国家海洋局, 1990—2018. 中国海洋灾害公报(1989—2017).

国家海洋局, 2017. 2016年海岛统计调查公报.

季子修, 1996. 中国海岸侵蚀特点及侵蚀加剧原因分析. 自然灾害学报, (02): 65−75.

毛锐, 1992. 海平面上升对太湖湖东低洼地排水的影响及灾情评估//施雅风等. 中国气候与海平面变化研究进展（二）. 北京: 海洋出版社: 88−90.

任惠茹, 李国胜, 崔林林, 等, 2016. 近60年来渤海海域波候变化及其与东亚环流的联系. 气候与环境研究, 21(04):490−502.

沙文达, 俞富斌, 张振声, 2008. 崇明岛生态海塘的建设对策.上海建设科技, 2008(2): 30−32, 39.

王慧, 刘克修,范文静, 等, 2014. 2012年中国沿海海平面上升显著成因分析. 海洋学报, 36(05): 8−17.

王慧, 刘克修, 王爱梅, 等, 2018. ENSO对中国近海海平面影响的区域特征研究. 海洋学报, 40(3): 25−35.

王慧, 刘克修, 张琪, 等, 2014. 中国近海海平面变化与ENSO的关系. 海洋学报（中文版）, 014(9): 65−74.

杨桂山, 施雅风, 1995. 海平面上升对中国沿海重要工程设施与城市发展的可能影响. 地理学报, 50(4):302−309.

左军成, 杜凌, 陈美香, 等, 2013. 气候变化背景下海平面变化、影响及其应用. 北京: 科学出版社.

张继权, 李宁, 2007. 主要气象灾害风险评价与管理的数量化方法及其应用. 北京: 北京师范大学出版社.

张晓龙, 李培英, 刘乐军, 等, 2010. 中国滨海湿地退化. 北京: 海洋出版社.

张锦文, 杜碧兰, 2000. 中国黄海沿岸潮差的增大趋势. 海洋通报, 19(1): 1−9.

庄振业, 王永红, 包敏, 等, 2009. 海滩养护过程和工程技术. 中国海洋大学学报（自然科学版）, 39(5): 1019−1024.

Holland G J, 1980. An analytic model of the wind and pressure profiles in hurricanes. Monthly Weather Review, 108:1212−1218.

Henderson F M, 1966. Open Channel Flow. New York: MacMillan Publishing Co.: 265−267.

Church J A, White N J, 2011. Sea-Level Rise from the Late 19th to the Early 21st Century. Surveys in Geophysics, 32(4):585−602. doi: 10.1007/s10712−011−9119−1.

Dieng H B, Cazenave A, Meyssignac B, et al., 2017. New estimate of the current rate of sea level rise from a sea level budget approach. Geophysical Research Letters, 44(8): 3744−3751.

Intergovernmental Panel on Climate Change (IPCC), 2013. Climate Change 2013: The Physical Science Basis. Contribution of Working Group I to the Fifth Assessment Report of the Intergovernmental Panel on Climate Change [Stocker T F, D Qin, G-K Plattner, M Tignor, S K Allen, J Boschung, A Nauels, Y Xia, V Bex and P M Midgley (eds.)]. Cambridge University Press, Cambridge, United Kingdom and New York, NY, USA, 1535 pp.

Kopp R E, Kemp A C, Bittermann K, et al., 2016. Temperature-driven global sea-level variability in the Common Era. Proceedings of the National Academy of Sciences, 113, E1434−E1441.

Kemp A C, Horton B P, Donnelly J P, et al., 2011. Climate related sea-level variations over the past two millennia. Proceedings of the National Academy of Sciences, 108, 11017−11022.

Kong Y, Zhang X, Sheng L, et al., 2016. Validation and application of multi-source altimeter wave data in China's offshore areas. Acta Oceanologica Sinica, 35(11):86−96.

Vousdoukas M I, Almeida L P, Ferreira Ó, 2011. Modelling storm-induced beach morphological change in a meso-tidal, reflective beach using XBeach. Journal of Coastal Research, (64):1916−1920.

Vousdoukas M I, Ferreira Ó, Almeida L P, et al., 2012. Toward reliable storm-hazard forecasts: XBeach calibration and its potential application in an operational early-warning system. Ocean Dynamics, (62): 1001−1015.

Marcos M, Woodworth P L, 2017. Spatiotemporal changes in extreme sea levels along the coasts of the North Atlantic and the Gulf of Mexico. Journal of Geophysical Research: Oceans, 122(9):7031−7048.

Nerem R S, Leuliette É, Cazenave A, 2006. Present-day sea-level change: A review. Comptes Rendus Geoscience, 338:1077−1083.

Pugh D T, Woodworth P L, 2014. Sea-level Science: Understanding Tides, Surges, Tsunamis and Mean Sea Level changes, 408pp., Cambridge Univ. Press, Cambridge, U.K., ISBN:9781107028197.

Ruggiero P, George M Kaminsky, Paul D Komar, et al., 1997. Extreme Waves and Coastal Erosion in the Pacific Northwest. Ocean Wave Measurement and Analysis, Proceedings of the 3rd International Symposium, Waves'97, PP. 947−961.

UNESCO/IOC, 2012. Global Sea-Level Observing System (GLOSS) Implementation Plan-2012. 41PP. (IOC Technical Series No.100).

USGCRP, 2017. Climate Science Special Report: Fourth National Climate Assessment, Volume I [Wuebbles D J, D W Fahey, K A Hibbard, D J Dokken, B C Stewart, and T K Maycock (eds.)]. U.S. Global Change Research Program, Washington, DC, USA, 470 pp., doi: 10.7930/J0J964J6.

Wang Hui, Liu Kexiu, Qi Dongmei, et al., 2016. Causes of seasonal sea level anomalies in the coastal region of the East China Sea. Acta Oceanologica Sinica, 35(3): 21−29, doi: 10.1007/s13131−016−0825−x.

WMO, 2018. WMO Statement on the State of the Global Climate in 2017. Switzerland, 35pp.

Zheng C, Pan J, Tan Y, et al., 2015. The seasonal variations in the significant wave height and sea surface wind speed of the China's seas. Acta Oceanol Sin., 34(9):58−64.